装备科技译著出版基金

非线性可调及有源超材料

Nonlinear, Tunable and Active Metamaterials

[澳大利亚] Ilya V. Shadrivov
Mikhail Lapine   编
Yuri S. Kivshar

刘立国 孟田珍   译
马良荔   主审

国防工业出版社

·北京·

图书在版编目（CIP）数据

非线性可调及有源超材料／（澳）伊利娅·V. 沙德里
沃夫（Ilya V. Shadrivov），（澳）米哈伊尔·拉派恩
（Mikhail Lapine），（澳）尤里·S. 基夫沙尔
（Yuri S. Kivshar）编；刘立国，孟田珍译．—北京：
国防工业出版社，2022. 1
书名原文：Nonlinear, Tunable and Active
Metamaterials
ISBN 978-7-118-12387-6

Ⅰ. ①非… Ⅱ. ①伊… ②米… ③尤… ④刘… ⑤孟
… Ⅲ. ①非线性−复合材料−研究 Ⅳ. ①TB33

中国版本图书馆 CIP 数据核字（2021）第 142214 号

著作权合同登记　图字:军−2018−037 号

First published in English under the title
Nonlinear, Tunable and Active Metamaterials
Edited by Ilya V. Shadrivov, Mikhail Lapine and Yuri S. Kivshar
Copyright © 2015 Springer International Publishing Swizterland
This edition has been translated and published under licence
from Springer International Publishing AG.

※

国防工业出版社 出版发行
（北京市海淀区紫竹院南路 23 号　邮政编码 100048）
雅迪云印（天津）科技有限公司印刷
新华书店经售
*
开本 710×1000　1/16　印张 18¾　字数 333 千字
2022 年 1 月第 1 版第 1 次印刷　印数 1—2000 册　定价 129. 00 元

（本书如有印装错误，我社负责调换）

国防书店：(010)88540777　　书店传真：(010)88540776
发行业务：(010)88540717　　发行传真：(010)88540762

序

在过去 10 年中,有关超材料的研究大幅增长,前景无限。人们认识到,通过在亚波长尺度下构造材料,可以获得全新的奇异电磁特性,这为电磁学研究开辟了新领域,涵盖从零场到远场的整个频谱。事实上,超材料的概念已经从电磁学扩展到声学及其他波动现象。而超材料的非线性特性和增益的引入等方面仍有待开发,这也是本书的主题。

在某些方面,超材料与光子晶体的发展同步,光子晶体的特性也同样依赖于结构。但是,它们之间的主要区别在于超材料结构的亚波长性质。这使我们能够像对待传统材料一样,在磁导率和介电常数方面总结它们的特性,极大地简化了设计过程。超材料的设计分为两个部分:首先根据局部磁导率和介电常数定义设备的宏观结构;然后局部构造超材料以实现这些特性。相比之下,光子晶体的整个结构通常要一步到位,而设备某一部分的变化则会影响到另一部分,其设计过程是非局部的,因此非常复杂。我认为这种潜在的简单性正是超材料成功的关键所在。

非线性极大地增加了材料的实用性,但很遗憾,在光学中,非线性极其少见,它需要极强的光源或长时间的相互作用。人们在很早之前就已经意识到超材料具有增强非线性的潜力。超材料中常用的亚波长结构,通常能将电磁能集中到结构中的特定位置。若在该位置上放置适当的非线性材料,则效果显著。不仅如此,还可大大减少所需的非线性材料数量。

在本书中,我们可以了解到该领域内领军研究人员的一系列研究成果。对处于这个蓬勃发展行业中的学生和研究人员来说,本书将是一份宝贵的参考资料。

J. B. Pendry

于伦敦

　　21世纪是光子学的时代,驾驭光是改变生活的技术的关键,从能源到安全,从生物技术到低成本精密制造,从高速互联网到量子级信息处理,从集成电路制造、照明、医疗保健及生命科学到航天、国防和汽车领域,许多重要行业都同样依赖于对光的基本掌控。未来的技术需要更为先进的光子集成度和能源效率,远远超过体光学元件、目前的硅光子学,甚至是创新的等离子体光子电路。这种集成度可以通过在材料层而非芯片层中嵌入数据处理和波导功能来实现,应对这些挑战唯一可能的解决方案就是采用最近兴起的超材料概念。

　　超材料是在亚波长尺度上构造的人工电磁介质;它们最初应用于负折射率材料及超透镜,但很快就成为工程电磁空间及通过转换光学控制波传播的范例。目前的研究议程主要注重如何实现新一代超器件,它定义为基于超材料的装置及结构,通过在亚波长尺度上构造功能性物质来获得新式实用功能。

　　通过设计亚波长结构材料,在超材料和超器件领域开辟了从集中于亚波长到控制电磁波的独特能力等技术上的重要功能。超材料的研究已成为物理学和工程学的全新领域,现在正迅速引起全球的关注。超材料不仅在实际应用及设备方面提供了全新的可能性,还展现出挑战基本物理概念的未知和有趣特性。在现实生活中,使用超材料的主要障碍是它们对电磁波的吸收和狭窄的工作频带。而非线性、可调、有源超材料将解决这些问题,并促成实际应用。

　　对于现代物理学的几乎所有领域,包括从量子光学到电子工程等,非线性现象都是至关重要的,它还解决了从基础理论研究到实际工程应用的一系列问题。电子学中使用的非线性效应,可由众多装置通过半导体提供。在光学中,非线性源于弱非线性原子响应,关键问题始终与观察有用效应所需的相对较高的功率有关;而能够处理强非线性响应的电子设备速度有局限性。非线性效应的研究在过去10年间蓬勃发展的超材料研究中,引起了极大的关注,这一点不足为奇。超材料是人工结构,其中一些特定设计元件在宏观尺度下扮演原子的角色。在设计和组合材料特性方面,超材料提供了巨大的可能性,经常可以达到自然界中无法企及的现象,因此特别适合引入非线性。超材料范例的优势必将对整个非线性光学领域产生显著影响:一方面为典型问题提供新颖的解决方案;另一方面带来新现象和应用。

本书旨在介绍不同频率范围内(包括微波、太赫兹和光学)高级可调谐、非线性、有源超材料和超器件的理论、数值和实验方面的专业知识,从而统一这些不同且不断发展的基本概念。具体来说,本书阐述了创建超材料并实现其可调谐性的主要方法,并介绍了非线性、可调谐、有源超材料的最新成果,这有望为诸如高效变频器、功率限制器及参量放大器等具有实际应用价值的未来光学超器件创造条件。特别是,作者讨论了在所有频率范围内动态操纵电磁超材料的方法。

本书的作者是超材料领域的领先专家,他们促进了结构材料的基础物理学的发展,并促进了对理论上预测的许多效应的关键性实验观察。本书面向对电磁波传播基础知识有一定了解的读者,尤其是年轻的、杰出的科学家,以及研究团队中具有实验和理论方面专业知识的科学家。本书将阐述有关超材料设计的基本原理、均质化过程、波传播、非线性现象以及计算方面的论点,最重要的是找出应用明显不同的物理原理情况下的共同点。

值得一提的是,本书讨论了非线性波和局域激发的基本特性,并展示了对非线性波和局域激发的控制,包括左手传输线中的非线性效应、磁致弹性相互作用、超导量子超材料、可调谐液晶基结构以及超材料结构中诱导非线性磁响应的新型非线性效应的可能性,尤其阐述了非线性和线性模式之间的相互作用,这会导致许多有趣的共振散射和俘获效应,以及对超材料参数的主动控制。我们相信,来自各子领域的实验者和理论家共同协作,必将促进各研究领域取得丰硕成果。

汇编如此多的优秀文献资料,本书的作者们同样功不可没。在此,我们也感谢所有作者呈现的出色文章,以及一直以来对编辑工作的大力支持。

Ilya V. Shadrivov

Mikhail Lapine

Yuri S. Kivshar

于悉尼堪培拉

目录

第1章 通过电、磁和磁电非线性对非线性超材料的本构描述

摘要 非线性超材料展示了许多有趣的现象,正如其对应的线性材料那样,拥有均质的、有效的特性。按照非线性光学中的惯例,非线性超材料的响应可用入射场的幂级数来表示。然而,与非线性光学中使用的仅具有非线性电响应的大多数材料相反,非线性超材料通常在单个晶胞内显示非线性电、磁和磁电响应。本章提出了两种互补的方法,来确定非线性超材料的所有有效非线性磁化率。首先,提出了一种耦合模理论,该理论根据晶胞的对称性,对非线性超材料中出现的各种非线性磁化率的起源进行了深入研究,并展开阐述晶胞有限大小(通常称为空间色散)的影响;其次,提出了一种基于传递矩阵的检索方法,该方法可用于从模拟或实验结果中确定有效非线性磁化率;最后,通过双间隙加载变容二极管的开环谐振器进行了演示。

1.1 引言

非线性超材料为增强和控制非线性响应提供了发展潜力。正如本书中其他章节所讨论的,许多有趣而独特的非线性现象已通过超材料的使用得到了证明,说明了结构化超材料支持常规材料中不易实现的新型非线性响应的潜力。非线性超材料的设计,就像对应的线性材料一样,通过引入均质化方案而得以简化,除了线性介电常数和磁导率外,还确定了复合材料的有效非线性磁化率。通过均质化方法,得以从重复的超材料元件模拟中有效确定非线性超材料的预期特性。

推动线性超材料领域发展的优势之一是可用材料响应范围的扩大,包括在缺乏固有磁性材料的情况下实现电、磁和磁电特性的能力。超材料中磁响应的增加会带来相当丰富且复杂的现象,尤其是当包含磁非线性时。实际上,磁电耦合问题对于非线性超材料而言是自然产生的,因此非线性均质化方案必须包括并量化大量的非线性磁化率,其中大多数非线性磁化率对于常规材料可以忽

略不计。

本章提出两种互补的方法,来确定非线性超材料的均质化的、有效的非线性磁化率。首先,提出了一种耦合模理论,可用于确定模拟的无损超材料的有效非线性磁化率。此方法尤其适用于解析公式推导,通过这些公式可以研究超材料元件产生的各种非线性磁化率的来源,并且引出一些重要的对称性特征。其次,提出了一种基于传递矩阵的检索方法,该方法可以应用于模拟或实验结果,并且适用于满足泵浦非耗尽近似下的所有场景。耦合模理论方法,为理解超材料晶胞的对称性在确定均质化超材料可以支持哪些有效非线性磁化率方面提供了基础。该方法还结合了有限超材料元件引起的空间色散,分析了对检索到的非线性磁化率产生的影响。通过使用对称和反对称双间隙加载变容二极管开环谐振器的模拟来说明检索方法,这些谐振器在过去几年中被用来在微波频率下形成模拟非线性超材料。

按照非线性光学中的惯例,超材料的非线性响应可用入射场中的幂级数来表示。为了使项数易于处理,在此仅讨论二阶过程,即三波混频,其中 ω_3 振动频率下的场是通过在 ω_1 和 ω_2 振动频率下的两个场而产生的。由于光的减速包括高阶的过程,故对于三波混频,ω_3 振动频率下的非线性极化和磁化,取决于 ω_1 和 ω_2 振动频率下的电场或磁场,通过将非线性响应除以一系列非线性磁化率 $\chi_{ijk}^{(2)}$ 来表示,其中 i、j 和 k 可以表示电或磁。第一个下标 i 表示非线性磁化率是否在 ω_3 振动频率下产生了非线性极化或磁化,而另外两个下标 j、k 表示这种非线性极化或磁化是由 ω_1 和 ω_2 振动频率下的电场或是磁场产生的。各种非线性通常共存于单个超材料晶胞中,因此有必要设计一种方法来分离其各自的影响。

可以看出,三波混频有 8 种不同的非线性磁化率。通常,对于 n 阶过程,存在 $(n+1)^2$ 个非线性。此外,这些非线性中的每一个都是第二阶张量。通过将 ω_1 和 ω_2 振动频率下的场应用于不同的轴和极化,这一过程需时刻保持谨慎,并确定 ω_3 振动频率下产生的场,可以分别确定这些张量的每个元件,从而全面描述超材料的非线性特性。

1.2 有效非线性磁化率:耦合模理论

一般情况下,材料的非线性特性不仅是因为电偶极子,还要考虑磁偶极子、四极子等。如果假设仅由于偶极子,可以通过一系列非线性磁化率写出 2 阶极化,即

$$P^{(2)}(\omega_3) = \bar{\bar{\chi}}^{(2)}_{\text{eee}}(\omega_3;\omega_1,\omega_2):E(\omega_1)E(\omega_2) + \bar{\bar{\chi}}^{(2)}_{\text{emm}}(\omega_3;\omega_1,\omega_2):H(\omega_1)H(\omega_2)$$
$$+ \bar{\bar{\chi}}^{(2)}_{\text{eem}}(\omega_3;\omega_1,\omega_2):E(\omega_1)H(\omega_2) \qquad (1.1)$$
$$+ \bar{\bar{\chi}}^{(2)}_{\text{eme}}(\omega_3;\omega_1,\omega_2):H(\omega_1)E(\omega_2)$$

及二阶磁化强度,即

$$\mu_0 M^{(2)}(\omega_3) = \bar{\bar{\chi}}^{(2)}_{\text{mmm}}(\omega_3;\omega_1,\omega_2):H(\omega_1)H(\omega_2) + \bar{\bar{\chi}}^{(2)}_{\text{mee}}(\omega_3;\omega_1,\omega_2):E(\omega_1)E(\omega_2)$$
$$+ \bar{\bar{\chi}}^{(2)}_{\text{mme}}(\omega_3;\omega_1,\omega_2):H(\omega_1)E(\omega_2) \qquad (1.2)$$
$$+ \bar{\bar{\chi}}^{(2)}_{\text{mem}}(\omega_3;\omega_1,\omega_2):E(\omega_1)H(\omega_2)$$

其中,":"是二阶过程中的第二阶磁化率张量和场矢量之间的张量内积,且 $\omega_3 = \omega_1 + \omega_2$。尽管天然材料中的光磁特性通常会抑制 $\chi^{(2)}_{\text{eee}}$ 之外的所有项,但对于超材料来说并非如此,超材料的结构感应磁矩的强度可以不小于其电对应物。然而,将如此复杂的一系列有效二阶磁化率与微观超材料结构联系起来并非易事。因此,本节的目标是找到一组直观的通用表达式,以深入了解这种关系。

以一种典型的超材料为例,它由周期性排列在立方晶格上的电介质和金属夹杂物组成,其概念如图 1.1 所示。因此,超材料本身完全可由介电常数 $\varepsilon(r)$ 描述,沿所有 3 个笛卡儿坐标系周期性变化,且晶格常数为 a。对于以下分析,

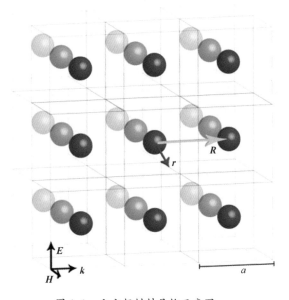

图 1.1　立方超材料晶格示意图

(表示微观位置矢量 r 和宏观晶格矢量 R。通过将离散超材料晶格上的耦合模表达式等同于连续、均质介质中的耦合模表达式,可以得出一组针对 8 种有效二阶磁化率的 8 个表达式)

将 $\varepsilon(\boldsymbol{r})$ 设为纯实数(无损)会带来一些启发。虽然对于大多数极具吸引力的超材料来说,此种近似法欠佳,但是下面的表达式对于直观理解超材料的有效特性以及探索一些典型的对称性仍然行之有效。

在此限制下,可以自由地将超材料内部的总场分解为布洛赫模的总和,从而得到

$$\begin{cases} \boldsymbol{E} = \sum_{\mu} A_{\mu}\boldsymbol{e}_{\mu}(\boldsymbol{r})\,\mathrm{e}^{ik_{\mu}\cdot\boldsymbol{r}-i\omega_{\mu}t} \\ \boldsymbol{H} = \sum_{\mu} A_{\mu}\boldsymbol{h}_{\mu}(\boldsymbol{r})\,\mathrm{e}^{ik_{\mu}\cdot\boldsymbol{r}-i\omega_{\mu}t} \end{cases} \tag{1.3}$$

式中,μ 包括模式号、频率、方向和极化。

由于通常假设用于形成超材料元件的重复距离比有效波长小得多,因此传播通常由具有最小波矢量的布洛赫模(通常称为基本布洛赫模)主导。通过想象超材料单个平面的透射和反射,可以从概念上理解这种情况。对于这种情况,基本模式以外的所有高阶模式都无法在自由空间中传播。也就是说,所有衍射光束都是易逝的。只要相邻超材料元件之间的耦合相对较弱,并且大部分为偶极子,那么只有沿特定轴向前和向后传播的基本布洛赫模会对我们的分析产生有利影响。

使用这些基本的布洛赫模来说明超材料,就可以很自然地通过耦合模理论来描述非线性极化的微扰效应,这与非线性波导非常相似[17]。例如,可以描述在无扰动情况下沿 z 轴传播的 3 个频率为 ω_1、ω_2 和 $\omega_3 = \omega_1 + \omega_2$ 的波,即

$$\boldsymbol{E}(\omega_n) = A_n \boldsymbol{e}_n(\boldsymbol{r})\,\mathrm{e}^{ik_nz} + A_{-n}\boldsymbol{e}_n^*(\boldsymbol{r})\,\mathrm{e}^{-ik_nz} \tag{1.4}$$

$$\boldsymbol{H}(\omega_n) = A_n \boldsymbol{h}_n(\boldsymbol{r})\,\mathrm{e}^{ik_nz} - A_{-n}\boldsymbol{h}_n^*(\boldsymbol{r})\,\mathrm{e}^{-ik_nz} \tag{1.5}$$

对于 $n = 1 \sim 3$,使用布洛赫模对称性,自由选择布洛赫函数的相对位来施加 $\boldsymbol{e}_n(\boldsymbol{r}) = \boldsymbol{e}_{-n}(\boldsymbol{r})^*$ 以及 $\boldsymbol{h}_n(\boldsymbol{r}) = -\boldsymbol{h}_{-n}(\boldsymbol{r})^*$。现在,假设该超材料具有由 $\chi_{\mathrm{loc}}^{(2)}(\boldsymbol{r})$ 描述的局部二阶电非线性,且立方周期相同。首先考虑由 ω_1 和 ω_2 振动频率下的正向传播场的乘积引起的非线性极化,并允许模式振幅 A_3 在空间中变化。可以将非线性视为对基本布洛赫模的微扰。在耦合模理论的形式体系中,有望得出表达式,将一个晶格矢量 $\boldsymbol{R}$ 上一个振幅的空间变化率与一组驱动振幅相关联,即

$$\frac{\partial A_3}{\partial z}(\boldsymbol{R}) = i\Gamma A_1(\boldsymbol{R})A_2(\boldsymbol{R})\,\mathrm{e}^{i(k_1+k_2-k_3)\hat{z}\cdot\boldsymbol{R}} \tag{1.6}$$

通常比例常数 Γ 称为耦合系数,该耦合系数的形式推导为

$$\Gamma = \frac{\omega_3}{a^3}\iiint\limits_{V_0}(\bar{\bar{\chi}}_{\mathrm{loc}}^{(2)}(\boldsymbol{r}):\boldsymbol{e}_1(\boldsymbol{r})\boldsymbol{e}_2(\boldsymbol{r})\cdot\boldsymbol{e}_3^*(\boldsymbol{r})\,\mathrm{e}^{i(k_1+k_2-k_3)z})\,\mathrm{d}V \tag{1.7}$$

参见文献[8]，可简单理解为非线性介质内相互作用场的体积平均值，并且极易让人联想到标准非线性波导的耦合系数。显然，为了完整地说明，必须考虑正向场和反向场的所有可能乘积，它们依次在 ω_3 振动频率下产生正向波和反向波。但是，每一影响具有与式(1.6)相似的形式，因此为简洁起见，将其省略。

对于均匀介质，可以导出类似的表达式，作为位置矢量 r 的连续函数。但是，为了通用性，均质介质必须考虑式(1.1)和式(1.2)中的所有 8 种非线性磁化率。通过将离散描述和连续描述等同起来，可以使超材料中的三波混频均匀化，从而得出 8 种有效非线性磁化率张量的表达式。如果忽略空间色散，即 $|k_n a|\ll1$，那么这些表达式可以用封闭形式表达[8]，即

$$\chi^{(2)}_{\mathrm{eee}}(\omega_3;\omega_1,\omega_2)=\frac{1}{a^3}\iiint\mathrm{d}V[\overline{\overline{\chi}}^{(2)}_{\mathrm{loc}}(r):\theta_1(r)\theta_2(r)\cdot\theta_3(r)] \tag{1.8}$$

$$\chi^{(2)}_{\mathrm{emm}}(\omega_3;\omega_1,\omega_2)=\frac{-1}{a^3}\iiint\mathrm{d}V[\overline{\overline{\chi}}^{(2)}_{\mathrm{loc}}(r):\phi_1(r)\phi_2(r)\cdot\theta_3(r)] \tag{1.9}$$

$$\chi^{(2)}_{\mathrm{eem}}(\omega_3;\omega_1,\omega_2)=\frac{i}{a^3}\iiint\mathrm{d}V[\overline{\overline{\chi}}^{(2)}_{\mathrm{loc}}(r):\theta_1(r)\phi_2(r)\cdot\theta_3(r)] \tag{1.10}$$

$$\chi^{(2)}_{\mathrm{eme}}(\omega_3;\omega_1,\omega_2)=\frac{i}{a^3}\iiint\mathrm{d}V[\overline{\overline{\chi}}^{(2)}_{\mathrm{loc}}(r):\phi_1(r)\theta_2(r)\cdot\theta_3(r)] \tag{1.11}$$

$$\chi^{(2)}_{\mathrm{mmm}}(\omega_3;\omega_1,\omega_2)=\frac{i}{a^3}\iiint\mathrm{d}V[\overline{\overline{\chi}}^{(2)}_{\mathrm{loc}}(r):\phi_1(r)\phi_2(r)\cdot\phi_3(r)] \tag{1.12}$$

$$\chi^{(2)}_{\mathrm{mee}}(\omega_3;\omega_1,\omega_2)=\frac{-i}{a^3}\iiint\mathrm{d}V[\overline{\overline{\chi}}^{(2)}_{\mathrm{loc}}(r):\theta_1(r)\theta_2(r)\cdot\phi_3(r)] \tag{1.13}$$

$$\chi^{(2)}_{\mathrm{mme}}(\omega_3;\omega_1,\omega_2)=\frac{1}{a^3}\iiint\mathrm{d}V[\overline{\overline{\chi}}^{(2)}_{\mathrm{loc}}(r):\phi_1(r)\theta_2(r)\cdot\phi_3(r)] \tag{1.14}$$

$$\chi^{(2)}_{\mathrm{mem}}(\omega_3;\omega_1,\omega_2)=\frac{1}{a^3}\iiint\mathrm{d}V[\overline{\overline{\chi}}^{(2)}_{\mathrm{loc}}(r):\theta_1(r)\phi_2(r)\cdot\theta_3(r)] \tag{1.15}$$

其中，体积积分取自单个晶胞上，数量

$$\begin{cases}\theta_n(r)=\mathrm{Re}\left[\dfrac{e_n(r)}{\widetilde{e}_n}\mathrm{e}^{ik_nz}\right]\\[2mm]\phi_n(r)=\mathrm{Im}\left[\dfrac{e_n(r)}{\widetilde{h}_n}\mathrm{e}^{ik_nz}\right]\end{cases}$$

分别代表宏观或"均匀"电场 $\widetilde{e}_n$ 和磁场 $\widetilde{h}_n$ 产生的不均匀局部感应电场。从定性层面来说，这些表达式意味着 8 种基本不同的非线性张量中的任何一种，以及张量中的任何一个单独元件，都可以在缺乏固有磁性的超材料复合材料中得到

支持,前提是该超材料支持非线性元件中感应场的充分重叠。对于不同的张量元件或者对于三阶磁化率,可以导出一组类似的表达式[8]。

1.3　有效非线性磁化率:传递矩阵法

1.2 节介绍了一种方法,通过对模拟晶胞上的场取平均值来确定无损超材料的有效非线性磁化率,得出封闭解,从而为非线性超材料设计提供支持。然而,场平均法需要知道无限周期介质的晶胞体积内所有点的基波和谐波场。所以,可以使用另一种替代方法,即使用从有限厚度的样本散射的波,来推断有效的线性和非线性磁化率。这种散射(或称为 S)参数检索的优点是,可以通过实验测量从有限厚度样本反射和透射的波,从而使得 S 参数检索同样适用于模拟和实验。此外,在 S 参数方法中无须限制超材料元件的几何形状或组成,从而可以对有损样品进行研究。

对于线性检索,只需确定两个复杂参数,即有效介电常数和磁导率。可以使用两个独立的模拟或实验,通过得出的复杂的结果(通常是超材料的反射和透射)来确定。对非线性而言,必须确定大量有效参数,因此必须进行大量独立的模拟或实验。但是,正如下面所介绍的,非线性检索在某些方面更简单,直接涉及线性方程组的求解。本节首先总结如何计算由均匀非线性板中两个或多个波混合产生的非线性波,然后将展示如何解决反向问题。

首先考虑这样一种情况:波通常入射到具有已知线性和非线性特性的均质材料平板上,该平板位于两个半无限线性介质之间,如图 1.2 所示。在泵浦非

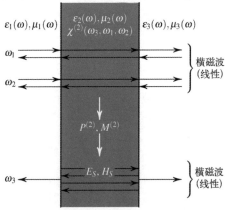

图 1.2　在两个半无限线性介质之间的均质非线性材料平板中的三波混合计算的示意图
(①用线性传递矩阵法计算 ω_1 和 ω_2 振动频率下的波分布;②计算非线性极化;
③ω_3 振动频率下产生的波使用线性传递矩阵法进行计算)

耗尽近似下,非线性过程非常弱,其生成的场不会明显影响入射波。因此,可以首先仅假设平板的线性特性,通过求解波动方程来计算入射波的场分布;然后计算非线性极化,最后计算产生的波[1]。

对于传递矩阵形式,可由正向和反向平面波的复数系数形成双元件矢量,在区域 i 中为 $E_i^{\pm}(\omega_n, z) = E_i^{\pm}(\omega_n) \, \mathrm{e}^{-\mathrm{i}(\omega_n t \mp kz)}$,其中正(+)和负(−)上标分别指示正向和反向传播的波。因此,在区域 i 中,频率为 ω_n 的电场和磁场可分解为矢量

$$
\begin{cases}
\boldsymbol{E}_i(\omega_n) = \begin{bmatrix} E_i^+(\omega_n) \\ E_i^-(\omega_n) \end{bmatrix} \\[3mm]
\boldsymbol{H}_i(\omega_n) = \begin{bmatrix} H_i^+(\omega_n) \\ H_i^-(\omega_n) \end{bmatrix}
\end{cases}
\tag{1.16}
$$

在线性情况下,任何相关波的平面波系数都可以通过广泛应用的传递矩阵公式,从入射波($E_1^+(\omega_n)$ 和 $E_3^-(\omega_n)$ 或 $H_1^+(\omega_n)$ 和 $H_3^-(\omega_n)$)中计算出来[5]。在所有系数已知的情况下,可以在系统中的任何位置计算场,尤其是可以计算平板内的场 $\boldsymbol{E}_2(\omega_{1,2})$ 和 $\boldsymbol{H}_2(\omega_{1,2})$,这是计算混波过程所必需的。

为了使项的数量易于处理,将考虑二阶非线性的情况,但此处介绍的方法可以轻松扩展至任意阶过程的非线性。在本例中,非线性极化和磁化可以表示为与 8 种非线性磁化率相关联的 8 个不同项的作用之和。由于场被分解成正向和反向传播波,可以将非线性极化和磁化强度分成两个不同的和,分别对应于沿相同或相反方向传播的波乘积,并分别与波矢量 $\boldsymbol{k}_{\mathrm{sum}} = k_1 + k_2$ 和 $\boldsymbol{k}_{\mathrm{diff}} = k_1 - k_2$ 相关联。因此,在矢量式(1.16)中,非线性极化为

$$
\begin{aligned}
\boldsymbol{P}_{\mathrm{sum}} = {} & \frac{1}{2}\chi_{\mathrm{eee}}^{(2)} \boldsymbol{E}_2(\omega_1)\boldsymbol{E}_2^{\mathrm{T}}(\omega_2) + \frac{1}{2}\chi_{\mathrm{eem}}^{(2)}\boldsymbol{E}_2(\omega_1)\boldsymbol{H}_2^{\mathrm{T}}(\omega_2) \\
& + \frac{1}{2}\chi_{\mathrm{eme}}^{(2)}\boldsymbol{H}_2(\omega_1)\boldsymbol{E}_2^{\mathrm{T}}(\omega_2) + \frac{1}{2}\chi_{\mathrm{emm}}^{(2)}\boldsymbol{H}_2(\omega_1)\boldsymbol{H}_2^{\mathrm{T}}(\omega_2)
\end{aligned}
\tag{1.17}
$$

以及

$$
\begin{aligned}
\boldsymbol{P}_{\mathrm{diff}} = {} & \frac{1}{2}\chi_{\mathrm{eee}}^{(2)}\boldsymbol{E}_2(\omega_1)(\boldsymbol{F}\boldsymbol{E}_2(\omega_2))^{\mathrm{T}} + \frac{1}{2}\chi_{\mathrm{eem}}^{(2)}\boldsymbol{E}_2(\omega_1)(\boldsymbol{F}\boldsymbol{H}_2(\omega_2))^{\mathrm{T}} \\
& + \frac{1}{2}\chi_{\mathrm{eme}}^{(2)}\boldsymbol{H}_2(\omega_1)(\boldsymbol{F}\boldsymbol{E}_2(\omega_2))^{\mathrm{T}} + \frac{1}{2}\chi_{\mathrm{emm}}^{(2)}\boldsymbol{H}_2(\omega_1)(\boldsymbol{F}\boldsymbol{H}_2(\omega_2))^{\mathrm{T}}
\end{aligned}
\tag{1.18}
$$

而非线性磁化则为以下项之和,即

$$\mu_0 \boldsymbol{M}_{\text{sum}} = \frac{1}{2} \chi_{\text{mee}}^{(2)} \boldsymbol{E}_2(\omega_1) \boldsymbol{E}_2^{\text{T}}(\omega_2) + \frac{1}{2} \chi_{\text{mem}}^{(2)} \boldsymbol{E}_2(\omega_1) \boldsymbol{H}_2^{\text{T}}(\omega_2)$$
$$+ \frac{1}{2} \chi_{\text{mme}}^{(2)} \boldsymbol{H}_2(\omega_1) \boldsymbol{E}_2^{\text{T}}(\omega_2) + \frac{1}{2} \chi_{\text{mmm}}^{(2)} \boldsymbol{H}_2(\omega_1) \boldsymbol{H}_2^{\text{T}}(\omega_2) \tag{1.19}$$

以及

$$\mu_0 \boldsymbol{M}_{\text{diff}} = \frac{1}{2} \chi_{\text{mee}}^{(2)} \boldsymbol{E}_2(\omega_1) (\boldsymbol{F}\boldsymbol{E}_2(\omega_2))^{\text{T}} + \frac{1}{2} \chi_{\text{mem}}^{(2)} \boldsymbol{E}_2(\omega_1) (\boldsymbol{F}\boldsymbol{H}_2(\omega_2))^{\text{T}}$$
$$+ \frac{1}{2} \chi_{\text{mme}}^{(2)} \boldsymbol{H}_2(\omega_1) (\boldsymbol{F}\boldsymbol{E}_2(\omega_2))^{\text{T}} + \frac{1}{2} \chi_{\text{mmm}}^{(2)} \boldsymbol{H}_2(\omega_1) (\boldsymbol{F}\boldsymbol{H}_2(\omega_2))^{\text{T}} \tag{1.20}$$

其中

$$\boldsymbol{F} = \begin{bmatrix} 0 & 1 \\ 1 & 0 \end{bmatrix} \tag{1.21}$$

有效地翻转矢量,使其上、下颠倒。

在非耗尽泵浦近似下,非线性极化和磁化可以视为 $\omega_3 = \omega_1 + \omega_2$ 的源项。这些与源电场和磁场有关,即

$$\boldsymbol{E}_{\text{s,sum}} = \frac{\boldsymbol{P}_{\text{sum}} \mu_{\text{r},2}(\omega_3)}{n_{\text{s,sum}}^2 - n_2^2(\omega_3)}, \quad \boldsymbol{E}_{\text{s,diff}} = \frac{\boldsymbol{P}_{\text{diff}} \mu_{\text{r},2}(\omega_3)}{n_{\text{s,diff}}^2 - n_2^2(\omega_3)} \tag{1.22}$$

$$\boldsymbol{H}_{\text{s,sum}} = \frac{\boldsymbol{M}_{\text{sum}} \varepsilon_{\text{r},2}(\omega_3)}{n_{\text{s,sum}}^2 - n_2^2(\omega_3)}, \quad \boldsymbol{H}_{\text{s,diff}} = \frac{\boldsymbol{M}_{\text{diff}} \varepsilon_{\text{r},2}(\omega_3)}{n_{\text{s,diff}}^2 - n_2^2(\omega_3)} \tag{1.23}$$

借助 Bethune[1] 开发的方法,可以使用一系列边界条件将这些源场与在平板两侧产生的 ω_3 振动频率下的场,导出 $E_1^-(\omega_3)$ 和 $E_3^+(\omega_3)$ 或 $H_1^-(\omega_3)$ 和 $H_3^+(\omega_3)$。

此时,需要注意的是,非线性极化以及由此在 ω_3 振动频率下产生的波,在非线性方面取决于所施加的场,而在线性方面则取决于非线性磁化率。利用这一点,可以建立一个线性方程组来检索超材料的有效非线性磁化率。例如,如果仅存在一个非线性磁化率,则可以通过计算 $E_1^-(\omega_3)$、$E_3^+(\omega_3)$、$H_1^-(\omega_3)$ 或 $H_3^+(\omega_3)$ 中的任何一个,如果非线性磁化率是统一的,则可将结果与模拟或实验的实际生成进行比较来确定[4,7]。当存在许多非线性磁化率时,情况只是稍微复杂一些[9],需要得出一个线性方程组。

要检索有效的非线性磁化率,必须做到以下几点。

(1) 使用标准检索方法,确定材料在所有涉及的频率下的有效线性特性。

(2) 选择一系列独立的模拟或实验条件,给出尽可能多的有效非线性磁化率结果。对于三波混频,如果同时测量了介质 1 和介质 3 中产生的波,则总共 8

个复杂结果需要 4 次模拟或实验——表 1.1 显示了两个可能的条件系列。

（3）使用预先确定的线性有效特性和传递矩阵方法,在所有条件下将每种磁化率分别设置为 1,计算介质 1 和介质 3 在 ω_3 振动频率下产生的波的振幅。

（4）模拟或实验,确定相同条件下,介质 1 和介质 3 中非线性生成波的振幅。

（5）求解线性方程组。

表 1.1　在 4 种独立模拟或实验条件下,使用两种可能的选择来确定三波混频的所有有效非线性磁化率

条　件	选　择　一				选　择　二			
	$E_1^+(\omega_1)$ /(V/m)	$E_3^-(\omega_1)$ /(V/m)	$E_1^+(\omega_2)$ /(V/m)	$E_3^-(\omega_2)$ /(V/m)	$E_1^+(\omega_1)$ /(V/m)	$E_3^-(\omega_1)$ /(V/m)	$E_1^+(\omega_2)$ /(V/m)	$E_3^-(\omega_2)$ /(V/m)
A	1	0	1	0	+1	+1	+1	+1
B	1	0	0	1	+1	+1	+1	−1
C	0	1	1	0	+1	−1	+1	+1
D	0	1	0	1	+1	−1	+1	−1

选择一可能更容易在实验中实现。选择二的优点是在电场和磁场中产生零或最大值的驻波,有利于产生选定的非线性。对于实验来说,应按比例调整全场的幅度,以使非线性效应产生良好的信噪比,而不违反泵浦非耗尽近似:

$$
\begin{bmatrix}
E_{1,A}^-\big|_{\chi_{eee}^{(2)}=1} & E_{1,A}^-\big|_{\chi_{eem}^{(2)}=1} & E_{1,A}^-\big|_{\chi_{eme}^{(2)}=1} & E_{1,A}^-\big|_{\chi_{emm}^{(2)}=1} & \cdots \\
E_{3,A}^+\big|_{\chi_{eee}^{(2)}=1} & E_{3,A}^+\big|_{\chi_{eem}^{(2)}=1} & E_{3,A}^+\big|_{\chi_{eme}^{(2)}=1} & E_{3,A}^+\big|_{\chi_{emm}^{(2)}=1} & \cdots \\
E_{1,B}^-\big|_{\chi_{eee}^{(2)}=1} & E_{1,B}^-\big|_{\chi_{eem}^{(2)}=1} & E_{1,B}^-\big|_{\chi_{eme}^{(2)}=1} & E_{1,B}^-\big|_{\chi_{emm}^{(2)}=1} & \cdots \\
E_{3,B}^+\big|_{\chi_{eee}^{(2)}=1} & E_{3,B}^+\big|_{\chi_{eem}^{(2)}=1} & E_{3,B}^+\big|_{\chi_{eme}^{(2)}=1} & E_{3,B}^+\big|_{\chi_{emm}^{(2)}=1} & \cdots \\
\vdots & \vdots & \vdots & \vdots & \ddots
\end{bmatrix}
\begin{bmatrix}
\chi_{eee}^{(2)} \\ \chi_{eem}^{(2)} \\ \chi_{eme}^{(2)} \\ \chi_{emm}^{(2)} \\ \chi_{mee}^{(2)} \\ \chi_{mem}^{(2)} \\ \chi_{mme}^{(2)} \\ \chi_{mmm}^{(2)}
\end{bmatrix}
=
\begin{bmatrix}
E_{1,A}^- \\ E_{3,A}^+ \\ E_{1,B}^- \\ E_{3,B}^+ \\ E_{1,C}^- \\ E_{3,C}^+ \\ E_{1,D}^- \\ E_{3,D}^+
\end{bmatrix}
$$

$$(1.24)$$

为了简洁起见,式(1.24)中省略了频率依赖性,该矩阵包含所有条件下具有单一非线性均质板的传递矩阵计算结果,右侧的矢量包含相同条件下超材料的模拟或实验结果,左侧的矢量包含待确定的有效磁化率。

1.4　对称性和空间色散

在这种情况下,需要从对称性的角度考虑有效的非线性特性。首先通过考虑电场和磁场矢量的极性和轴向性质,可以看到 8 种非线性自然地分成极性和轴向张量。具体来说,涉及偶数磁场的张量 $\bar{\bar{\chi}}^{(2)}_{\text{eee}}$、$\bar{\bar{\chi}}^{(2)}_{\text{mme}}$、$\bar{\bar{\chi}}^{(2)}_{\text{emm}}$、$\bar{\bar{\chi}}^{(2)}_{\text{mem}}$ 是极性的,而其他 4 个是轴向的。因此,预计给定超材料的某些内部对称性会更偏向于一组张量。

例如,考虑一种超材料,其线性特性是中心对称的,也就是说,对于晶胞内,选取了某个原点后,所有 r 满足 $\varepsilon(r) = \varepsilon(-r)$。这种对称性,对于对称纳米粒子和许多基于电路的超材料(如双开环谐振器和 ELC)的常规排列,是较好的近似。值得注意的是,我们不是指局部材料的晶体对称性,至少其中一些必须是非中心对称地来形成 $\chi^{(2)}_{\text{loc}}$,而是指超材料晶胞的结构对称性,即取决于组成材料及其包含物的相对排列。因此,即使非线性元件的各向异性以及基底的存在,会破坏反演对称性,但考虑内含物的结构对称性作为影响有效性能的主导力也具有指导意义。在任何情况下,对于中心对称晶胞,从布洛赫理论中得知,相似的对称性在局部场中被加强,即 $e_n(r) = e_n(r)^*$。从 θ 和 ϕ 的定义中可以看出,这反过来意味着 $\theta(r)$ 是 r 的偶数函数,而 $\phi(r)$ 是奇数函数。显然,这些对称性将对哪个有效非线性占主导地位产生重大影响。如果非线性特性是类似中心对称的,即 $\chi^{(2)}_{\text{loc}}(r) = \chi^{(2)}_{\text{loc}}(-r)$,那么轴向非线性张量表达式中的被积函数是 r 的奇函数,因此轴向非线性张量同样消失。另外,如果材料的极化方式使得局部非线性性质反对称,$\chi^{(2)}_{\text{loc}}(r) = -\chi^{(2)}_{\text{loc}}(-r)$,则极性非线性张量消失。具体情况见图 1.3(a)和图 1.3(b)。

在微波频率下,变容二极管等电路元件通常用作非线性内含物,因此很容易创建具有选定非线性对称性的超材料结构,从而获得 8 种非线性磁化率中的任何一种。然而,在光学频率下,通常通过使用非线性晶体作为基底或嵌入矩阵来引入局部电非线性。虽然整个非线性晶体可以沿特定轴排列,但要在块状介质或基质中增强局部方向性可能非常困难,特别是在超材料所需的长度范围内。这意味着,在光学频率下,由中心对称内含物组成的非线性超材料类别,将通过有效的极性非线性张量来支持非线性过程。获取轴向张量需要非中心对称的内含物,如图 1.3(c)所示的单间隙开环谐振器(SRR),已知它支持 $\chi^{(2)}_{\text{mmm}}$ 类型的非线性项[3]。

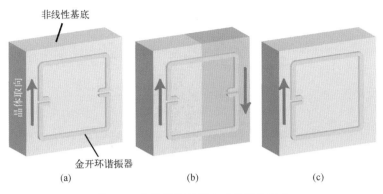

图 1.3　非线性超材料中对称性的图示

（a）中心对称的包含物（双间隙开环谐振器，放置在均匀的非线性基底上，用于最大化极性二阶磁化率张量）；（b）放置在反对称非线性基底上的中心对称的包含物（用于最大化轴向二阶磁化率张量）；（c）放置在均匀基底上的非中心对称的包含物（既不排除极性也不排除轴向二阶磁化率张量）。

　　与这些对称性考虑相关的是空间色散现象。就超材料的线性特性而言，通常情况下，由不可忽略的晶格尺寸引起的空间色散，会导致除主共振之外的有效线性特性中的伪影[13]。当晶格常数与波长之比足够大时，在非线性特性中也会出现类似的效果。例如，考虑一个简单的非线性材料薄板，该材料仅周期性地嵌入电介质中的 $\chi^{(2)}_{\mathrm{eee}}$ 非线性磁化率，如图 1.4 所示。在长波长范围内，除了 $\chi^{(2)}_{\mathrm{eee}}(\omega_3;\omega_1,\omega_2)=\dfrac{d}{a}\chi^{(2)}_{\mathrm{loc}}$ 外，所有非线性都消失，这与之前对复合非线性介质的研究一致[12]。由于线性和非线性特性具有反演对称性，因此所有波长的 4 个轴向非线性磁化率都同样为 0。这样就得到了一个由 4 个方程和 4 个未知极性非线性磁化率组成的系统。在限值 $d \ll a$ 中，这些表达式可以解出 $k_i a$ 中的前阶项，即

$$\chi^{(2)}_{\mathrm{eee}}=\left[1-\frac{1}{8}a^2(k_1^2+k_2^2+k_3^2)\right]\frac{d}{a}\chi^{(2)}_{\mathrm{loc}} \tag{1.25}$$

$$\chi^{(2)}_{\mathrm{emm}}=+Z_1Z_2\left(\frac{1}{12}a^2k_1k_2\right)\frac{d}{a}\chi^{(2)}_{\mathrm{loc}}=+Z_0^2\left(\frac{\pi^2}{3}\frac{a^2}{\lambda_1\lambda_2}\right)\frac{d}{a}\chi^{(2)}_{\mathrm{loc}} \tag{1.26}$$

$$\chi^{(2)}_{\mathrm{mme}}=-Z_1Z_3\left(\frac{1}{12}a^2k_1k_3\right)\frac{d}{a}\chi^{(2)}_{\mathrm{loc}}=-Z_0^2\left(\frac{\pi^2}{3}\frac{a^2}{\lambda_1\lambda_3}\right)\frac{d}{a}\chi^{(2)}_{\mathrm{loc}} \tag{1.27}$$

$$\chi^{(2)}_{\mathrm{mem}}=-Z_2Z_3\left(\frac{1}{12}a^2k_2k_3\right)\frac{d}{a}\chi^{(2)}_{\mathrm{loc}}=-Z_0^2\left(\frac{\pi^2}{3}\frac{a^2}{\lambda_2\lambda_3}\right)\frac{d}{a}\chi^{(2)}_{\mathrm{loc}} \tag{1.28}$$

式中：$\lambda_n=2\pi c/\omega_n$ 为自由空间中的波长；Z_n 为超材料在波长 λ_n 处的有效阻抗；Z_0 为来自真空的阻抗。因此，空间色散表现为具有相同极性/轴向性质的非线性磁化率，与晶格常数与波长之比的平方成正比。

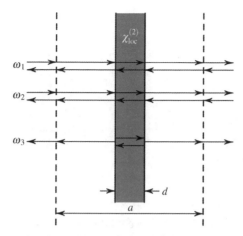

图1.4   一个简单的晶胞(可用于证明空间色散对非线性磁化率有作用。
该晶胞由厚度为 d 的板组成,其中包含固有的非线性,在厚度 a 的
晶胞内部的中心。为简单起见,所有线性特性均视为真空特性)

图1.5 显示了空间色散对检索到的参量的影响,这些参量是使用传递矩阵方法以及刚刚导出的近似公式计算得出的。当晶胞厚度远小于所有相关波长时,固有非线性占主导地位。也存在相同极性/轴向性质的非线性,但当 $a \to 0$ 时,非线性趋向于零,而另一极性/轴向性质的非线性同样为零。遵循确定线性有效特性时使用的经验法则,当晶胞尺寸小于所有相关波长的1/10时,可以忽

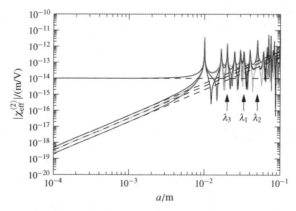

图1.5   图1.4所示单元晶胞的有效非线性磁化率($\chi_{eee}^{(2)}$(黑色)、$\chi_{emm}^{(2)}/Z_0$(红色)、
$\chi_{mem}^{(2)}/Z_0^2$(绿色)和 $\chi_{mme}^{(2)}/Z_0$(蓝色)), $f_1 = 9\text{GHz}$, $f_2 = 6\text{GHz}$, $f_3 = f_1 + f_2 = 15\text{GHz}$,
使用传递矩阵法确定。箭头指示三波混频所涉及的波长 $\lambda_n = c/f_n$。
虚线对应于近似的预测(式(1.25)~式(1.28)))

略空间色散的影响。

此处考虑的晶胞显然比任何实际的超材料所预期的都要简单得多,但清楚地说明了对称性和空间色散这两个通常会影响所有非线性超材料结构的因素。此外,可以为属于各种对称性类别的超材料得出类似的选择规则,如在某些手性超材料中用于四波混频的圆极化选择规则已经沿着相似的推理途径进行了分析和实验研究[10]。

1.5　在加载变容二极管开环谐振器中的应用

上述方法可应用于非线性超材料的设计。例如,本节将把它们应用到加载变容二极管开环谐振器(VLSRR),这些谐振器已被用作微波范围内的非线性超材料[11,16]。它们可通过在开环谐振器(SSR)的间隙内添加一个本质上具有较大非线性响应的变容二极管来获得。此处,将考虑具有两个间隙的开环谐振器,如图 1.3 所示,但并非假设开口谐振器在非线性基底上构图,而是使用两个变容二极管来引入所需的非线性。如图 1.6 所示,变容二极管可以沿相同方向(对称情况)或相反方向(反对称情况)插入,以支持不同种类的非线性磁化率。

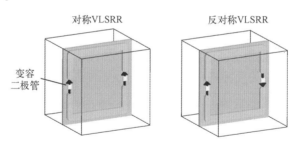

图 1.6　对称和反对称的 VLSRR

此处,考虑二次谐波产生的情况。这是三波混频的特殊情况,其中 ω_1 和 ω_2 退化。因此,$\chi^{(2)}_{eem}$ 和 $\chi^{(2)}_{eme}$ 以及 $\chi^{(2)}_{mem}$ 和 $\chi^{(2)}_{mme}$ 也会退化。VLSRR 已设计为具有约 1GHz 的共振频率。泵浦波施加在谐振频率附近,而谐波以该频率的两倍产生。所有模拟都使用蓝光片(Comsol)进行。

在 1.4 节中,通过耦合模方法,对在这种系统中优先使用的非线性磁化率有了一些了解。但是,对于吸收有限的真实材料,违反了耦合模理论的假设,因此不能用于提供定量评估。因此,本节将使用传递矩阵方法获得定量结果,并将其与从耦合模理论直观获得的预测结果进行比较。

1.5.1　线性特性

传递矩阵方法的第一步是确定超材料晶胞的有效线性特性。对称和反对称晶胞之间的唯一区别在于非线性响应,因此两者具有相同的线性特性。图1.7显示了VLSRR的参数 S 的幅度和相位,该参数在覆盖泵浦频率和谐波频率的频率范围内确定。

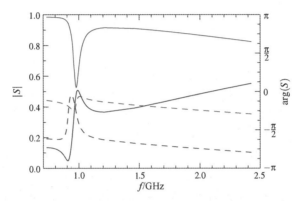

图 1.7　双间隙 VLSRR 的 S 参数(S_{11}(蓝色)和 S_{21}(红色)的振幅(实线)和相位(虚线))

使用公认的检索方法[2,14,15]确定了这种结构的有效线性参数,如图 1.8 所示。可以观察到,这种材料显示出很强的磁共振,而电响应基本上是平的。介电常数中的小反谐振是空间色散的产物[13]。如图 1.9 所示,有趣的是,所施加的磁场会在 VLSRR 的间隙内产生电场集中,从而在变容二极管上产生重要电

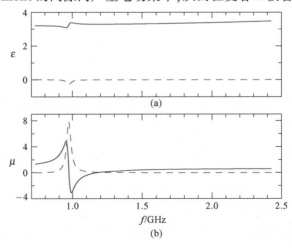

图 1.8　双间隙 VLSRR 的有效线性特性的实部(实线)和虚部(虚线)

荷。相反,电场的耦合主要在没有非线性材料的 VLSRR 的侧面产生场集中。

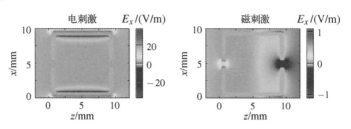

图 1.9　主要用于电(左)或磁(右)激励的 VLSRR 周围的电场模式(在这两种情况下,
以共振频率施加的入射电场都是从 VLSRR 两侧进入,其电场在 x 轴上极化,磁场在 y 轴上极化。
同时,为了主要用电场(磁场)激励 VLSRR,两侧的入射场相位相反从而可以在晶胞
中心产生一个最大(零)电场和一个零(最大)磁场)

1.5.2　非线性特性

为了确定 VLSRR 介质的非线性特性,必须对入射场的各种组合进行一系
列非线性模拟。对于对称和反对称的 VLSRR 晶胞,都立即在晶胞的左侧(条件
A)、右侧(条件 B)或两侧(条件 C)施加泵浦。由于某些非线性磁化率的退化,
只需要 3 个条件就可以确定所有 6 个独立的磁化率。施加的场始终是 1V/m。
图 1.10 显示了在超材料的左、右两侧生成的二次谐波的幅度和相位。

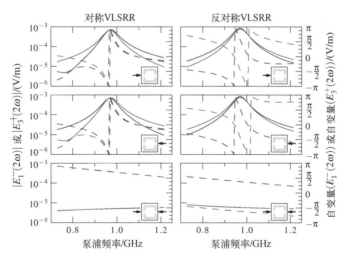

图 1.10　在 3 种不同条件下对称(a)和反对称(b)VLSRR 在晶胞的左侧(蓝色)和
右侧(红色)生成的二次谐波的波幅(实线)和相位(虚线)(插图代表条件 A(顶部)、
条件 B(中间)或条件 C(底部)中的入射场)

从这些图中可以直接得出许多观察结果,最明显的是对称晶胞在左、右两侧产生几乎完全同相的二次谐波,而反对称晶胞在超材料两侧产生大约 π 异相的二次谐波。如果绘制的为磁场而非电场,则会观察到相反的效果。这种对称性可以通过以下事实来解释:对称晶胞在谐波频率下充当电偶极子源,而反对称晶胞则充当磁偶极子源[6]。

由图 1.10 还可以看出,条件 A 和条件 B 给出了相同的结果,但是左、右介质中的振幅和相位相反。对称或反对称晶胞应该会出现这种情况,因为这两种情况实际上完全相同。

最后,可以看出,当在条件 C 下使用泵浦时,抑制了二次谐波的产生。由于泵浦是在条件 C 下对称施加的,因此它在晶胞中心产生了一个驻波,电场为节点,磁场为零。如图 1.9 所示,入射场的这种组合不会在 VLSRR 的间隙内产生电场集中,因此预计会得到微弱的非线性响应。

所产生二次谐波的波幅和相位可以与非线性磁化率单位化时产生的二次谐波的大小相比较。使用 Bethune 的传递矩阵方法,计算式(1.24)矩阵的所有元件,并求解线性方程组,以获得图 1.11 所示的有效非线性磁化率。

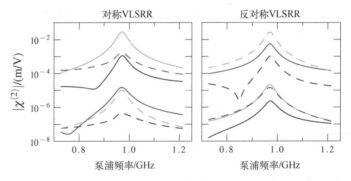

图 1.11   对称(左)和反对称(右)VLSRR 的非线性磁化率($\chi^{(2)}_{\text{eee}}$(蓝色),$\chi^{(2)}_{\text{eem}}$(红色),$\chi^{(2)}_{\text{emm}}$(绿色),$\chi^{(2)}_{\text{mee}}/Z_0$(蓝色虚线),$\chi^{(2)}_{\text{mem}}/Z_0$(红色虚线)和 $\chi^{(2)}_{\text{mmm}}/Z_0$(绿色虚线))

对称 VLSRR 的主要非线性为 $\chi^{(2)}_{\text{emm}}$,而反对称 VLSRR 的主要非线性为 $\chi^{(2)}_{\text{mmm}}$。在这两种情况下,主要是施加的磁场产生二次谐波。这与以下事实有关:VLSRR 间隙中的磁场集中主要由施加磁场产生。当变容二极管处于对称取向时,晶胞充当谐波频率下的电偶极子源,而当变容二极管处于反对称取向时,晶胞充当磁偶极子源。在这两种情况下都很重要的是,接下来两个非线性磁化率是与主导非线性具有相同对称群的磁化率。其存在很大程度上可能由空间色散造成。剩余的 3 个非线性属于相反的对称群,并被大大抑制,这与早先从耦合模理论中得出的结论一致。

1.6　结论

　　超材料为新型非线性光学材料的设计提供了一套应用广泛的工具。随着人工磁响应的加入(可以在人工结构介质中轻松实现),潜在非线性磁化率的数量急剧增加,从而可以更好地控制谐波产生或混波过程以及许多其他非线性现象。本章介绍了设计和评估常规磁电非线性超材料的方法,并展示了如何根据对称性参量来理解各种非线性磁化率项。所展示的简单图示仅是对非线性磁电超材料的简要介绍,这些材料在新的非线性物理学和非线性装置优化方面具有巨大的潜力。

参 考 文 献

1. D. S. Bethune, Optical harmonic generation and mixing in multilayer media: analysis using optical transfer matrix techniques), Journal of the Optical Society of America. B **6**(5),910-916 (1989)

2. X. Chen, T. M. Grzegorczyk, B. I. Wu, J. Pacheco Jr, J. A. Kong, Robust method to retrieve the constitutive effective parameters of metamaterials, Physical Review E **70**,016,608 (2004)

3. S. Larouche, A. Rose, E. Poutrina, D. Huang, D. R. Smith, Experimental determination of the quadratic nonlinear magnetic susceptibility of a varactor-loaded split ring resonator metamaterial, Applied Physics Letters, **97**,011,109 (2010)

4. S. Larouche, D. R. Smith, A retrieval method for nonlinear metamaterials, Optics Communications **283**,1621-1627 (2010)

5. P. Markoš, C. M. Soukoulis, *Wave Propagation: From Electrons to Photonic Crystals and Left-Handed Meta-amaterials*(Princeton Universtity Press, Princeton, 2008)

6. A. Rose, D. Huang, D. R. Smith, Demonstration of nonlinear magnetoelectric coupling in metamaterials, Applied Physics Letters **101**,051,103 (2012)

7. A. Rose, S. Larouche, D. Huang, E. Poutrina, D. R. Smith, Nonlinear parameter retrieval from three- and four-wave mixing in metamaterials, Physical Review E **82**,036,608 (2010)

8. A. Rose, S. Larouche, E. Poutrina, D. R. Smith, Nonlinear magnetoelectric metamaterials: Analysis and homogenization via a microscopic coupled-mode theory, Physical Review A **86**,033,816 (2012)

9. A. Rose, S. Larouche, D. R. Smith, Quantitative study of the enhancement of bulk nonlinearities in metamaterials, Physical Review A **84**,053,805 (2011)

10. A. Rose, D. A. Powell, I. V. Shadrivov, D. R. Smith, Y. S. Kivshar, Circular dichroism of fourwave mixing

in nonlinear metamaterials, Physical Review B **88**, 195, 148 (2013)

11. I. V. Shadrivov, A. B. Kozyrev, D. W. van der Weide, Y. S. Kivshar, Nonlinear magnetic metamaterials, Optics Express16(25) **20**, 266-20, 271 (2008)

12. J. E. Sipe, R. W. Boyd, Nonlinear susceptibility of composite optical materials in the Maxwell Garnett model, Physical Review A **46**(3), 1614-1629 (1992)

13. D. R. Smith, Analytic expressions for the constitutive parameters of magnetoelectric metamaterials, Physical Review E **81**, 036, 605 (2010)

14. D. R. Smith, S. Schultz, P. Markoš, C. M. Soukoulis, Determination of effective permittivity and permeability of metamaterials from reflection and transmission coefficients, Physical Review B **65**, 195, 104 (2002)

15. D. R. Smith, D. C. Vier, Th. Koschny, C. M. Soukoulis, Electromagnetic parameter retrieval from inhomogeneous metamaterials, Physical Review E **71**, 036, 617 (2005)

16. B. Wang, J. Zhou, Th. Koschny, C. M. Soukoulis, Nonlinear properties of split-ring resonators, Optics Express **16**(20), 16, 058-16, 063 (2008)

17. A. Yariv, Coupled-mode theory for guided-wave optics, IEEE J. Quantum Electron QE **9**(9), 919-933 (1973)

第 2 章　有源和应用功能性射频超材料

摘要　电磁超材料的概念(这里定义为旨在获得特定有效电磁材料特性的人造材料),已经彻底改变了人们对材料中的波动特性和复杂电磁设备设计的思维方式。尽管电磁超材料的概念最初是被动构思的,但其适用于更为复杂的结构。为什么不将比线性、时不变、无源电路元件复杂得多的电路特性嵌入到超材料中呢? 人们可以获得怎样的全新、有趣和潜在有效的特性呢? 这些是推动本章所述研究的基本问题。本章的重点是使用动力和/或非线性元件将复杂功能集成到超材料中。

2.1　引言

电磁超材料的概念(这里定义为旨在获得特定有效电磁材料特性的人造材料),已经彻底改变了人们对材料中的波动特性和复杂电磁设备设计的思维方式。不仅限于天然材料的特性,还使用各种电磁材料特性(电和磁、正和负)设计装置和装置概念。

这一思想和材料研究的革新引出了许多新的特性和装置概念,构想出超材料之前,这些根本无法实现,包括负折射率材料[1]、完美透镜[2]、电磁隐形[3]等。在设计和制造表现出这些装置所需性能的超材料方面,仍然存在重大挑战,并且存在一些基本的物理限制(如在低损耗介质中群速度需要低于光速),这可能使得某些组合无法实现。但其发展前景是相当明确、积极的。

尽管电磁超材料的概念最初是被动构思的,但其适用于更为复杂的结构。大多数无源超材料结构的特性,如开环谐振器[4],可以从简单的电路分析中推导出或估算出。这是因为这些结构基本上为亚波长大小,因此集总电路元件近似法至少部分有效。但是,如果现在将超材料晶胞视为电路,那么为什么不将比线性、时不变、无源电路元件复杂得多的电路特性嵌入到超材料中呢? 人们可以获得怎样的新的、有趣的和潜在有用的特性呢?

这些是推动本章所述研究的基本问题。更具体地说,本章的重点是将不同形式的电路功能集成到超材料中。电路通常具有诸如电位计之类的可调节元器件,那么是否可以通过将可调节电路元件集成到超材料单元中,来创建可调节的有效材料特性?电路还可以具有增益特性,以使输出信号大于输入信号,因此可以通过将增益集成到超材料晶胞中来创建有效的材料增益。电路还可能表现出更为复杂的特性,那么可以集成到超材料晶胞中的特性,其复杂性的极限如何呢?

最初将某种功能嵌入超材料,选择的是动态可调谐超材料。大多数无源谐振超材料单元可以认为是集总电路,至少是一阶的。通过集成外部可调谐电路元件,可以改变谐振频率,从而以固定频率改变有效的材料参数。首次演示这种特性采用的是变容二极管[5-7],拥有电压可调谐电容的设计。电可调超材料的其他演示包括使用可切换的肖特基二极管[8]、微机电系统(MEMS)开关[9]、液晶[10]、铁氧体[11]和铁电薄膜[12]。还有一些完全不同的方法,如温度依赖[13]和光学调谐[14],也已用于实现动态可调谐超材料。这些早期案例表明,如何实现超材料的动态调谐几乎是没有限制的。

这些广泛的概念以及本章中描述的更具体的概念,都是试图将特定形式的特性整合到超材料中,使之成为实用示例。因此,这些都可以视为应用功能超材料的示例。本章的目的是描述一些不同的技术和方法,这些技术和方法已经用于设计集成类电路特性的应用功能超材料。本章描述的一些概念和研究与本书其他章节的描述有部分重叠。然而,有关电路的观点却截然不同。我们在此集中讨论以下两大类功能射频(RF)超材料。

(1) 外部供电的有源超材料,将外部增益合并到晶胞中,以获得无源结构无法获得的有效特性。

(2) 应用功能超材料,将复杂的电路启发特性(如非易失性存储器或波幅相关的传输)设计到超材料中,以赋予其相同的实用特性。

尽管这些主题涵盖了一系列超材料概念,但是将复杂的功能特性集成到电磁超材料中的共同思路将这些概念联系到一起。

2.2   有源射频超材料

在现代超材料的研究浪潮中,人们很早就认识到无源电磁超材料在可达到的有效材料参数范围内存在一定局限性。共振超材料内含物高度分散且有损耗,这不可避免。解决这些局限性的一种方法便是有源电磁超材料[15],它包含接受外部功率的元件,因此可以在内部以不受无源性约束的方式发挥作用。

虽然从理论上直接表明,与无源方法相比,有源超材料可以提供更为极端的材料参数,但很难通过实验证明。稳定性是主要障碍,因为电场感应元件增加功率和增益会使其易于振荡[16,17]。直接驱动的有源超材料已经以几种不同的形式进行了实验证明[18-22],尽管面临技术挑战,但该领域仍在稳步向前发展。

在此描述的研究建立在文献[18]中首次描述的有源超材料架构之上,这绝非制造有源超材料的唯一方法,但它具有一些新颖特性,并且已经以几种不同的形式进行了实验证明。这是从考虑无源超材料结构(如开环谐振器(SRR))的工作原理得出的。在 SRR 中,回路会产生与局部磁场(和频率)成比例的电压。由于共振附近环隙组合的阻抗非常小,该感应电压使得大电流通过同一回路,从而产生很强的磁偶极矩。正是这种与局部磁场成比例的磁偶极矩的产生,模拟了天然磁性材料的响应。

这种无源超材料响应有两个基本部分:首先是局部场的感应;其次是与该局部场成比例的强偶极矩的产生。尽管在大多数无源结构中,这两个部分都是由同一结构处理的,但并非必须如此。这进一步表明了图 2.1 所示的通用有源超材料晶胞结构。首先假设有一个元件可以感应局部电磁场分量——这就是感应元件,这可以是用于感应磁场的回路,也可以是用于感应电场的导线或导电间隙;然后利用一个功率放大器对检测到的信号进行放大或进行滤波和相移;最后让放大器驱动另一个产生超材料响应所需的大偶极矩的元件,即受驱动元件。这样,无源超材料粒子的基本物理原理由放大器直接控制。原则上,这消除了无源性对可能有效材料参数施加的一些限制。下面的示例显示了这些限制可以通过有源方法来消除。

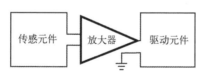

图 2.1　一种可能的有源超材料晶胞结构的示意图[18](传感元件产生与某个局部电磁场分量成比例的电压信号。有源放大器增强并可能修改该信号,而受驱动元件使用该放大后的信号产生与原始局部场成比例的大偶极矩)

2.2.1　零损耗有源超材料

有源超材料的一个明确目标是零损耗超材料。由于制造材料的损耗(通常是由于金属走线的电阻),无源超材料不可避免地会产生损耗。这些损耗可能相当大,并且是实现某些实用超材料应用的巨大障碍。将外部电源代入有源超材料中,可以解决此问题。关键问题是控制单元偶极子响应相对于局部场的相位。如果此相位不完全为零或 180°,则单元的极化率存在于虚部。对于无源情况,这始终意味着损耗。但对于有源情况,该阶段可以经过操作,实现零损耗甚至增益。

这个概念在文献[20]中进行了探索和实验证明。在图 2.2(a)中以注释形式显示了设计和制造的晶胞。这是一个有源磁性超材料晶胞,采用了用于感应和驱动元件的回路。无源开环谐振器放置于这两个回路旁,以放大局部场并增加晶胞响应的强度。如图 2.1 所示,在感应回路和驱动回路之间为一个放大器,连接至可调移相器。如上所述,可调相位为调谐材料响应特性的实现提供了极大的自由度。

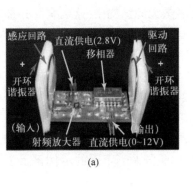

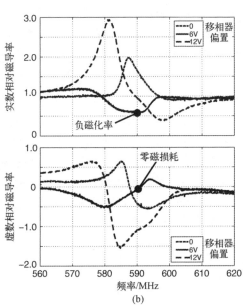

图 2.2   有源磁性超材料晶胞的演示[20]

(a) 制作而成的晶胞及其内部组件的示意图(带注释);(b) 实验测量的有效磁导率的实部(上)和虚部(下)作为移相器偏置的函数(在适当的偏置和窄频范围内可获得负磁化率和零损耗的响应。)

实验测量了该有源晶胞的有效磁性,图 2.2(b)显示了 3 种不同移相器偏置水平的结果。每个偏置的磁导率对频率的依赖性都有明显不同。12V 偏置产生的响应与无源材料非常相似,实部先增大后减小,而虚部则主要为负(对应于假设的 exp(jωt) 符号约定的损耗)。

最有趣的结果是在 6V 偏置电平下观察到的。此时,等效材料的特性完全不同于无源材料。对于所有频率,磁导率的实部基本上等于或低于单位尺度,而虚部从零以下(损耗)到零以上(增益)交叉。因此,存在磁化率的实部为负、虚部为零的频率,意味着零损耗。在文献[20]中进一步表明,由 3 个相同的有源磁性晶胞组成的阵列,在狭窄的频率范围内可导致负磁导率和零损耗。

2.2.2 非互易有源超材料

2.2 节中描述的基本有源晶胞架构提供了一些实用的可能性。例如,感应元件和被驱动元件无需相同类型的偶极子。这意味着人们可以创建超材料晶胞来感应局部电场,从而产生比例磁偶极子响应。对于这样的晶胞,无须控制介电常数或磁导率,而是主动产生和控制磁电材料的响应。一些自然介质会表现出磁电材料响应,但这种情况并不常见,通常也不是很强。无源超材料结构可以表现出磁电耦合[23],但是这种耦合始终是对称的,因此磁场会产生电响应,而电场会产生磁响应。

相比之下,有源磁电元件很容易获得这种耦合不对称。在感应元件和被驱动元件之间使用单向放大器时,仅会发生一种形式的磁电耦合。这会产生一个有趣而不寻常的效果,使波传播高度非互易或者在相反的方向上不同[22]。图 2.3(a)展示了这种晶胞的示意图,该晶胞包含磁场感应回路、嵌入式放大器和驱动的

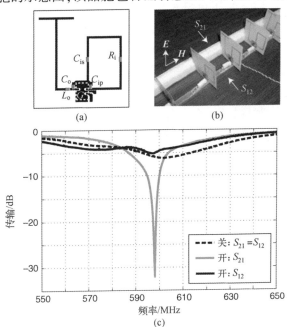

图 2.3 基于磁电耦合的非互易有源超材料的图示和验证[22]

(a) 晶胞及其内部组件的示意图;(b) 5 个相同元件的组装阵列的照片;(c) 断电时和通电时两个相反方向的传输测量(通电时,该阵列在目标 600MHz 频率下,在 S_{12} 方向上几乎透明,但在 S_{21} 方向上基本不透明)。

电单极子(均带有用于窄带匹配的适当集总元件)。该晶胞产生的电偶极矩与所施加的磁场成比例,但由于放大器的单向特性,不会产生反向偶极矩。该混合场晶胞的优点在于,被驱动的单极子与感应回路之间的耦合很小,因此对稳定性影响不大。

图 2.3(b)显示了这些超材料粒子的组装阵列,其厚度为一个元件。当以图中所示的偏振垂直入射时,该阵列被设计为在一个方向 S_{12} 上基本透明,而在另一个方向 S_{21} 上不透明,因此是高度非互易的。图 2.3(c)所示的测量结果证实了这种行为,在这两个垂直入射方向之间,在 600MHz 目标频率上的传输幅度相差大于 25dB。只有一小部分波长长的超材料可以产生如此强的非互易性,这说明了使用有源超材料可以获得的这种材料特性。诚然,增加有源元件会增加设计和操作的复杂性,但可以获得无源方法无法获得的材料特性。

2.3　应用功能超材料

本章讨论的最后一类超材料是我们所说的应用功能超材料。应用功能超材料已被广泛应用于表现出复杂工程特性和性质的超材料。这包括设计用于模仿天然材料中常见的复杂特性的超材料,如二阶和三阶电磁非线性[24,25]。对此类粒子的仔细分析可以从单个晶胞组件的已知特性中得出关于整体超材料的非线性磁化率的完整理论描述[26]。

但是,功能性超材料的概念也包括那些旨在展示特定而非常规的工程性质和特性的材料。我们将后一类超材料称为应用功能超材料,以在功能超材料的更广泛范围内对其进行区分。这些应用功能超材料是本章的重点。

应用功能超材料的一个典型例子是对于低入射功率密度透明(或接近透明),随着入射功率密度增加而变得越来越不透明的材料[27]。尽管这显然是非线性特性,但它是非线性特性的一种特定形式,直接与应用相关,既防止高功率信号通过,同时也允许低功率信号通过(如保护敏感组件免受瞬态高功率信号的影响)。

在接下来几个示例的更详细描述中,读者可以发现,许多应用功能超材料的灵感来自于将在局部电压和电流运行的实际电路特性转化为在电磁波下运行的电磁超材料特性。基于电路传输低功率信号但阻止高功率信号的设备(上述示例)称为限幅器。如 2.3.2 节所述,使用一种电路限制器,为将该特性设计成电磁超材料限制器提供了基础。在我们看来,将特定电路特性转换为电磁超材料的这一基本思想具有巨大的前景。

2.3.1　可单独寻址和非易失可调谐超材料

可调谐超材料的概念,即集成到超材料中的外部可控元件能够改变有效电磁特性,在 2.1 节中有简要描述。可调谐超材料的大多数实现方式都包含易于控制的电压可调谐元件。但是,当移除控制信号时,材料会恢复到未调谐状态,并且在重新打开时必须重新调谐。此外,虽然用单一控制信号调谐大量超材料粒子阵列很简单,但人们还是会希望能分别调谐每个元件,以显著提高阵列的可重构性。但是,用不同的控制信号分别调谐数十或数百个元件阵列中的每个元件,则是一项挑战。

在本节中基于文献[28]所描述的这些问题的一种解决方案,来自实用电路概念。电路通常包含诸如电位器之类的可调谐元件,因此可以针对特定应用精确调谐其特性。这些元件通常是非易失性的,因为即使系统断电,它们也能保持其调谐状态。还有一些芯片系列可以在共用总线上进行单独控制。这意味着超材料元件可以全部连接到少量共用导线,并且可以单独调谐。

在文献[28]中展示了超材料阵列中元件的单独寻址调谐,其基本设计很简单。每个开环谐振器元件都包含一个变容二极管(一个电压可调谐电容器)。如 2.1 节所述,改变变容二极管上的偏置电压可调谐元件的共振频率,从而可调谐其有效磁性能。通过一个带单线接口的 Maxim DS-2890 数字电位计,可实现每个元件的可寻址控制。电位计的两端分别连接到 0 和 10 V 电压,以便移动游标可以在这些限值之间(具有 256 步进分辨率)改变变容二极管上的偏置电压。

个别寻址能力通过 Maxim 芯片的单线接口实现,使每个芯片都可以单独通信。因此,可以通过串行端口和单线总线之间的简单计算机控制接口,在每个元件上单独设置变容二极管电压。如图 2.4(a)所示,每个超材料元件都是用引脚制造的,这些引脚使它们能够以任意长度的一维阵列堆叠在一起,并且每个元件都可与单线和电源相连接。组装好的八元件阵列如图 2.4(b)所示。很遗憾,在撰写本书时,Maxim 的单线芯片已经停产。但是这个概念延续下来,并且表明了如何有效地实现单个超材料元件的可寻址性。

为了通过实验确认单个寻址能力的改进,在波导中对 8 元件阵列进行了反射/透射测量,并提取了超材料阵列的有效磁导率[28]。图 2.4(c)和(d)显示了两种不同频率调谐(无寻址能力(图 2.4(c))、有寻址能力(图 2.4(d)))的有效磁导率。无可寻址性和随之而来的单个元件调谐,单个变容二极管的可变性意味着粒子不具有相同的未调谐谐振频率。材料阵列响应包含至少两个不同的共振,并且相对于所需值而言,得到的有效材料参数的幅度更低、损耗更大。相

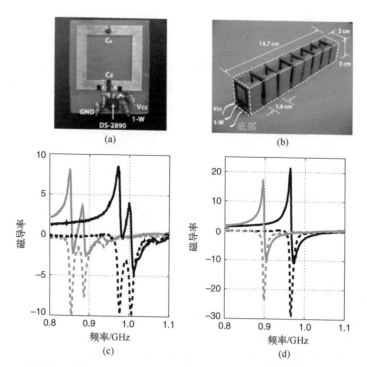

图 2.4   具有可单独寻址元件的可调谐超材料的图示和演示[28]

（a）晶胞及其内部组件；（b）8 个相同元件的组装阵列；（c）对于两个调谐状态之间
无单独调谐情况下测量的 8 元件阵列的有效磁导率（由于元件的微小变化，响应表现出两种
不同的共振，而目标是单一共振）；（d）在阵列中调谐每个可寻址元件后有效磁导率的
测量结果（显示了所需的单个可调共振）。

反，测量结果表明，通过单个元件的寻址和调谐，每个元件都可以被调谐到单一
的、锐谐振，并且该谐振可以在不改变形状的情况下偏移超过 10% 的频率[28]。
与没有单独寻址能力的情况相比，这提供了最大的正磁导率和负磁导率，是其 2
倍，并且在大多数频率下的损耗也更低。

可以通过在每个晶胞中添加一些附加电路，将附加功能添加到此可寻址材
料概念中。当上述超材料阵列断电时，它会恢复到未调谐状态，并需要计算机
连接才能恢复调谐状态。可以想象这样一种场景，在调谐之后，即使未与驱动
计算机连接，阵列也会保持其调谐状态。这将需要在每个超材料元件中使用非
易失性存储芯片来存储调谐后的状态。商用产品（Intersil X9317）中包含一种
将数字电位计与非易失性存储器结合在一起的芯片，以便在通电时电位计即可
恢复至其调谐状态。我们将该芯片与一个单线芯片相结合，以便能够分别与每
个超材料元件进行通信，并确认可以在超材料阵列中实现已调谐状态的单个寻

址能力和非易失性存储器。

相同的可寻址超材料概念已经扩展为更具体的应用功能超材料[29]。反射阵列是设计成具有特定电磁反射特性的工程表面结构。通过调谐表面上各个元件的局部反射相位,可以设计出一个在非镜面方向反射信号的表面。此外,通过将可寻址可调性集成到反射阵列的元件中,可以重新配置表面以动态改变反射方向。文献[29]中表明,该方法可用于创建薄表面,能够将垂直入射信号的反射连续地偏转 25°以上。

2.3.2　超材料限幅器

关于将特定于应用功能集成到超材料中的最后一个例子,本章将描述的是超材料限幅器[27]。射频电路通常采用一种称为限幅器的电路,在超过某个阈值输入幅度之后会开始削波(或限制)输出幅度,以防止大的输入信号传输到可能被其损坏的敏感元件上。限幅器的简单电路实现如图 2.5(a)所示。该电路基于 PIN 二极管,这是一种非线性元件,充当电压可调电阻器。在低输入功率下,PIN 二极管的阻抗很大,不会改变信号。但在高输入功率下,它会变成一个小阻抗,使部分信号能量短路接地,从而限制传输信号的幅度。有趣的是,也有对基于光的信号(通常是激光)执行相同操作的光学限幅器,以保护设备或眼睛[30]。这些光学限幅器通常基于光敏化学物质,这种物质可以增加对较高输入功率的吸收。

那么可以设想一下,需要一种对入射电磁波具有相同特性的薄材料:小的输入信号可进行传输,但大的输入信号已被衰减。将这种非线性电路功能集成到超材料中是实现此目标的一种方式。该设计始于基线无源超材料结构,该结构较薄(最好是平面),传输相对较宽的频率范围,但具有可以通过放置电路元件而轻松进行控制的物理结构。在文献[31]中进行了详细描述并在图 2.5(b)中显示的互补电液晶谐振器(CELC),以平面几何形状、相对较宽的(在频率上)传输窗口以及物理结构满足了这些目标,该物理结构可以通过跨越两个独立导电区域的电短路来改变。

限幅器电路的工作原理:当输入功率较高时,允许 PIN 二极管的功率相关电阻使输出短路。通过在形成超材料结构的两个导体之间放置一个 PIN 二极管,可以将相同的行为集成到 CELC 结构中。通过 CELC 的传输是由于这两个导体之间的共振而发生的。放置在它们之间的 PIN 二极管充当与功率相关的电短路,这会削弱谐振,从而降低较高功率下的传输。这种设计具有一定的自由度,即精确放置 PIN 二极管可以最大程度地抑制谐振,二极管的特性可以确保限幅器行为的阈值功率出现在所需的输入功率水平。

选择这些参量后,图 2.5(c)显示了不同 PIN 二极管电阻水平的模拟传输相对频率的曲线。这些表明 CELC PIN 二极管结构应充当超材料限幅器,对于低入射功率(高二极管电阻),在 3GHz 左右具有近 100% 的传输,而对于较高入射功率(低二极管电阻),其传输下降超过 10dB。为了进行实验演示,将 2×4 的 CELC 阵列放置在封闭的金属波导中,并测量相对发射功率与输入功率的函数关系。如图 2.5(d)所示,相对透射率在低入射功率(0~10dBm)时不随功率而变化,而在较高相对透射率(−2dB)时,相对透射率达到峰值。但是,随着入射功率的增加,限幅器行为开始起作用,入射功率为 30dBm 时,相对发射功率下降了 10dB 以上。

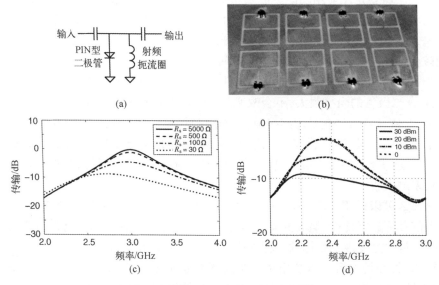

图 2.5   射频限幅器超材料的演示[27]

(a) 简单限幅器的电路图;(b) 将带有 PIN 二极管的互补电液晶谐振器(CELC)表面集成到每个晶胞中;
(c) 通过 CELC 表面的与功率相关的传输的模拟;(d) 通过 CELC 表面的与功率相关的传输测量。

该示例有效地展示了应用功能超材料的设计方法和未来的可能性。所需的非线性行为是有明确定义的,在应用中可能有用,并且已知以集总电路形式实现该特性的方法。基于该电路设计出的超材料元件,表现出相同的特性,并且对制造的超材料表面阵列的测量证实了所期望的特性。当然,可以使用相同的方法将更复杂、更有用的特性设计到超材料中。

2.4　小结

本章回顾了几种用于实现有源电磁超材料的不同技术方法,这是一个非常宽泛的主题,对于不同的人来说,有源超材料这个术语意味着不同的对象,而我们的重点是其中的两种。

第一种是有源射频超材料,其中外部供电元件用于实现严格无源材料中不可能实现的电磁材料参数。此处描述的基于放大器的结构已经被用于实现零损耗负磁导率材料以及高度非互易材料,这些材料对沿一个方向传播的波是透明的,但对于沿相反方向传播的波则是不透明的。毫无疑问,设计既坚固又稳定的有源晶胞很具有挑战性,但也没有其他方法能实现一些实用型应用所需的某些极端材料参数。

第二种是应用功能超材料,它是嵌入了特定功能的超材料,因此其表现出所需的应用导向特性。单个元件的可寻址调谐、已调谐状态的非易失性存储器以及与功率有关的非线性传输的示例表明,复杂的电路激发特性可以嵌入超材料元件内部,从而使整个超材料或超表面表现出相同的特性。超材料才刚刚崭露头角,未来几年会呈现出强劲的发展势头。

参 考 文 献

1. D. R. Smith,W. J. Padilla,D. C. Vier,S. C. Nemat-Nasser,S. Schultz,Physical Review Letters **84** ,4184 (2000)

2. J. B. Pendry,Physical Review Letters **85** (18),3966 (2000)

3. J. B. Pendry,D. Schurig,D. R. Smith,Science **312** ,1780 (2006)

4. J. B. Pendry,A. J. Holden,D. J. Robbins,W. J. Stewart,IEEE Transactions on Microwave Theory and Techniques **47** (11),2075 (1999)

5. O. Reynet,O. Acher,Applied Physics Letters **84** ,1198 (2004),DOI:10. 1063/1. 1646731

6. I. Gil,J. Garcia-Garcia,J. Bonache,F. Martyn,M. Sorolla,R. Marques,Electronics Letters **40** ,20046389 (2004)

7. I. V. Shadrivov, S. K. Morrison, Y. S. Kivshar, Optics Express **14**, 9344 (2006), DOI: 10. 1364/OE. 14. 009344

8. H. Chen,W. J. Padilla,J. M. O. Zide,A. C. Gossard,A. J. Taylor,R. D. Averitt,Nature **444** ,597 (2006). DOI:10. 1038/nature05343

9. T. Hand, S. A. Cummer, IEEE Antennas and Wireless Propagation Letters **6**, 401 (2007)

10. Q. Zhao, L. Kang, B. Du, B. Li, J. Zhou, H. Tang, X. Liang, B. Zhang, Applied Physics Letters **90** (1), 011112 (2007). DOI: 10. 1063/1. 2430485

11. Y. He, P. He, S. Dae Yoon, P. V. Parimi, F. J. Rachford, V. G. Harris, C. Vittoria, Journal of Magnetism and Magnetic Materials **313**, 187 (2007), DOI: 10. 1016/j. jmmm. 2006. 12. 031

12. T. H. Hand, S. A. Cummer, Journal of Applied Physics **103** (6), 066105 (2008), DOI: 10. 1063/1. 2898575

13. T. Driscoll, S. Palit, M. M. Qazilbash, M. Brehm, F. Keilmann, B. G. Chae, S. J. Yun, H. T. Kim, S. Y. Cho, N. M. Jokerst, D. R. Smith, D. N. Basov, Applied Physics LettersA **93** (2), 024101 (2008), DOI: 10. 1063/1. 2956675

14. A. Degiron, J. J. Mock, D. R. Smith, Optics Express **15**, 1115 (2007), DOI: 10. 1364/OE. 15. 001115

15. S. A. Tretyakov, Microwave and Optical Technology Letters **31**, 163 (2001)

16. A. D. Boardman, Y. G. Rapoport, N. King, V. N. Malnev, Journal of the Optical Society of America. B: Optical Physics **24**, A53 (2007), DOI: 10. 1364/JOSAB. 24. 000A53

17. E. Ugarte-Munoz, S. Hrabar, D. Segovia-Vargas, A. Kiricenko, IEEE Transactions on Antennas and Propagation **60**, 3490 (2012). DOI: 10. 1109/TAP. 2012. 2196957

18. B. I. Popa, S. A. Cummer, Microwave and Optical Technology Letters **49** (10), 2574 (2007)

19. R. R. A. Syms, L. Solymar, I. R. Young, Metamaterials **2**, 122 (2008)

20. Y. Yuan, B. Popa, S. A. Cummer, Optics Express **17**, 16135 (2009), DOI: 10. 1364/OE. 17. 016135

21. S. Hrabar, I. Krois, A. Kiricenko, Metamaterials **4**, 89 (2010). DOI: 10. 1016/j. metmat. 2010. 07. 001

22. B. I. Popa, S. A. Cummer, Physical Review B **85** (20), 205101 (2012), DOI: 10. 1103/PhysRevB. 85. 205101

23. R. Marques, F. Medina, R. Rafii-El-Idrissi, Physical Review B **65**, 144440 (2002), DOI: 10. 1103/PhysRevB. 65. 144440

24. M. Lapine, M. Gorkunov, K. H. Ringhofer, Physical Review E67 (6), 065601 (2003). DOI: 10. 1103/PhysRevE. 67. 065601

25. A. A. Zharov, I. V. Shadrivov, Y. S. Kivshar, Physical Review Letters **91** (3), 037401 (2003), DOI: 10. 1103/PhysRevLett. 91. 037401

26. E. Poutrina, D. Huang, D. R. Smith, New Journal of Physics **12** (9), 093010 (2010), DOI: 10. 1088/1367-2630/12/9/093010

27. A. R. Katko, A. M. Hawkes, J. P. Barrett, S. A. Cummer, IEEE Antennas and Wireless Propagation Letters **10**, 1571 (2011)

28. T. H. Hand, S. A. Cummer, IEEE Antennas and Wireless Propagation Letters **8**, 262 (2009). DOI: 10. 1109/LAWP. 2009. 2012879

29. T. H. Hand, S. A. Cummer, IEEE Antennas and Wireless Propagation Letters **9**, 70 (2010), DOI: 10. 1109/LAWP. 2010. 2043211

30. L. W. Tutt, T. F. Boggess, Progress of Quantum Electrodynamics **17** (4), 299 (1993)

31. T. H. Hand, J. Gollub, S. Sajuyigbe, D. R. Smith, S. A. Cummer, Applied Physics **93** (21), 212504 (2008), DOI: 10. 1063/1. 3037215

第3章 磁感应波的参量放大

摘要 参量放大是一种低噪声信号放大方法,通过将信号与高频、高功率泵浦混合在单个非线性电抗元件(变容二极管)中进行操作。本章展示了它在磁感应(MI)波放大中的应用。磁感应波是在称为磁感应波导的磁耦合 LC 谐振器的线性链中传播的慢波。这种波导可以形成环形共振结构,并用于磁共振成像(MRI)中的信号检测。本章首先对磁感应及波导进行回顾,然后描述了单个谐振元件中的参量放大理论,并将其扩展到行波结构和环形谐振器。针对设计在 63.85MHz (1.5T 磁场中 ^{1}H 磁共振成像的频率)下运行的系统进行了实验验证。

3.1 引言

磁感应波是循环电流的慢波,与它们相关的磁场一起,可以在磁耦合电谐振器阵列中传播[1,2]。阵列可以是一维、二维或三维构建[3],并代表一种特别简单的超材料形式。本章主要关注的是一维变体,即磁感应波导。谐振器可以布置在一个平面内("平面"配置),也可以一个接一个地堆叠("轴向"配置),波导可以配置成各种二端口,三端口和四端口磁感应设备[4,5]。

由于能够将内部磁场限制在规定路径内,因此磁感应波导在无线功率传输[15-17]和无线通信[18,19]中有明显的应用。但是,由于它们对附近的电子结构的敏感性,在传感方面也有所应用[20]。最后,通过其耦合到外部磁场的能力,在磁共振成像中检测信号的潜力很大。磁感应装置已被开发用于集中[21-24]和检测[25,26]磁共振成像信号,并在内部成像期间将信号安全地传输到体外[27,28]。在构建实际系统之前,磁感应波导必须满足诸多条件。为了在有效距离上以单个频率传输能量,传播损耗必须本身就很低,并且弯曲影响也应最小化。为了传输宽频信号,色散也应该很低。需要使用高效的传感器来注入和恢复信号,还需使用分离器等组件来定义更复杂的路径。此外,可能还需要开关、调制器和滤波器以及开发低成本的制造方法。这些问题受到了广泛关注,有一些也已经找到了解决办法。磁感应电缆是一个特别有用的变体,它可以在柔性基板上长距离印制。迄今为止,它是所有磁感应波导中传播损耗最低的,并且可以弯曲成任意路径[29,30]。它可以轻松连接到常规射频系统[31],并形成一系列组件[32,33]。因此,整个管理磁感应系统可以印制在单个的柔性基板上。

由于磁感应波很慢,电流在每个回路中传播的时间相对较长。遗憾的是,在过去的一个世纪里,构建低损耗金属谐振器几乎毫无进展。在室温下,最容易获得的具有高电导率的材料仍然是铜,并且其在射频下传输电流的能力受到集肤效应的限制。因此,与介电谐振器相比,金属谐振器的损耗相对较大,品质因子通常为 100~1000。这样,磁感应波导的传播损耗仍然非常高。这个问题的一种解决方案是分布式放大,包含常规放大器的元件也已经被开发出来[34,35]。然而,由于其谐振布置,参量放大器仍是增益元件的理想选择。

在超材料出现之前,参量放大器基本上已经成为历史。它是在 20 世纪 50 年代末发展起来的,就在 PN 结二极管开发出来以后且广泛引入晶体管之前[36]。其独特优点是低噪声放大,通过在一组由单个非线性电抗耦合的谐振器、可变电容器(或变容二极管)中混合信号来实现。因为电压依赖性电容是反向偏置二极管固有的特性,所以可以使用单个二极管来构建高性能放大器,这在微电子学早期、有源元件稀缺时是一个显著的优势。

本章研究了许多配置,包括涉及将两个、3 个和 4 个不同频率混合的电路(范例参见文献[37,38])。双频或简并放大器是教科书中最常见的解释性示例。但很遗憾,这两种放大器不适用于此,因为只有当两个频率被锁相在一起时才能提供增益,而对于实际信号则不可能如此[39,40]。四频放大器是最常用的。但是,鉴于其比较复杂,本章仅将注意力集中在三频放大器上,它可以使用简单的电路来提供与相位无关的放大[41]。三频放大过程分为两步:首先,将弱信号(在角频率 ω_s 下)与强泵浦(在较高频率 ω_p 下)混合,产生一个比原始信号更大的"闲频"(在中频 ω_i 下),这 3 个信号通过在共享非线性元件的适当谐振回路中循环而保持分离;然后闲频与泵浦混合,生成一个附加(非常大的)信号,该信号与原始信号同相,以提供与放大效果相同的效果。事实上,泵浦的净效应相当于在信号谐振器中插入负电阻。

但是三频放大器具有容易识别的局限性。首先,其增益带宽积是固定不变的,不能在宽带宽上提供高增益,而宽带宽是通信放大器的基本特性;其次,只有在 $\omega_i \gg \omega_s$ 时,它才能在室温下提供低噪声放大。随着 20 世纪 70 年代信号带宽的增加,这两个方面都遇到了问题。尽管使用波导组件成功地提高了频率[42,43],但是如果没有低温冷却,获得低噪声会变得越来越困难[44],这使得参量放大器很难与具有固有大增益带宽和非常高功率的设备——行波管相竞争[45,46]。因此,参量放大器随后仅限于仪器应用,通常用于射电天文学[47,48]。

为了增加增益带宽所做的努力主要涉及更复杂的滤波器,通常布置为梯形网络并支持行波[49-51]。这种类型的结构应该被视为放大超材料的前体,并且可以为高传播损耗的问题提供解决方案。人们已经进行了很多尝试将二频和三频参量放大的原理引入超材料[52-54]。本章旨在描述磁感应系统参量放大的使用,该系统为磁共振成像信号检测设计[55-57]。

3.2 磁感应波和环形谐振器

让我们从简单的无源磁感应系统开始进行说明。图 3.1(a)显示了一个一维磁感应波导,它由一组容性负载回路组成,每个回路与其最近邻回路进行磁耦合。阵列的晶格间距为 a,并且无限长。图 3.1(b)显示了等效电路。这些元件组建成由电容器 C、电感器 L 和电阻器 R(占损耗)组成的共振电路。磁耦合被建模为互感模型。使用基尔霍夫电压定律,第 n 个元件中的电流 I_n 可以与角频率 ω 下第 $n-1$ 个元件中的电流 I_{n-1} 和第 $n+1$ 个元件中的电流 I_{n+1} 相关。在无源的情况下,其结果为递归关系[1],即

$$\left(\frac{R+j\omega L+1}{j\omega C}\right)I_n+j\omega M(I_{n-1}+I_{n+1})=0 \tag{3.1}$$

式(3.1)可以通过假设行波解来求解,形式为 $I_n=I_0\exp(-jnka)$,其中 k 为

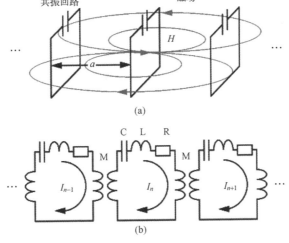

图 3.1 磁感应波和环形谐振器
(a) 线性磁感应波导;(b) 其等效电路。

传播常数,这些都是磁感应电流波。代入式(3.1)并消除指数项,则得出磁感应色散方程[2]为

$$\left\{1 - \frac{\omega_0^2}{\omega^2} - \frac{j}{Q}\right\} + \kappa\cos(ka) = 0 \tag{3.2}$$

式中:$\omega_0 = 1/\sqrt{LC}$ 为隔离回路的角谐振频率;$Q = Q_0/\omega$,$Q_0 = \omega_0 L/R$ 为其品质因子;常数 $\kappa = 2M/L$ 为耦合系数,可以为正或负,取决于回路是轴向排列还是平面排列。在前一种情况下,获得正向波;在后一种情况下,获得反向波。传播常数通常很复杂,可以写成 $k = k' - jk''$,其中 $k'a$ 和 $k''a$ 分别是每个元件的相移和衰减。式(3.2)当然可以精确求解。但是,当损耗很低时,可以写成

$$\begin{cases} \left(1 - \frac{\omega_0^2}{\omega^2}\right) + \kappa\cos(k'a) \approx 0 \\ k''a \approx \frac{1}{\{\kappa Q\sin(k'a)\}} \end{cases} \tag{3.3}$$

式(3.3)表示磁感应波可以存在于 $1/(1+|\kappa|) \leqslant (\omega/\omega_0)^2 \leqslant 1/(1-|\kappa|)$ 的频带上,其范围取决于 κ 的值,即取决于 M。下方的等式意味着要想有低损耗,则 Q_0 和 κ 都很高。然而,损耗仅在谐振频率 ω_0(当 $k'a \approx \pi/2$ 时)下较低,并且随着接近频带边缘($k'a = 0$ 或 π)迅速上升。更高的损耗需要式(3.2)的全解,会导致频带外的有损传播。对于反向波,$k''a$ 为负,$k''a$ 也是每个元件的衰减。

在实践中,很少遵循最近邻耦合的假设,非最近邻耦合才比较重要[7]。可以通过将额外的耦合项 κ_m 引入式(3.2)以获得修正的色散关系来对这种效应进行建模,即

$$\left\{1 - \frac{\omega_0^2}{\omega^2} - \frac{j}{Q}\right\} + \sum_m \kappa_m\cos(mka) = 0 \tag{3.4}$$

式中:κ_m 为第 m 个最近邻之间的耦合系数。非近邻耦合的主要作用是改变色散特性,尽管次要作用是引入高阶模。此外,它还使设计变得非常复杂。

实际上,磁感应波导不可能是无限的。然而,有限长度的波导可以用信号源和接收器终止,或者连接在一起形成设备结构。最简单的磁感应设备之一是环形谐振器,如图3.2所示[25]。这里,一组 N 个谐振元件(这里是8个)排列成多边形。这些元件是矩形的,并且其边缘紧密靠近放置,以最大化磁耦合。环再次支持移动的磁感应波,这种波可以清晰地在它周围向任何方向传播。如果往返累积的相位是 2π 的整数倍,则该波将回到其初始相位的起点,环将进行共振。在此情况下,如果不断从外部源注入能量,预计电流会变大。

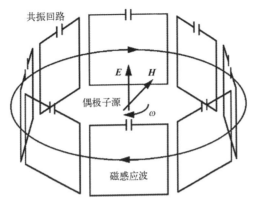

共振回路

E　*H*

偶极子源

ω

磁感应波

图 3.2　耦合到旋转偶极子源的磁感应环形谐振器

合适的源是一个以相同速度旋转的磁偶极子,因此当磁感应波绕环传播时,其激发与磁感应波保持相同。核磁共振成像中进动的核磁偶极子提供了完全合适的源,磁感应环显然类似于"鸟笼"体或头部线圈[58]。磁感应环的主要优点是没有刚性连接,因此可以弯曲以适应不同的成像对象[26]。

共振操作要求波满足相位条件,即

$$k'Na = 2\mu\pi \tag{3.5}$$

式中:μ 为模式数整数。在 N 个耦合谐振器系统中,模式总数名义上也是 N。但是,在一个环中,某些模式会退化,因此可观察到的总数更低[59,60]。对于偶数个元件,有 $N/2+1$ 个不同的共振,其传播常数 k'_μ 如下式,即

$$k'_\mu a = \frac{2\mu\pi}{N} \quad \mu = 0, 1, \cdots, \frac{N}{2} \tag{3.6}$$

一旦这些 $k'_\mu a$ 值已知,就可以从色散方程中求解相应的角频率 ω_μ。对于低损耗,谐振频率可以估算为

$$\omega_\mu = \frac{\omega_0}{\sqrt{\left\{1 + \sum_m \kappa_m \cos(mk'_\mu a)\right\}}} \tag{3.7}$$

在环形配置中,非最近的相邻单元将耦合,使得每个元件实际上耦合到所有其他元件。此外,取决于相关元件的相对取向和位置,耦合系数的符号将改变。然而,最大的系数将在最近的相邻数之间,因此可以通过忽略除 κ_1 以外的所有项,将共振估算为合理的近似值。例如,对于一个八元件环,主共振($\mu=$ 1)在 $k'_1 a = \pi/4$ 处,因此具有归一化的共振频率 $\omega_1 = \omega_0 / \sqrt{\{1 + \kappa_1/\sqrt{2}\}}$。因为该结构是准平面的,所以 κ_1 必须为负,ω_1 略高于 ω_0。该共振可以耦合到以相同角

频率旋转的磁偶极子,因此可以用于磁共振成像中的检测。高阶谐振需要通过旋转四极、六极等来激发。

3.3   参量放大

现在来看一下从单个谐振元件开始如何放大信号。图 3.3 显示了一个集总元件三频电路。此处,3 个工作在信号、闲频和泵浦角频率 ω_S、ω_I 和 ω_P 的 LC 谐振器通过非线性电容器 C 连接。信号在 ω_S 谐波下变化,并假设来自具有输出阻抗 R_{SO} 的源。泵浦电压 U_P 在 ω_P 下变化,取自具有输出阻抗 R_{PO} 的源。假设闲频频率 ω_I 满足混频 $\omega_P = \omega_S + \omega_I$。信号谐振器包含一个电容器 C_S 和一个电阻为 R_S 的电感器 L_S。闲频和泵谐振器是类似的 LCR 电路,其组件分别标有"I"和"P"。假设变容二极管电容遵循其真实 C–U 特性的泰勒级数展开式的一阶近似,即 $C = C_1(1 + \beta U_C)$,此处,C_1 和 β 是常数,U_C 是通过 C 的电压,附带串联电阻 R_C。在负载 R_L 上测量输出信号。

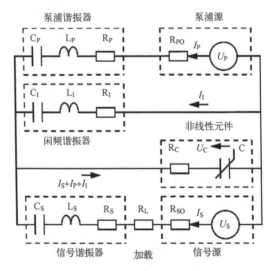

图 3.3   三频参量放大器的等效电路

假设每个谐振器中的电流仅包含在其谐振附近振荡的项,而变容二极管电压包含所有 3 个频率。那么很容易就可以得出信号的时间变化:$U_S = \{u_S \exp(j\omega S_t) + \mathrm{c.c.}\}/2$,其中"c.c."表示复共轭。以相同的形式也可以得出其他电压和电流,即

$$\begin{cases}
I_S = \dfrac{\{i_S \exp(j\omega_S t) + \text{c. c.}\}}{2} \\[2mm]
I_I = \dfrac{\{i_I \exp(j\omega_I t) + \text{c. c.}\}}{2} \\[2mm]
I_P = \dfrac{\{i_P \exp(j\omega_P t) + \text{c. c.}\}}{2} \\[2mm]
U_C = \dfrac{\{u_{CS} \exp(j\omega_S t) + \text{c. c.}\}}{2} + \dfrac{\{u_{CI} \exp(j\omega_I t) + \text{c. c.}\}}{2} \\[2mm]
\qquad + \dfrac{\{u_{CP} \exp(j\omega_P t) + \text{c. c.}\}}{2}
\end{cases} \tag{3.8}$$

在包含非线性电容器的每个回路周围应用基尔霍夫电路定律,忽略任何其他频率的信号,则

$$\begin{cases}
\left\{1 - \dfrac{\omega_{S0}^2}{\omega_S^2} - \dfrac{j}{Q_S}\right\} i_S + \dfrac{u_{CS}}{j\omega_S L_S} = \dfrac{u_S}{j\omega_S L_S} \\[3mm]
\left\{1 - \dfrac{\omega_{I0}^2}{\omega_I^2} - \dfrac{j}{Q_I}\right\}_I + \dfrac{u_{CI}}{j\omega_I L_I} = 0 \\[3mm]
\left\{1 - \dfrac{\omega_{P0}^2}{\omega_P^2} - \dfrac{j}{Q_P}\right\} i_P + \dfrac{u_{CP}}{j\omega_P L_P} = \dfrac{u_P}{j\omega_P L_P}
\end{cases} \tag{3.9}$$

式中: $\omega_{S0}^2 = 1/L_S C_S$、$\omega_{I0}^2 = 1/L_I C_I$ 和 $\omega_{P0}^2 = 1/L_P C_P$ 为信号谐振器、闲频谐振器和泵浦谐振器的标称谐振频率。同样,$Q_S = \omega_S L_S / R_S'$,$Q_I = \omega_I L_I / R_I'$,$Q_P = \omega_P L_P / R_P'$ 是相应的品质因子,其中 $R_S' = R_S + R_C + R_{SO} + R_L$,$R_I' = R_I + R_C$,$R_P' = R_P + R_C + R_{PO}$ 是 3 个回路周围的电阻。通过变容二极管的电流必须遵守以下关系式,即

$$I_{Sn} + I_{In} + I_{Pn} = d(CU_C)/dt = C_1(C_1 + 2\beta U_C)dU_C/dt \tag{3.10}$$

利用混合规律,忽略其他频率的信号,分别将频率 ω_S、ω_I 和 ω_P 下的指数项系数等效,可以得到

$$\begin{cases}
i_S = j\omega_S C_1 \{u_{CS} + \beta u_{CI}^* u_{CP}\} \\[2mm]
i_I = j\omega_I C_1 \{u_{CI} + \beta u_{CS}^* u_{CP}\} \\[2mm]
i_P = j\omega_P C_1 \{u_{CP} + \beta u_{CS} u_{CI}\}
\end{cases} \tag{3.11}$$

如果信号和闲频很弱,则可以忽略最低等式中的乘积 $u_{CS} u_{CI}$,这样 $u_{CP} \approx i_P / j\omega_P C_1$。代入式(3.9)的较低者,可以得到

$$\left\{1 - \dfrac{\omega_{P0}'^2}{\omega_P^2} - \dfrac{j}{Q_P'}\right\} i_P = \dfrac{u_P}{\omega_P L_P} \tag{3.12}$$

式中：$\omega_{P0}'^2 = (1/L_P)\{1/C_P+1/C_1\}$ 为修改后的泵浦谐振频率，有效地从电感器 L_P 以及 C_P 和 C_1 的串联组合中得出。如果泵浦频率为 $\omega_P = \omega_{P0}'$，那么可以得到 $i_P = u_P/R_P'$ 以及 $u_{CP} \approx u_P/(j\omega_P C_1 R_P')$。

现在考虑信号和闲频，式(3.11)的前两个式子可以重新排列为

$$\begin{cases} u_{CS} = \dfrac{i_S \alpha}{j\omega_S C_1} - \dfrac{i_I^* \alpha\beta u_P}{\omega_I \omega_P C_1^2 R_P'} \\ u_{CI} = \dfrac{-i_S^* \alpha\beta u_P}{\omega_S \omega_P C_1^2 R_P'} + \dfrac{i_I \alpha}{j\omega_I C_1} \end{cases} \tag{3.13}$$

式中：$\alpha = 1/[1-\beta^2 u_{CP} u_{CP}^*]$ 是顺序统一的。式(3.9)的前两个式子变为

$$\begin{cases} \left\{1 - \dfrac{\omega_{S0}^2}{\omega_S^2} - \dfrac{j}{Q_S}\right\} \dfrac{i_S - i_I^* \alpha\beta u_P}{j\omega_S \omega_I \omega_P L_S C_1^2 R_P'} = \dfrac{u_S}{j\omega_S L_S} \\ \left\{1 - \dfrac{\omega_{I0}^2}{\omega_I^2} - \dfrac{j}{Q_I}\right\}_I - \dfrac{i_S^* \beta u_P}{j\omega_S \omega_I \omega_P L_I C_1^2 R_P'} = 0 \end{cases} \tag{3.14}$$

式中：$\omega_{S0}^2 = (1/L_S)\{1/C_S+\alpha/C_1\}$ 为修改后的信号谐振频率；$\omega_{I0}^2 = (1/L_I)\{1/C_I+\alpha/C_1\}$ 为闲频的相似术语。如果选择了正确的信号和闲频频率，则可以得出 $\omega_{I0}^2 = (1/L_I)\{1/C_I+\alpha/C_1\}$，则

$$i_I = \dfrac{i_S^* \alpha\beta u_P}{\omega_{S0}' \omega_{P0}' C_1^2 R_I' R_P'}, \quad i_S = \dfrac{u_S}{(R_S'-R_A)} \tag{3.15}$$

式中：R_A 为有效的负电阻，由下式给出，即

$$R_A = \alpha^2 \beta^2 u_P u_P^* / \omega_{S0}' \omega_{I0}' \omega_{P0}'^2 C_1^4 R_I' R_P'^2 \tag{3.16}$$

因此，该电路是一个负电阻放大器，使用泵浦以降低信号电路的有效电阻。由于负载电压为 $i_S R_L$，因此电压增益为

$$G = \dfrac{1}{1 - \dfrac{R_A}{R_S'}} \tag{3.17}$$

因为 R_A 包含 $u_P u_P^*$，所以不依赖于泵浦相位。然而，在低泵浦功率下，需要低闲频和泵电阻来获得有用的增益。

有效信号电阻的减小将明显增加信号回路的品质因子。然后，电路对信号频率的变化变得极其敏感，因此参量放大器实质上是窄带的。这在核磁共振成像中并不重要。但是，由于当 $R_A = R_S'$ 时，增益变得无穷大，因此，如果设备泵浦

足够大,就会发生自激振荡。因此,必须注意低于振荡阈值进行操作。泵浦也可以被视为克服信号回路损耗的一种方式。实际上,除了电阻加热外,还有其他方式会丢失信号。例如,如果闲频和泵回路中的组件值选择不当,则非零电流将以信号频率流过这些回路。类似地,一些泵和闲频电流可以从它们各自的回路转移。最终结果是导致先前对 R_A 的估计不准确。因此,通常用泵浦功率 P(与 $u_p u_p^*$ 成比例)来重写增益,即

$$G = \cfrac{1}{1 - \cfrac{P}{P_{osc}}} \tag{3.18}$$

式中:P_{osc} 为振荡阈值,必须通过实验确定。

3.4 磁感应波的放大

现在我们考虑如何将三频放大引入磁感应波导[55],只需改变图 3.3 所示的电路,以允许线性阵列中的元件之间发生磁耦合。图 3.4(a)显示了一种可能的晶胞,图中,信号回路、闲频回路和泵浦回路与最近的相邻回路具有互感 M_S、M_I 和 M_P。这种布置将清楚地允许信号、闲频和泵浦作为单独的磁感应波传播,并可以混入变容二极管。需注意,已经省略了信号源和泵浦源以及加载和变容二极管的电阻。

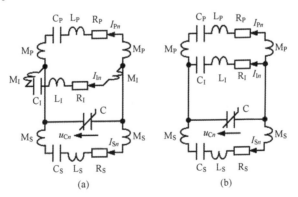

图 3.4 晶胞示例

(a)带有闲频耦合的磁感应参量放大器的晶胞;(b)不带闲频耦合的磁感应参量放大器的晶胞。

分析如下,如果在第 n 部分中的信号、泵浦和闲频电流分别标记为 I_{Sn}、I_{In} 和 I_{Pn},而在 3 个频率上变容二极管两端的电压分别标记为 u_{CSn}、u_{CIn} 和 u_{CPn},则根据基尔霍夫定律可得出

$$\begin{cases} \left\{1 - \dfrac{\omega_{S0}^2}{\omega_S^2} - \dfrac{j}{Q_S}\right\} i_{Sn} + \left(\dfrac{\kappa_S}{2}\right)\{i_{Sn-1} + i_{Sn+1}\} + \dfrac{u_{CSn}}{j\omega_S L_S} = 0 \\[3mm] \left\{1 - \dfrac{\omega_{I0}^2}{\omega_I^2} - \dfrac{j}{Q_I}\right\} i_{In} + \left(\dfrac{\kappa_I}{2}\right)\{i_{In-1} + i_{In+1}\} + \dfrac{u_{CIn}}{j\omega_I L_I} = 0 \\[3mm] \left\{1 - \dfrac{\omega_{P0}^2}{\omega_P^2} - \dfrac{j}{Q_P}\right\} i_{Pn} + \left(\dfrac{\kappa_P}{2}\right)\{i_{Pn-1} + i_{Pn+1}\} + \dfrac{u_{CPn}}{j\omega_P L_P} = 0 \end{cases} \quad (3.19)$$

式中：$\kappa_S = 2M_S/L_S$、$\kappa_I = 2M_I/L_I$、$\kappa_P = 2M_P/L_P$ 为信号、闲频和泵浦的磁耦合系数。同样，对于变容二极管，现在可以得出

$$\begin{cases} i_{Sn} = j\omega_S C_1\{u_{CSn} + \beta u_{CIn} u_{CPn}\} \\[2mm] i_{In} = j\omega_I C_1\{u_{CIn} + \beta u_{CSn} u_{CPn}\} \\[2mm] i_{Pn} = j\omega_P C_1\{u_{CPn} + \beta u_{CSn} u_{CIn}\} \end{cases} \quad (3.20)$$

如果信号波和闲频很弱，则可像之前那样忽略最低等式中的电压乘积，因此 $u_{CPn} \approx i_{Pn/j\omega_P C_1}$，将该式代入式(3.19)中的最小值，就可以得出泵电流的递推方程为

$$\left\{1 - \frac{\omega_{P0}^2}{\omega_P^2} - \frac{j}{Q_P}\right\} i_{Pn} + \left(\frac{\kappa_P}{2}\right)\{i_{Pn-1} + i_{Pn+1}\} = 0 \quad (3.21)$$

式(3.21)仅意味着泵将以磁感应波的形式传播。然后将信号和闲频考虑在内，则式(3.20)的前两个方程减少为

$$\begin{cases} u_{CSn} = \dfrac{i_{Sn}\alpha}{j\omega_S C_1} - \dfrac{i_{In}^*\alpha\beta i_{Pn}}{\omega_I \omega_P C_1^2} \\[4mm] u_{CIn} = \dfrac{-i_{Sn}^*\alpha\beta i_{Pn}}{\omega_S \omega_P C_1^2} + \dfrac{i_{In}\alpha}{j\omega_I C_1} \end{cases} \quad (3.22)$$

将式(3.22)代入式(3.19)的前两个式子，可以得到

$$\begin{cases} \left\{1 - \dfrac{\omega_{S0}'^2}{\omega_S^2} - \dfrac{j}{Q_S}\right\} i_{Sn} + \left(\dfrac{\kappa_S}{2}\right)\{i_{Sn-1} + i_{Sn+1}\} \\[4mm] \qquad\qquad \dfrac{-i_{In}^*\alpha\beta i_{Pn}}{j\omega_S \omega_I \omega_P L_S C_1^2} = 0 \\[4mm] \left\{1 - \dfrac{\omega_{I0}'^2}{\omega_I^2} - \dfrac{j}{Q_I}\right\} i_{In} + \left(\dfrac{\kappa_I}{2}\right)\{i_{In-1} + i_{In+1}\} \\[4mm] \qquad\qquad \dfrac{-i_{Sn}^*\alpha\beta i_{Pn}}{j\omega_S \omega_I \omega_P L_I C_1^2} = 0 \end{cases} \quad (3.23)$$

如果现在假设信号、闲频和泵浦电流均为磁感应波，则可以写出算式 $i_{Sn} = i_S \exp(-\mathrm{j}k_S na)$、$i_{In} = i_I \exp(-\mathrm{j}k_I na)$ 和 $i_{Pn} = i_P \exp(-\mathrm{j}k_P na)$，其中 i_S、i_I 和 i_P 是振幅，而 k_S、k_I 和 k_P 是传播常数，由此可以得出

$$\begin{cases} \left[\left\{ 1 - \dfrac{\omega_{S0}'^2}{\omega_S^2} - \dfrac{\mathrm{j}}{Q_S} \right\} + \kappa_S \cos(k_S a) \right] i_S \\[2mm] \dfrac{-i_I^* \alpha \beta i_P \exp\{ \mathrm{j}(k_S + k_I - k_P)na \}}{\mathrm{j}\omega_S \omega_I \omega_P L_S C_1^2} = 0 \\[4mm] \left[\left\{ 1 - \dfrac{\omega_{I0}^2}{\omega_I^2} + \dfrac{\mathrm{j}}{Q_I} \right\} + \kappa_I \cos(k_I a) \right] i_I \\[2mm] \dfrac{-i_S^* \alpha \beta i_P \exp\{ \mathrm{j}(k_S + k_I - k_P)na \}}{\mathrm{j}\omega_S \omega_I \omega_P L_I C_1^2} = 0 \end{cases} \tag{3.24}$$

如果 $k_P = k_S + k_I$，则式（3.24）中的指数消失。这种关系是相位匹配条件，总是在行波参量相互作用中出现[49]。如果可以对系统进行设计以使其保持（绝非易事）无损耗，那么可以得出

$$\begin{cases} \left[\left\{ 1 - \dfrac{\omega_{S0}^2}{\omega_S^2} \right\} + \kappa_S \cos(k_S a) \right] i_S - \dfrac{i_I^* \alpha \beta i_P}{\mathrm{j}\omega_S \omega_I \omega_P L_S C_1^2} = 0 \\[4mm] \left[\left\{ 1 - \dfrac{\omega_{I0}^2}{\omega_I^2} \right\} + \kappa_I \cos(k_I a) \right] i_I - \dfrac{i_S^* \alpha \beta i_P}{\mathrm{j}\omega_S \omega_I \omega_P L_I C_1^2} = 0 \end{cases} \tag{3.25}$$

解耦式（3.25），可以得到

$$\left[\left\{ 1 - \dfrac{\omega_{S0}'^2}{\omega_S^2} \right\} + \kappa_S \cos(k_S a) \right] \left[\left\{ 1 - \dfrac{\omega_{I0}'^2}{\omega_I^2} \right\} + \kappa_I \cos(k_I a) \right] - \gamma^2 = 0 \tag{3.26}$$

式中：$\gamma^2 = \alpha^2 \beta^2 i_P i_P^* / (\omega_S^2 \omega_I^2 \omega_I^2 L_I L_P C_1^4)$。为了求解该方程，假设 $k_S = k_{S0} + \Delta k_S$、$k_I = k_{I0} - \Delta k_S$，其中 k_{S0} 和 k_{I0} 是在无泵浦（$\gamma = 0$）的情况下获得的传播常数。假设 Δk_S 较小，并使用信号波和闲频波的色散方程消除项，可以得出

$$\Delta k_S = \dfrac{\mathrm{j}\gamma}{\{ \kappa_S \kappa_I \sin(k_{S0}a) \sin(k_{I0}a) \}^{1/2}} \tag{3.27}$$

因为 Δk_S 是虚数，所以式（3.27）描述了信号和闲频（典型结果）的指数增长的增益系数。此处，保守假定 κ_S 和 κ_I 具有相同的符号，因此两个波的群速度在相同的方向上。相位匹配的丢失和缺乏都会使分析复杂化。为了简化分析，省略了细节，仅指出以上结果是标准行波参量放大器的典型结果。

相反，注意到条件 $\omega_P = \omega_S + \omega_I$ 和 $k_P = k_S + k_I$ 很难同时满足，尤其是在 3 个波必须同时共振的环中。为了消除这些限制因素，返回到式（3.23）的方程式，并

考虑图 3.4(b) 所示解耦闲频谐振器的情况,使得 $\kappa_I = 0$。那么就可以得出以下方程式,即

$$i_{In} = \frac{i_{Sn}^* \alpha \beta i_{Pn}}{\left[j\omega_S \omega_I \omega_P L_I C_1^2 \left\{ 1 - \frac{\omega_{I0}'^2}{\omega_I^2} - \frac{j}{Q_I} \right\} \right]} \tag{3.28}$$

现在假设闲频匹配其共振,因此 $\omega_I^2 = \omega_{I0}^2$,闲频电流则为 $i_{In} = i_{Sn}^* \alpha \beta i_{Pn} / \omega_S \omega_P R_I' C_1^2$,并且式(3.23)中的第一个公式简化为

$$\left\{ 1 - \frac{\omega_{S0}'^2}{\omega_S^2} - \frac{j}{Q_{Seff}} \right\} i_{Sn} + \left(\frac{\kappa_S}{2} \right) \{ i_{Sn-1} + i_{Sn+1} \} = 0 \tag{3.29}$$

其中,信号谐振器的有效品质因子为 $Q_{Seff} = \omega_S L_S / (R_S' - R_B)$,其中 R_B 还是有效的负电阻,得出

$$R_B = \frac{\alpha^2 \beta^2 i_{Pn} i_{Pn}^*}{\omega_S' \omega_{I0}' \omega_P'^2 C_1^4 R_I'} \tag{3.30}$$

式(3.29)还是磁感应波的递推公式,而式(3.30)则意味着泵浦的结果是减小回路电阻,所以传播损耗必须减小。因此,整个系统再次对应于行波负阻放大器。$\omega_I = \omega_{I0}'$ 的要求使图 3.4(b) 的通用性明显低于图 3.4(a),在图 3.4(a) 中,闲频可以存在于一个频带上。但是,对于核磁共振成像信号的环形检测器(带宽较小)来说,它具有许多优点。信号和泵浦只需在最低环形模式下共振,而闲频就可在其共振频率下工作。因为放大倍数由 $i_{Pn} i_{Pn}^*$ 决定,所以也不再依赖于泵浦相位。无需相位匹配,泵浦波和信号波的群速度甚至不必具有相同的符号。

3.5　实验验证

以上理论已通过实验验证,使用的非磁性八元件环约是常规磁头线圈尺寸的 2/3,设计用于在 1.5T 磁场(信号频率为 $f_0 = 63.85$ MHz)中检测 ^{1}H 核磁共振成像信号[26,56]。对于无源环,每个元件都是一个独立的印制电路板(PCB),带有一个单匝矩形回路电感器,尺寸为 60mm×180mm,并在 FR-4 基板上使用 1mm 宽的铜走线形成。使用表面安装电容器使这些元件谐振,并安装在有机玻璃框架中。通过迭代建立电容器值(16.5pF),以将各个谐振置于 $f_0 = \omega_0 / 2\pi = $ 53MHz,而初级环形谐振置于 63.85MHz。隔离元件的品质因子为 130。提供了用于电感式传感器(类似非共振回路)的支架,以使用 Agilent E50601A 电子网络分析仪(ENA)注入和恢复信号。

　　图 3.5 使用了两种传感器布置。如图 3.5(a) 所示,使用环任意一侧的传感器,可以激发并检测到驻波。此处,所有模式被近似相等地探测,从而可以识别出环形共振的频谱。如图 3.5(b) 所示,使用旋转偶极子源和正交抽头,可以优先激发和检测重要的主传播模式,从而模拟核磁共振成像中的信号检测。

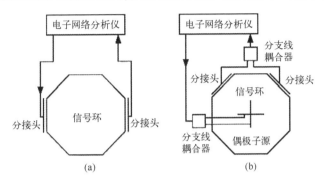

图 3.5　安装了旋转偶极子的实验环

(a) 八元件环驻波的布置;(b) 八元件环行波激发的布置。

　　该源安装在中央,由两个相互成直角的小电感构成,使用正交混合耦合器馈入等幅但相位差为 90° 的信号。分接头是一对非谐振元件,以直角安装在环上,其信号通过第二正交混合电路组合在一起。在这两种情况下,调整分接头间距都可以实现阻抗匹配。图 3.6 显示安装了旋转偶极子源的实验环。

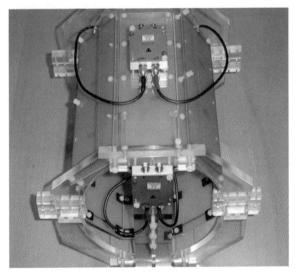

图 3.6　具有正交抽头和内部旋转偶极子源的实验性八元件环

图 3.7 显示了在驻波激发下环上传输的频率变化。可以识别出 5 个锐共振,对应于 $\mu=0,1,\cdots,4$ 的模式,而 $\mu=1$ 的模式根据需要位于 63.85MHz。

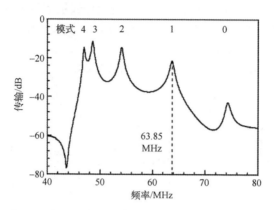

图 3.7　使用驻波激发获得的八元件环中传输的频谱

由于第 μ 模式的 $k'a$ 值为 $2\mu\pi/N$,因此色散图可由频率值构成,如图 3.8 所示。此处的离散数据点是实验性的,而两条线是通过将 f_0 的值和一组耦合系数 κ_m 代入式(3.7)中而得出的理论预测。系数可以通过实验测量,通过测量以正确的角度和间距安装在一起或分开两个元件,并用电感传感器探测时获得的谐振频率的分裂。在这种情况下,最近和第二近邻耦合系数确定为 $\kappa_1=-0.4$ 和 $\kappa_2=-0.07$。细线(只考虑 κ_1)与数据不符,而粗线(由 κ_1 和 κ_2 导出)显然是更精确的模型。

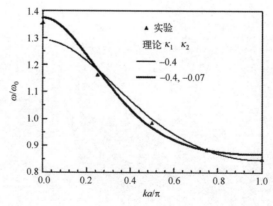

图 3.8　八元件环的色散特性(点为实验性数据;线为理论性数据,基于第一相邻部分(细线)以及第一和第二相邻部分(粗线)的相互作用)

图 3.9 显示了随行波激发和检测产生的相应频率变化。现在只有一个共振(主模式)具有明显的振幅,突出了此种布置固有的模态区别。

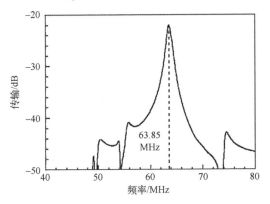

图 3.9 用行波激发获得的八元件环中的传输频谱

然而,如图 3.10 所示,在反射的频率变化中仍然可以看到其他模式。因此,可以使用多种方法来识别不同的共振模式,并调整电路参量以将它们放置于正确的频带中。

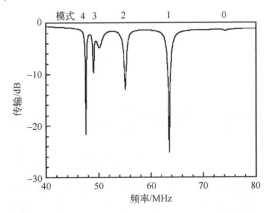

图 3.10 使用行波激发获得的八元件环中的反射频谱

在伦敦帕丁顿的圣玛丽医院使用 GE Signa Excite 临床扫描仪在 1.5T 下证实了[1]H 磁共振成像。系统本体线圈用于激发,磁感应环带正交分接头,用于检测。首先进行了修改以使环与用于激发的大射频磁场去耦合。首先将电感分接头用电容性分接头代替;然后通过将电容器分成 3 个部分(两个用于调谐,一个用于匹配)来进行阻抗匹配;最后通过在其中的调谐电容上放置电感和一对交叉二极管引入无源去耦,以形成二极管开关储能滤波器,设计用于在设定阈值时阻断大电流。

一个成像对象——柚子(柑橘属,即蜜柚),安装于环中央,如图 3.11 所示。使用快速自旋回波序列进行成像,重复时间 $T_R = 800\text{ms}$,回波时间 $T_E = 90\text{ms}$,回波序列长度 ETL = 15,翻转角度 $\phi = 90°$。使用 4mm 的切片厚度和 5mm 的切片间距,视场 FOV = 200mm。用于改善信噪比的激发次数为 $N_{EX} = 2$。获得了信噪比约为 30 的切片图像,证明了磁感应环能够提供良好的成像性能。

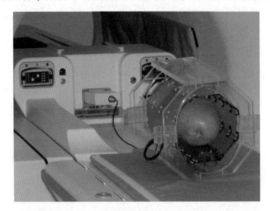

图 3.11   临床磁共振扫描仪中以"柚子"作为成像对象的八元件磁感应环

图 3.12 显示了从一组轴向切片重建的"柚子"的三维图像。可以清楚地看到外皮和内部分段结构,而"厚瓤"(大部分是干燥的,没有信号)看起来像两者之间的透明间隔层。

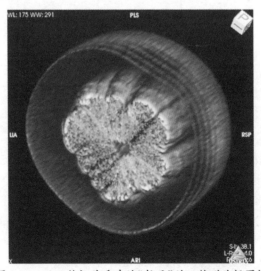

图 3.12   从二维切片重建的"柚子"的三维磁共振图像

基于图 3.4(b)所示的晶胞,将无源磁感应环转换成参量放大的检测器。这需要进行几项主要修改。首先对 PCB 进行了修改,为泵浦谐振器增加了一个 90mm×60mm 的第二电感器和一个相关调谐电容器。这样,当组装环时,泵浦也能以磁感应波的形式传播。为闲频回路提供了单独的电路,它使用一个非常小的螺旋电感来避免相邻元件之间的磁耦合。将信号、闲频和泵浦回路布置为共享一个变容二极管(ZC832C,Zetex Semiconductors 生产的硅二极管),并提供电路以使每个变容二极管反向偏置。为信号和泵浦回路提供了单独的感应分接头。图 3.13(a)显示了将行波插入和检测到信号回路中的布置,图 3.13(b)显示了使用 Agilent N5181A 信号发生器和功率放大器注入行波泵波的布置。

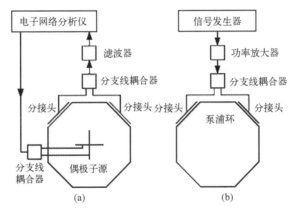

图 3.13   用于八元件参量放大磁感应环的(a)行波信号激发和
检测布置和(b)行波泵浦激发布置

图 3.14 显示了原型参量放大的磁感应环。信号环在左侧,泵环在右侧,闲频和变容二极管偏置电路位于它们之间。技术上的问题(单个电感器的寄生电容以及电感器之间不必要的互感)使调节电路变得困难,所以信号、闲频和泵浦

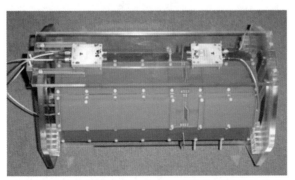

图 3.14   带正交分接头的实验性八元件参量放大磁感应环

都在适当的频率下谐振,而信号和泵浦频带没有重叠。因此,要获得一个正常工作的电路,需要做出妥协。尤其是闲频 f_I 实际上小于信号频率 f_S(低噪声系统的次优选择)。当 $f_I \approx 36\text{MHz}$ 时,泵浦频率为 $f_P = 36+63.85 \approx 100(\text{MHz})$。

图 3.15 显示了通过驻波激发测量环上传输的频率变化。显示了两组数据,粗线表示跨信号环的传输。此时,可以再次看到先前在图 3.7 中显示的信号频带共振,以及闲频的附加单个低频共振。在高频下可以看到其他特征。从显示穿过泵环传输的细线可以明显看出,这些是泵浦频带共振。这些共振的性质意味着信号和泵浦是磁感应波,而闲频不是传播波。

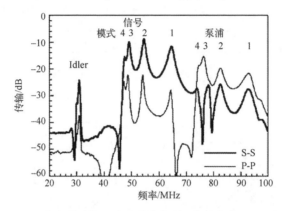

图 3.15   八元件参量放大环中的传输频谱(使用信号(S-S)和泵浦环(P-P)上的驻波激发获得)

图 3.16 显示了信号传播随行波激发和检测的频率变化。显示了两组数据,粗线(无泵浦)明显类似于图 3.9 的无源环响应。细线(施加了泵浦信号)显

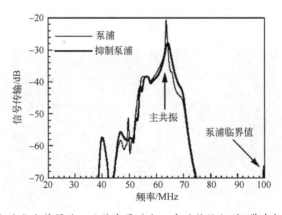

图 3.16   使用行波激发获得的八元件参量放大环中的传输频谱(带有抑制泵浦的滤波)

示出在重要的主共振附近的传输显著增加。为了在无须检测强泵情况下获得这些数据,信号通过以磁共振成像检测频率为中心的带通滤波器。尽管如此,仍可以看到泵浦信号的一些突破。这种类型的串扰是参量放大器的一个典型问题,在实际系统中必须尽力防止泵浦和闲频的播送。

图 3.17 显示了不同泵浦功率下,主共振附近更详细的频率变化。增加泵浦功率明显地提高了该模式的品质因子,放大检测的信号,同时降低带宽。这种内在的联系意味着一个固定的增益带宽积,这是参量放大器的一个关键限制,而参量放大器是它们最终消亡的主要原因。

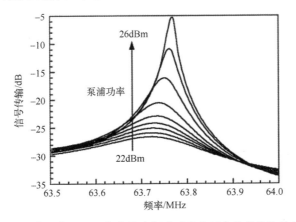

图 3.17　不同泵浦功率下八元件参量放大的磁感应环中信号传输的频率依赖性

图 3.18 显示了信号增益随泵浦功率的变化,表明在接近 26.5mW 的振荡阈值时,功率增益从 0 迅速上升到 28dB(对应于 $G = 25$dBm 的线性增益)。这些数据清楚地表明,类似的磁感应泵浦波对行进中的磁感应信号波进行了高增益

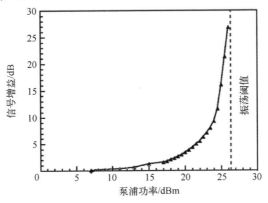

图 3.18　八元件参量放大环的信号增益

参量放大。该系统需进行修改以在扫描仪中评估之前解耦;然而,磁共振图像已经用单个放大晶胞进行了放大[57],必要的工作正在进行中。

3.6 结论

磁感应波是在磁耦合 LC 谐振器中传播的电流慢波。磁感应波导的开放式结构使其特别适用于磁共振成像中射频磁信号的检测。然而,室温下金属谐振器的低品质因子限制了传输损耗和检测灵敏度。参量放大提供了一个可能的解决方案,并且已经使用环形谐振器配置进行了磁感应波放大的初步演示。

这些结果为参量放大在超材料中更广泛的应用指明了方向。主要局限性是参量放大网络的设计复杂性,难以从无源组件(如高频电感器)获得合适的性能,需要非常高频率的泵浦以获得低噪声以及将强泵浦耦合到信号电路中。最后一点特别重要,因为它有效地播送了泵浦信号。通过使用等效的波导组件代替此处使用的简单集总元件电路,可以克服许多限制性,是 20 世纪 60 年代采用的解决方案。

参 考 文 献

1. E. Shamonina, V. A. Kalinin, K. H. Ringhofer, L. Solymar, Magneto-inductive waveguide, Electronics Letters **38**, 371-373 (2002)

2. M. C. K. Wiltshire, E. Shamonina, I. R. Young, L. Solymar, Dispersion characteristics of magneto-inductive waves: comparison between theory and experiment, Electronics Letters **39**, 215-217 (2003)

3. E. Shamonina, V. A. Kalinin, K. H. Ringhofer, L. Solymar, Magnetoinductive waves in one, two, and three dimensions, Journal of Applied Physics **92**, 6252-6261 (2002)

4. E. Shamonina, L. Solymar, Magneto-inductive waves supported by metamaterial elements: components for a one-dimensional waveguide, Journal of Physics D Applied Physics **37**, 362-367 (2004)

5. R. R. A. Syms, E. Shamonina, L. Solymar, Magneto-inductive waveguide devices, IEE Proceedings - Microwaves, Antennas and Propagation) **153**, 111-121 (2006)

6. R. R. A. Syms, I. R. Young, L. Solymar, Low-loss magneto-inductive waveguides, Journal of Physics D Applied Physics **39**, 3945-3951 (2006)

7. R. R. A. Syms, O. Sydoruk, E. Shamonina, L. Solymar, Higher order interactions in magneto? inductive waveguides, Metamaterials **1**, 44-51 (2007)

8. S. Maslovski, P. Ikonen, I. Kolmakov, S. Tretyakov, Artificial magnetic materials based on the new magnetic

particle：metasolenoid，Progress in Electromagnetics Research **54**，61-81（2005）

9. M. C. K. Wiltshire，E. Shamonina，I. R. Young，L. Solymar，Experimental and theoretical study of magneto-inductive waves supported by one-dimensional arrays of "Swiss rolls"，Journal of Applied Physics **95**，4488-4493（2004）

10. A. Radkovskaya，M. Shamonin，C. J. Stevens，G. Faulkner，D. J. Edwards，E. Shamonina，L. Solymar，An experimental study of the properties of magnetoinductive waves in the presence of retardation，Journal of Magnetism and Magnetic Materials **300**，29-32（2006）

11. I. V. Shadrivov，A. N. Reznik，Y. S. Kivshar，Magnetoinductive waves in arrays of split-ring resonators，Physica B **394**，180-183（2007）

12. H. Liu，Y. M. Liu，S. M. Wang，S. N. Zhu，X. Zhang，Coupled magnetic plasmons in metamaterials，Physica Status Solidi B **246**，1397-1406（2009）

13. M. Decker，S. Burger，S. Linden，M. Wegener，Magnetization waves in split-ring resonator arrays：evidence for retardation effects，Physical Review **80**，193102（2009）

14. G. Dolling，M. Wegener，A. Schädle，S. Burger，S. Linden，Observation of magnetization waves in negative-index photonic metamaterials，Applied Physics Letters **89**，231118（2006）

15. A. Kurs，A. Karalis，R. Moffatt，J. D. Joannopoulos，P. Fisher，M. Soljacik，Wireless power transfer via strongly coupled magnetic resonances，Science **317**，83-86（2007）

16. A. P. Sample，D. A. Meyer，J. R. Smith，Analysis，experimental results，and range adaptation of magnetically coupled resonators for wireless power transfer，IEEE Transactions on Industrial Electronics **58**，544-554（2011）

17. W. X. Zhong，C. K. Lee，S. Y. R. Hui，Wireless power domino-resonator systems with non-coaxial axes and circular structures，IEEE Transactions on Power Electronics **27**，4750-4762（2012）

18. Z. Sun，I. F. Akyildiz，Magnetic induction communications for wireless underground sensor networks，IEEE Transactions on Antennas and Propagation **58**，2426-2435（2010）

19. C. J. Stevens，C. W. T. Chan，K. Stamatis，D. J. Edwards，Magnetic metamaterials as 1-D data transfer channels：an application for magneto-inductive waves，IEEE Transactions on Microwave Theory and Techniques **58**，1248-1256（2010）

20. T. Floume，Magneto-inductive conductivity sensors，Metamaterials **5**，206-217（2011）

21. M. C. K. Wiltshire，J. B. Pendry，I. R. Young，D. J. Larkman，D. J. Gilderdale，J. V. Hajnal，Microstructured magnetic materials for RF flux guides，Science **291**，849-851（2001）

22. M. C. K. Wiltshire，J. V. Hajnal，J. B. Pendry，D. J. Edwards，C. J. Stevens，Metamaterial endoscope for magnetic field transfer：near field imaging with magnetic wires，Optics Express **11**，709-714（2003）

23. M. J. Freire，R. Marques，Planar magnetoinductive lens for three-dimensional subwavelength imagin，Applied Physics Letters **86**，182505（2005）

24. M. J. Freire，R. Marques，L. Jelinek，Experimental demonstration of a $\mu=-1$ metamaterial lens for magnetic resonance imaging，Applied Physics Letters **93**，231108（2008）

25. L. Solymar，O. Zhuromskyy，O. Sydoruk，E. Shamonina，I. R. Young，R. R. A. Syms，Rotational resonance of magnetoinductive waves：basic concept and application to nuclear magnetic resonance，Journal of Applied Physics **99**，123908（2006）

26. R. R. A. Syms，T. Floume，I. R. Young，L. Solymar，M. Rea，Flexible magnetoinductive ring MRI detector：

design for invariant nearest neighbour coupling, Metamaterials **4**, 1–14 (2010)

27. R. R. A. Syms, L. Solymar, I. R. Young, Periodic analysis of MR–safe transmission lines, IEEE Journal of Selected Topics in Quantum Electronics **16**, 433–440 (2010)

28. R. R. A. Syms, I. R. Young, M. M. Ahmad, M. Rea, Magnetic resonance imaging with linear magneto–inductive waveguides, Journal of Applied Physics **112**, 114911 (2012)

29. R. R. A. Syms, I. R. Young, L. Solymar, T. Floume, Thin–film magneto–inductive cables, Journal of Physics D Applied Physics **43**, 055102 (2010)

30. R. R. A. Syms, L. Solymar, Bends in magneto–inductive waveguides, Metamaterials **4**, 161–169 (2010)

31. R. R. A. Syms, L. Solymar, I. R. Young, Broad–band coupling transducers for magneto–inductive cable, Journal of Physics D Applied Physics **43**, 285003 (2010)

32. O. Sydoruk, Resistive power divider for magneto–inductive waveguides, Electronics Letters **47**, 549–550 (2011)

33. R. R. A. Syms, L. Solymar, Magneto–inductive phase shifters and interferometers, Metamaterials **5**, 155–161 (2011)

34. Y. Yuan, B. –I. Popa, S. A. Cummer, Zero loss magnetic metamaterials using powered active unit cells, Optics Express **17**, 16135–16143 (2009)

35. K. Z. Rajab, Y. Hao, D. Bao, C. G. Parini, J. Vazquez, M. Philippakis, Stability of active magnetoinductive metamaterials, Journal of Applied Physics **108**, 054904 (2010)

36. W. W. Mumford, Some notes on the history of parametric transducers, Proceedings of the IEEE **48**, 848–853 (1960)

37. L. A. Blackwell, K. L. Kotzebue, *Semiconductor – Diode Parametric Amplifiers*, Prentice Hall, Englewood Cliffs, 1961

38. D. P. Howson, R. B. Smith, *Parametric Amplifiers*(McGraw–Hill, New York, 1970)

39. G. A. Klotzbaugh, Phase considerations in degenerate parametric amplifier circuits, Proceedings of the IEEE **57**, 1782–1783 (1959)

40. G. L. Matthaei, Experimental verification of the phase relationships in parametric amplifiers, IEEE Transactions on Microwave Theory and Techniques **MTT–12**, 365–367 (1964)

41. H. Heffner, G. Wade, Gain, bandwidth and noise characteristics of a variable parameter amplifier, Journal of Applied Physics **29**, 1332–1331 (1958)

42. C. S. Aitchison, R. Davies, P. J. Gibson, A simple diode parametric amplifier design for use at S, C and X band, IEEE Transactions on Microwave Theory and Techniques **MTT–15**, 22–31 (1967)

43. Y. Kinoshita, M. Maeda, An 18 GHz single–tuned parametric amplifier with large gain bandwidth product, IEEE Transactions on Microwave Theory and Techniques **18**, 409–410 (1970)

44. S. Takahashi, M. Nojima, T. Fukuda, A. Yamada, K–band, cryogenically cooled, wideband nondegenerate parametric amplifier, IEEE Transactions on Microwave Theory and Techniques **18**, 1176–1178 (1970)

45. J. R. Pierce, Traveling–wave tubes, Proceedings of the IEEE **35**, 108–111 (1947)

46. D. Schiffler, J. A. Nation, G. S. Kerslick, A high–power, traveling wave tube amp, IEEE Transactions on Plasma Science **18**, 546–552 (1990)

47. J. T. De Jager, Parametric amplifiers for radio astronomy, Solid State Electronics **4**, 266–270 (1962)

48. M. P. Hughes, E. Moley, D. R. Parenti, J. J. Whelehan, A 5 Gc/s parametric receiver for radio astronomy,

IEEE Transactions on Antennas and Propagation **13**,432-436（1965）

49. P. K. Tien,Parametric amplification and frequency mixing in propagating circuits,Journal of Applied Physics **29**,1347-1357（1958）

50. P. P. Lombardo,E. W. Sard,Low-frequency prototype traveling-wave reactance amplifier,Proceedings of the IEEE **47**,995-996（1959）

51. R. C. Honey,F. M. T. Jones,A wide-band UHF travelling-wave variable reactance amplifier ,IEEE Transactions on Microwave Theory and Techniques **MTT-8**,351-361（1960）

52. M. Lapine,M. Gorkunov,Three-wave coupling of microwaves in metamaterials with nonlinear resonant conductive element,Physical Review E **70**,66601（2004）

53. A. B. Kozyrev, H. Hongjoon Kim, D. W. van der Weide, Parametric amplification in left - handed transmission line media,Applied Physics Letters **88** ,264101（2006）

54. O. Sydoruk,E. Shamonina,L. Solymar,Parametric amplification in coupled magnetoinductive waveguides,Journal of Physics D：Applied Physics **40**,6879-6887（2007）

55. R. R. A. Syms,I. R. Young,L. Solymar,Three-frequency parametric amplification in magneto-inductive ring resonators,Metamaterials **2**,122-134（2008）

56. T. Floume, R. R. A Syms, L. Solymar, M. R. Young, A practical parametric magneto - inductive ring detector,in *Proceedings of the 3ʳᵈ International Congress on Advanced Electromagnetic Materials in Microwaves and Optics*,London UK,30 Aug-4 Sep 2009,pp132-134

57. R. R. A. Syms, T. Floume, I. R. Young, L. Solymar, M. Rea, Parametric amplification of magnetic resonance images,IEEE Sensors Journal **12**,1836-1845（2012）

58. C. E. Hayes,W. A. Edelstein,J. F. Schenck,O. M. Mueller,M. J. Eash,An efficient,highly homogeneous radiofrequency coil for whole-body nmr imaging at 1.5T,Journal of Magnetic Resonance **63**, 622 - 628 （1985）

59. J. Tropp,The theory of the bird cage resonator,Journal of Magnetic Resonance **82**,51-62（1989）

60. M. C. Leifer,Resonant modes of the birdcage coil,Journal of Magnetic Resonance **124**,51-60（1997）

第4章 超材料中的电磁和弹性动力学耦合

摘要 超材料在电磁学领域已经有了长足的发展,并展现出多种奇特的材料特性。最近,力学超材料在声波特性的实现方面也显示出相当广阔的前景。本章将对一类具有电磁和弹性特性的新兴超材料进行探讨,两者相互耦合,产生了一系列新的超材料特性。特别是其会产生非常强烈的非线性响应,包括双稳态和自激振荡。下面将列举几种具有这些特性的结构,并通过实验证明其可行性。

4.1 引言

目前可以确定的是,我们可通过超材料的设计获得各种线性电磁特性,并展示出一系列超乎寻常的非线性效应[1]。此外,利用多种波传播类型所共有的普遍物理特性,超材料已在声波中成功应用[2-10]。超材料也同样在力学中得到应用,运用新的方式对静态力学特性进行设计[11]。

本章将对一类同时包含电磁和力学功能的超材料进行探讨。更重要的是,这些自由度彼此耦合,使得电磁响应对力学结构极其敏感,且电磁场也会对结构产生很大的作用力。此种耦合会产生两种不同的效果。首先,电磁波对微米或纳米级装置的操控性可以大大增强;其次,通过在结构中加入一些弹性恢复力,装置的构造会发生变化,进而改变其电磁响应。

为了说明这一点,以图4.1所示的框图为例,其与3种不同类别的超材料进行了比较。迄今为止已知的普通材料和绝大多数电磁超材料都属于第一类(图4.1(a)),因为它们的响应只能用自由度电磁来描述。此类别还包括许多非线性和可调谐的超材料,其中极化率可能是非线性的,但最终可以简化为材料本构关系的特定形式。

电磁和力学动力学耦合的最简单形式是电磁力在结构上引起一些运动,见图4.1(b)。这种情况通过光镊[12]、光马达[13]和扳手[14]呈现,最终目的是控制力学自由度的应用。在大多数例子中,尽管已经描述了通过与基板相互作用来改变捕获电势的方法,但外部电磁场仍主导着电磁感应力[15]。应该注意到,在

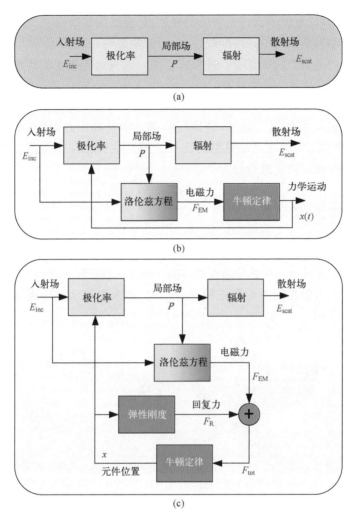

图 4.1　超材料中不同物理过程的示意图

(a) 具有纯电磁响应的过程;(b) 因光学力而运动的过程;(c) 因弹性恢复力而保持平衡的电磁力
结构可产生非线性耦合动力(蓝色部分代表了上述过程中可能涉及的量)。

这类系统中,结构的运动确实会影响电磁响应,但是通常不考虑由此产生的散射场。虽然这些系统由于力学运动会显示出随时间变化的电磁响应,但通常该响应并不具备本章将进行探讨的任何有趣的特性。

针对完全耦合的情况(图 4.1(c)),将弹性恢复力引入系统。该弹性力与电磁力相反,从而使系统达到平衡。而该平衡位置取决于入射场的频率、偏振和功率。其对结构的电磁响应也有很大的影响,可以说,结构的电磁响应取决于入射场。所以,系统不支持入射场的叠加,且显然为非线性。

由耦合动力学引起的这种非线性,为通过集总电路元件或非线性光学材料引入非线性的常规方法提供了一种替代方案。有关这类方法的详细说明,可参见文献[16~18]及本书其他章节。

本章将概述几种可实现此类耦合非线性动力学的超材料。此系统与光力学领域[19,20]有一些相似之处,特别是光学和力学自由度之间的相互作用。然而,我们可通过超材料在远超光学的波长上控制这种相互作用,并通过几何结构对近场中存储的能量进行操控[21]。

4.2 磁弹性超材料

超材料中耦合电磁和力学相互作用的第一个概念化演示为磁弹性超材料[22],如图4.2所示。在此种结构中,将密集的单轴开环谐振器阵列浸入弹性支撑材料中。入射平面波对此结构进行激发,该入射平面波的磁场 H_0 垂直于开环谐振器平面。

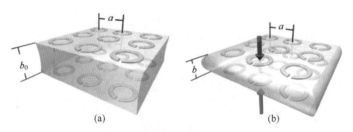

图4.2 各向异性磁性超材料与弹性介质结合的示意图[22](此处展示了两层的块状样本)
(a) 施加电磁场之前的超材料;(b) 被元件之间的电磁力压缩的超材料
(无量纲晶格参数 a 和 b 归一化为谐振器半径 r)。

众所周知,在这些类系统中,大部分电磁能量存储于开环谐振器之间的场中,并且响应具有通过互感施加的集体性质[23]。根据阵列中的晶格常数,相互作用可导致共振频率大幅降低。此外,开环谐振器之间还存在安培力,如果其被同相激发,则会产生吸引力。此种吸引力与环之间的材料刚度成反比。

对于合理的输入功率,为了观察非线性效应,结构的弹性响应必须相当弱。然而,利用超材料概念,不仅可通过适当的几何形状来控制超原子的电磁性质,而且可以控制其原子的弹性性质。小弹簧、金属线和细丝等结构可提供必要的柔韧性。据理论估算,当结构缩放至更小的波长时,所需的刚度似乎没有降低,因此就可对太赫兹频率和光频率下的影响进行观察。

　　因为力学响应时间远远长于电磁响应时间,所以在无须考虑力学动力学的情况下,可对开环谐振器之间缓慢变化的间隔进行电磁响应模拟。磁相互作用力的计算方式与直流电完全相同,并且可通过开环谐振器的小间隙、利用一对宽边耦合谐振器或通过开环谐振器的间隙垂直,来抑制电相互作用。为了用超材料对该系统进行描述,还需将尽可能大的操作波长与晶胞尺寸相比。

　　此种结构的另一种实现方式也已运用重力恢复力[24]进行了演示,其中谐振器力学平衡的微调可提供很高的灵敏度。一般来说,该系统运行的理论基础是相同的。

4.2.1　理论

　　自作用机制来自于开环谐振器之间的相互作用,取决于归一化晶格常数 a 和 b。在准静态极限中,可以通过晶格之和 Σ 来考虑阵列中所有开环之间的互感,晶格之和 Σ 取决于晶格参数[23]。然后,求出 b 的稳态解,该解满足安培力 F_I 和恢复胡克力 F_S 之间的平衡,每种力的约定方向如图 4.3(a) 所示。

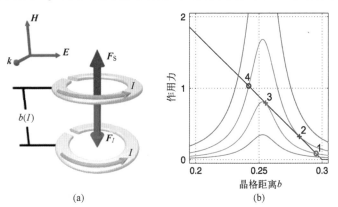

图 4.3　磁弹性特性的一般说明[22]

(a)作用在超材料开环谐振器上的力示意图(其中由电流引力产生的总压缩力 F_I 被弹性力 F_S 抵消,两者都取决于随电流强度变化的晶格距离 b);(b) 取决于晶格距离的力大小(其中一些电流振幅的吸引力 F_I 用彩色峰值表示,反作用弹簧力 F_S 用黑色直线表示。稳定的平衡点用○表示,而不稳定的平衡点用×表示)。

　　相同轴上两个隔离环之间的轴向相互作用力可计算为[25,26]

$$F_i = \frac{\mu_0 I^2}{2\sqrt{4+b^2}}\left(\mathbb{E}(\kappa)\frac{2+b^2}{b^2} - \mathbb{K}(\kappa)\right) \qquad (4.1)$$

式中：E 和 K 为参数为 $\kappa^2 = 4/(4+b^2)$ 的第一类和第二类完整椭圆积分；I 为电流振幅。如果层间晶格常数 b 比横向晶格常数 a 小，那么在计算总压缩力时，仅需要考虑彼此正上方或下方堆叠的开环。这大大简化了大容量介质中任意两个环的计算，得出

$$F_{\mathrm{I}}(b) \approx \sum_{n=1}^{N} n \cdot F_i(nb) \approx \frac{\pi}{2} \frac{1}{b} F_i \tag{4.2}$$

在无外部电磁场的情况下，晶格常数的初始值为 b_0。弹力将抵抗此结构的任何偏离，根据胡克定律可得

$$F_{\mathrm{S}}(b) = kr(b-b_0) \tag{4.3}$$

式中：k 为刚度常数；r 为半径。实际上，力仅在一定位置范围内呈现线性。为简单起见，在模型中施加一个阈值 $b_{\min}$ 以展示此效果，该值已设定了下限。

系统的电磁响应由以下阻抗方程式决定，该方程式包括开环之间的电磁相互作用，并取决于晶格常数 b 和自阻抗 Z，有

$$[Z+\mathrm{j}\omega\mu_0 r\Sigma(a,b)] \cdot I = -\mathrm{j}\omega\pi r^2\mu_0 H_0 \tag{4.4}$$

其必须与平衡条件 $F_{\mathrm{I}}(b,I) = F_{\mathrm{S}}(b)$ 相结合，取代式（4.2）和式（4.3）中力的表达式。根据入射磁场的振幅 H_0 和频率 ω，这些方程式的解产生了晶格常数 b 和 I 环中的电流。

图 4.3（b）所示为力随晶格常数 b 变化的示意图，F_{I} 的不同曲线对应于不同水平的激发电流。显然，力的平衡条件与 F_{I} 和 F_{S} 的交点相对应。然而，并非所有这样的平衡点 b_0 都呈稳定状态。特别是，如果在位置 δb 处有一些微扰，需要将因此而产生的总力指向 b_0，以便具有稳定性。这就要求

$$\frac{\mathrm{d}F_{\mathrm{I}}}{\mathrm{d}b} > \frac{\mathrm{d}F_{\mathrm{S}}}{\mathrm{d}b} \tag{4.5}$$

从式（4.4）中可以看到 F_{I} 的共振特性及其对 b 的依赖性，如图 4.3（b）中清晰所示。

显而易见，其或为单一稳定状态，或存在 3 种状态，其中一个呈现不稳定性。一旦电流强度超过阈值水平（图 4.3（b）中的叉号" 2"所示），就无法实现初始的"右侧"平衡（如在圆圈" 1"处），因此晶格常数 b 将减小。这将极大地改变相互作用，导致共振频率发生显著变化，因此电流强度下降，使系统进入另一个对应于相同的力曲线的平衡状态（图 4.3 中圆圈"4"）。

但是，如果电流强度减小，则只要峰值吸引力足以抵消弹力（下降到阈值点，叉号"3"），圆圈"4"处的平衡就可保持稳定，系统从该处恢复至相应的"右侧"解（圆圈"1"）。然后可计算出整个超材料 $M(H_0,\omega)$ 的磁化强度为

$$M = Iv\pi r^2 = \frac{\pi}{ra^2}\frac{I}{b} \tag{4.6}$$

并且由于体积密度 $v = 1/(r_0^3 a^2 b)$ 的显著影响,与电流 I 相比,晶格常数 b 呈现出更强的依赖性。

　　因此,根据入射场的幅度和频率,可呈现非线性磁化特性(图 4.4)。此处对固定频率进行了讨论,并指出如果在频率变化时入射场振幅固定不变,那么甚至可能出现更多的特殊状态,包括难以进入的双稳态[27]。

　　在低于初始状态的本征频率下,随着振幅的增加,可观察到轻微非线性 $M(H_0)$ 的依赖性,直至超材料突然转换为更强的压缩性。然而,当振幅减小时,超材料将保持压缩状态,直至其幅度更低时,可表现出类似磁滞的特性(图 4.4(a))。但接近原始共振时,磁滞性消失,而非线性相当强烈(图 4.4(b))。

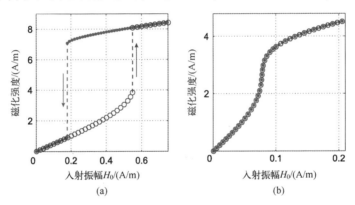

图 4.4　超材料响应的功率相关性示例[22]。(在 $\omega = 0.55\omega_0$(a)和 $\omega = 0.60\omega_0$(b)时可观察到,超材料中的磁化强度 $M(H_0, \omega)$ 与入射振幅 H_0 的关系,振幅增大(蓝色圆圈)和振幅减小(红色点)。这些开环半径为 $r = 5$mm,单个谐振频率为 1GHz,品质因子为 100。超材料参数为 $a = 4$, $b_0 = 0.3$, $b_{\min} = 0.1$, 刚度系数 $k = 0.44$mN/m)

4.2.2　实验论证

　　为了证明这些非线性效应具有真实性,对 3 对弹性耦合谐振器进行了实验,每对谐振器内部存在耦合,但 3 对谐振器之间无耦合。此系统的控制方程与块状样本的控制方程相似,不同之处在于,晶格之和 Σ 被有限尺寸样本上的相互耦合所代替,并且式(4.2)中不存在体积增大。

　　每个环都附着在醋酸纤维素薄层上,以确保力学稳定性并防止热膨胀。单个环(未示出)的控制实验未检测到入射功率响应的明显变化。因此,可大胆假设测得的响应完全由环之间的相互作用导致。

开环悬挂于带凹槽的电介质杆上,以控制其初始间距 $b_0 = 0.3r$,如图 4.5(a)所示。当带有吸引力的安培力产生时,这些环便能够彼此相对摆动。相反的胡克力则由放置在每对环之间的角蛋白细丝产生。图 4.5(b)展示了线性状态(入射功率为 –12.3dBm)和接近最大值(入射功率为 29dBm)时测得的光谱。可以看出,共振产生了与其宽度相当的位移。

图 4.5(c)展示了共振频率随施加功率的变化而变化,最大频率变化为 13MHz。为了进行比较,我们也展示了理论曲线,该曲线由相应参数得出,假设刚度系数为 (0.13 ± 0.01)N/m。同时也将重力对恢复力的影响考虑在内(由环的倾斜引起),在最大功率水平下约为 20%。

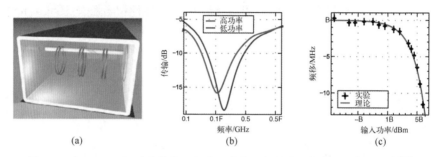

图 4.5   在 WR229 矩形波导中 3 个弹性对系统中磁弹性非线性的实验观察[22]
(a) 实验布局;(b) 在低(–12.3dBm)和高(29dBm)功率下测得的透射光谱;
(c) 谐振频率对入射功率的依赖性(展示了实验(带误差线的圆圈)和理论(实线)结果。
这些环由 0.18mm 厚的铜线制成,半径为 3mm,间隙约为 1mm)。

4.3   扭振系统

尽管由于电磁和力学自由度的耦合,磁弹性系统有望表现出超强的非线性,但相当程度的柔性力学恢复力却难以实现。为了克服该缺点,建议以旋转力来代替环之间压缩力的运用。将这些扭振结构定义为具有内在旋转性的非线性超材料[28]。

此处的理念是采用旋转自由度,使两个或多个非对称谐振器克服弹性反馈作用而绕公共轴自由旋转。此种旋转将影响系统的电磁模式,改变感应电荷和电流的分布和幅度,从而改变驱动相互旋转的电磁力。

实验演示如图 4.6 所示。一对开口环同轴排列,并绕同一轴线旋转。通过连接两个环的细弹性线呈现弹性反馈作用。电磁转矩用于驱动超原子,通过改变系统的内部旋转来调节共振频率。该系统的主要优点体现于,电磁力的有效杠杆臂远远强于比恢复力的有效杠杆臂。与共线力相比,其可能导致极大程度的变形。

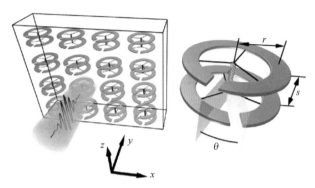

图 4.6　一种新型的超材料及其旋转性"超原子"的概念设计(摘自文献[28])。入射波沿
y 方向传播,具有线性偏振特性,且电场沿 x 方向,磁场沿 z 方向。谐振器之间的
感应电磁转矩,会改变通过弹性线连接的环之间的相互扭转角 θ

为简单起见,假设其中一个环固定在基板上,另一个环则用金属线悬挂于上方。该环通过 3 根较短的金属线连接至该金属线,使悬挂环方向稳定并防止其倾斜。实验结果只允许环绕其轴线旋转,而所有其他运动自由度可忽略不计。

从图 4.6 中可以看出,环以缝隙之间的某个角度开始,其为系统的设计参数。然后,入射电磁波在环上感应电荷和电流,环之间的角度和间距决定超原子的混合共振频率[29]。对于固定的激发强度,该系统中存储的能量随扭曲角的变化而变化,且环趋向于以最小的能量形成平衡角。在任何非平衡角度下,环都会发生转矩,其大小和方向取决于角度、环中激发的模式和入射场强度[30]。

添加弹性金属线会引入与电磁转矩相反的回复转矩,平衡扭转角则取决于两者之间的平衡。对于激发系统环之间的初始角度,设计时可自行选定。其将决定哪个电磁模式主导系统响应,然后决定转矩的强度和方向。

因此,此种扭转设计提供了一种在超材料中实现强非线性的可调谐方法,其响应远远强于集总非线性电路元件具有的响应。我们将证明其可形成极强的双稳态响应,并可通过实验进行观察。

4.3.1　理论处理

对于单个孤立超原子,我们使用半分析模型。图 4.6 显示了两个同轴开环谐振器,在 z 方向上间隔距离为 s,间隙之间的夹角为 θ。入射波沿 y 轴传播,电场沿 x 轴极化。角度 ϕ 描述了底环的间隙相对于电场的取向。

每个环上的电流可用单一模式进行近似,并且它们之间的近场相互作用可通过两个环上的格林函数积分来计算,以得出它们之间的互阻抗[29]。该模型对此类超原子的电磁特性进行了精确描述[30]。为简单起见,模拟使用完美的电导体作为开环谐振器的制作材料,因此只考虑电磁力的辐射分量。

超原子上的电流 J 和电荷 ρ 可用空间分布 $j(r)$ 表示,其大小和相位由频率相关标量 $Q(\omega)$ 表示,假设 $\exp(-i\omega t)$ 时间依赖性[31]为

$$J(r,w) = -i\omega Q(\omega)j(r) \, , \, \rho(r,\omega) = Q(\omega)q(r) \, , \, q(r) = -\nabla \cdot j(r) \quad (4.7)$$

其可得出一对环的模式振幅 $Q_{1,2}$ 的耦合方程为

$$\begin{cases} Q_1 = \dfrac{(\mathcal{E}_2 Z_{\mathrm{m}} - \mathcal{E}_1 Z_{\mathrm{s}})}{(Z_{\mathrm{s}}^2 - Z_{\mathrm{m}}^2)} \\[3mm] Q_2 = \dfrac{(\mathcal{E}_1 Z_{\mathrm{m}} - \mathcal{E}_2 Z_{\mathrm{s}})}{(Z_{\mathrm{s}}^2 - Z_{\mathrm{m}}^2)} \end{cases} \quad (4.8)$$

式中:$\mathcal{E}_1$ 和 $\mathcal{E}_2$ 表示入射电场与每个环模式的重叠,平面波入射可精确计算为

$$\mathcal{E}_1 = -\boldsymbol{E}_{\mathrm{ext}} \cdot \boldsymbol{l}_{\mathrm{e}} \cdot \mathrm{e}^{\mathrm{j}k_0 a_{\mathrm{E}}\cos\phi} + \mathrm{j}\omega\boldsymbol{B}_{\mathrm{ext}} \cdot \boldsymbol{u}_{\mathrm{e}} \cdot \mathrm{e}^{\mathrm{j}k_0 a_{\mathrm{M}}\cos\phi} \quad (4.9)$$

$$\mathcal{E}_2 = -\boldsymbol{E}_{\mathrm{ext}} \cdot \boldsymbol{l}_{\mathrm{e}} \cdot \mathrm{e}^{\mathrm{j}k_0 a_{\mathrm{E}}\cos(\phi+\theta)} + \mathrm{j}\omega\boldsymbol{B}_{\mathrm{ext}} \cdot \boldsymbol{u}_{\mathrm{e}} \cdot \mathrm{e}^{\mathrm{j}k_0 a_{\mathrm{M}}\cos(\phi+\theta)} \quad (4.10)$$

其中偶极近似用于归一化电偶极矩 $\boldsymbol{I}_{\mathrm{e}}(\theta,\phi) = \int_V q(r)r\mathrm{d}V$, ϕ 以及磁偶极矩 $\boldsymbol{u}_{\mathrm{e}}(\theta,\phi) = \dfrac{1}{2}\int_V r \times j(r)\mathrm{d}V$。

电偶极子和磁偶极子的有效中心位置为

$$\begin{cases} a_{\mathrm{E}} = \dfrac{\displaystyle\int_V [q(r_1)r_1 \cdot x](r_1 \cdot y)\mathrm{d}V_1}{\left|\displaystyle\int_V q(r_1)r_1\mathrm{d}V_1\right|} \\[6mm] a_{\mathrm{M}} = \dfrac{\displaystyle\int_V [r_1 \times j(r_1) \cdot \hat{z}](r_1 \cdot y)\mathrm{d}V_1}{\left|\displaystyle\int_V r_1 \times j(r_1)\mathrm{d}V_1\right|} \end{cases} \quad (4.11)$$

类似于质心的定义,当 $\phi=0$ 时,根据较低开环谐振器的电荷和电流分布来进行计算。

耦合到外部电磁场的相位项由波在到达开环谐振器之前产生的延迟引起。自阻抗 Z_{s} 和互阻抗 Z_{m} 由下式给出,即

$$\begin{cases} Z_s = \dfrac{i}{\omega C_s} - i\omega L_s \\[3mm] Z_m = \dfrac{i}{\omega C_m} - i\omega L_m \end{cases} \tag{4.12}$$

式中:有效电容 C 和电感 L 可从模态电流 $j(r)$ 和电荷 $q(r)$ 的分布中计算得出(见文献[31])。

在得出模式振幅 Q 之后,可计算超原子之间的转矩。由于底环固定,而顶环可绕 z 轴旋转,所以顶环上的转矩很重要,有

$$M_{EM} = \int_{V_2} \rho(r_2) r_2 \times E + r_2 \times [J(r_2) \times B] dV_2 \tag{4.13}$$

式中,在顶部开环谐振器的体积 V_2 上进行积分计算。

我们可轻易将转矩分成两个具有不同物理性质的分量,即由于撞击场[30]引起的外部转矩 M_{ext} 和受激环相互作用导致的内部转矩 M_{int}。当环绕几何中心旋转时,转矩的磁性部分对 z 方向的转矩无影响。外部和内部转矩的方程式为

$$M_{ext,2} = \frac{1}{2} \mathrm{Re}\left[\int_{V_2} \rho^*(r_2) r_2 \times E_{ext} dV_2\right]$$
$$= -\frac{1}{2} \mathrm{Re}\left[Q_2^*(\omega,\phi) e^{jk_0 a_E\cos(\phi+\theta)}\right] E_{ext} \cdot l_e \sin(\phi+\theta) \cdot \hat{z} \tag{4.14}$$

$$M_{int,2} = \frac{1}{2} \mathrm{Re}\left[\int_{V_2} \rho^*(r_2) r_2 \times E_{int}(r_2) dV_2\right] \tag{4.15}$$

内部场分量为

$$E_{int}(r_2) = -\nabla\phi(r_2) - \frac{\partial}{\partial t} A(r_2)$$
$$= -\int_{V_1} \nabla \frac{\rho(r_1) e^{jk|r_2-r_1|}}{4\pi\varepsilon_0 |r_2-r_1|} + \frac{\partial}{\partial t} \frac{J(r_1) e^{jk|r_2-r_1|}}{4\pi c^2\varepsilon_0 |r_2-r_1|} dV_1 \tag{4.16}$$

从而得出内部转矩的方程式为

$$M_{int,2} = \frac{1}{2} \mathrm{Re}\left\{ \frac{Q_1(\omega) Q_2^*(\omega)}{4\pi\varepsilon_0} \iint \frac{q^*(r_2) e^{jk|r_1-r_2|}}{|r_1-r_2|} \right.$$
$$\left. \times \left[\frac{1 - jk|r_1-r_2|}{|r_1-r_2|^2} q(r_1) r_1 \times r_2 + k^2 r_2 \times j(r_1) \right] dV_1 dV_2 \right\} \tag{4.17}$$

悬挂开环谐振器上的弹性金属线带有回复转矩,即

$$M_R = \frac{-\pi a^4 G(\theta-\theta_0)}{(2d)} \tag{4.18}$$

式中:a 和 d 分别为金属线的半径和长度;G 为剪切模量;θ_0 为结构的初始扭转角。

当总转矩为零时,系统将处于平衡状态,即

$$M_{EM}(\theta, P_I) + M_R(\theta, \theta_0) = 0 \tag{4.19}$$

4.3.2　数值结果

为了对旋转非线性进行说明,将上述模型应用于一对特定的扭转开环谐振器,半径 $r = 6mm$,垂直间距 $s = 2mm$。每个环中的间隙以角形式表示为 $\alpha_0 = 10°$。弹性联轴器的金属线半径为 $a = 50\mu m$,长度为 $d = 100mm$,其由橡胶制成,剪切模量为 $G = 0.6MPa$。

图 4.7(a)、图 4.7(b)分别展示了根据频率和扭转角 θ,顶部开环谐振器所产生的最终模式振幅 Q_2 和总电磁转矩 $M_{EM} = M_{ext} + M_{int}$。复杂之处则在于,底环与外场偏振之间的角度 ϕ 改变了超原子的激发强度。但是,重要的物理量则

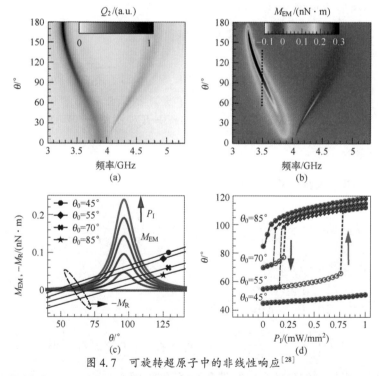

图 4.7　可旋转超原子中的非线性响应[28]

(a) 模式振幅 Q_2;(b) 顶部可旋转环的电磁转矩 M_{EM};(c) 0～1mW/mm² 的不同泵浦功率以 0.2mW/mm² 的步长在 3.5GHz 时的电磁转矩以及不同初始扭转角 θ_0 的回复转矩;(d) 在不同 θ_0 下功率相关扭转角的对应路径。

(如电磁转矩的方向)与 ϕ 无关,因为其仅取决于模式轮廓和对称性,因此我们仅考虑 $\phi = 0°$ 的情况。

该模型将辐射损耗[31]考虑在内,因此准确描述了模式振幅及其共振的线性形状。该结构支持两种混合共振,分别表示对称 $Q_1 = Q_2$ 和反对称 $Q_1 = -Q_2$ 模式[29](可将其认知为场的磁偶极矩对称性)。此两种模态激发之间的相位差造成了方向相反的电磁转矩。

如果环被对称激发,则结构 $\theta = 0°$ 对应于彼此平行的电偶极矩,因此它们趋于排斥,在没有力学回复转矩的情况下,最低能量状态为 $\theta = 180°$。对于反对称模式,电流方向相反意味着 $\theta = 180°$ 趋于不稳定,而 $\theta = 0°$ 趋于稳定。评估得出的外部转矩大约为内部转矩的 1/10,当结构泵送功率密度为 $P_1 = 1 \text{mW/mm}^2$ 时,总转矩约为 $10^{-10} \text{N} \cdot \text{m}$。麦克斯韦方程的数值解已对上述建模结果进行了(使用"CST 微波工作室"软件)验证,然后通过麦克斯韦应力张量的表面积分得出了感应转矩。

图 4.7(c)展示了电磁转矩和力学转矩,它们彼此相反,以达到平衡。选定的 3.5GHz 泵浦频率(在图 4.7(b)中用黑色虚线表示)与对称模式的激发相对应。

类似于图 4.3(a)所示的磁弹性系统中的力平衡,M_{EM} 为扭转角的洛伦兹式函数,而在不同初始扭转角 θ_0 下的回复转矩 M_{R} 通过线性函数进行近似。式(4.19)中的这两个函数的交点对应于平衡角 θ_e。然而,平衡角的稳定解需满足

$$\frac{\partial}{\partial \theta} \left[M_{\text{EM}}(\theta) + M_{\text{R}}(\theta) \right] \bigg|_{\theta = \theta_e} < 0 \qquad (4.20)$$

依据泵浦功率得出的扭转角如图 4.7(d)所示,功率先增大后减小,以达到双稳态特性。当 θ_0 偏离最大电磁转矩的角度时,可看到从平滑非线性到双稳态响应的演变。原则上,随着 θ_0 远离共振,预计会出现更明显的旋转和滞后效应,但需要更高的泵浦功率(见 $\theta_0 = 45°$ 的情况)。此种与功率相关的非线性响应演变也可通过固定初始扭转角、改变泵浦频率来进行观察,后续将通过实验来证明。

4.3.3　实验验证

这些扭转结构的非线性响应,已通过微波频率下进行的泵浦探测实验得到验证。金属线产生的回复转矩可观察到强响应的关键参数,该转矩必须足够小,以致使结构可在合理输入功率水平下进行强旋转。

在实验验证中,使用的开环内径 $r = 3.2 \text{mm}$,轨道宽度为 1mm,铜厚度为

0.035μm,缝隙宽度 $g=0.2mm$,并将其印制在 $\varepsilon_r=3.5$,损耗角正切为 0.0027,基板厚度为 0.5mm 的 Rogers R4003 基板上。将一对开环谐振器放置于 WR229 矩形波导中,下部开环谐振器居中,在角度 $\phi=0°$ 上进行固定。上部开环谐振器通过橡胶线悬吊在下部开环谐振器上方 0.75mm 处(半径 $a=50μm$,长度 $d=20mm$),使其可自由旋转。注意确保两个开环谐振器彼此对齐,并且将未激发结构的扭转角固定为大约 70°。材料的剪切模量 $G\approx0.69MPa$ 是通过测量杨氏模量进行评估的,该杨氏模量由于样本加载引起的金属线伸长而估计为 2.06MPa。

泵浦频率和线性共振之间的差异在于决定观察到的非线性特性的关键参数。泵浦功率以 1dB 的步长进行扫频,使系统在测量前达到稳定状态。其由于系统的低力学阻尼,大约需要 30s 的时间,且如果系统已打开,则可观察到由入射功率变化而引起的结构振荡旋转。其排除了观察到的非线性特性的其他运行机制,如热膨胀。

图 4.8 展示了实验中获得的透射光谱,提取的共振频率如图 4.9(a)、(c)、(e)所示。可清楚地看到,系统从双稳态性质呈现出平滑非线性。无泵浦的初始共振(对称模式)位于 3.256GHz 左右,并且随着泵浦功率的增加而发生红移,表明扭转角增加。当泵浦频率位于共振的红色尾部时,只要泵浦功率超过某个阈值,就可观察到较大的光谱"跃变"(约为共振线宽的 3 倍)(图 4.9(a))。泵浦功率增加和减少的阈值是不同的。随着泵浦频率接近初始共振,光谱"跃变"变小(图 4.9(c))并最终消失(图 4.9(e))。当泵浦频率处于反对称模式的红色尾部时,也可观察到类似的效果(未示出),在这种情况下,由于电磁转矩的相反方向,两个共振彼此接近。

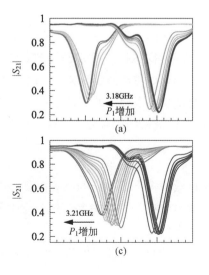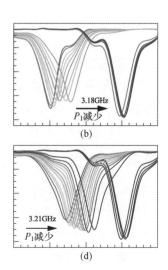

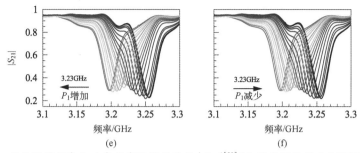

(e)　　　　　　　　　　　　(f)

图 4.8　不同泵浦频率和功率的实验透射系数 $|S_{21}|^{[28]}$（初始共振位于 3.256GHz 左右，
泵浦功率以 1dB 的步幅变化）

（a）和（b）泵浦在 3.18GHz 时功率从 15.2dBm 变为 27.2dBm；（c）和（d）泵浦在 3.21GHz 时功率从
12.2dBm 变为 27.2dBm；（e）和（f）泵浦频率在 3.23GHz 时功率从 15.2dBm 变为 27.2dBm。

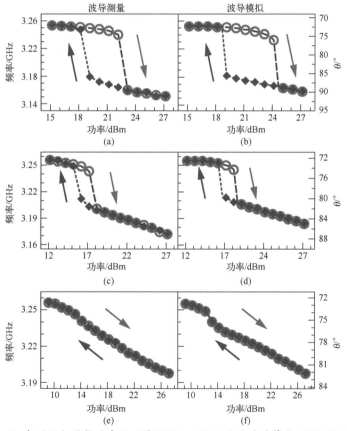

图 4.9　相同几何结构的实验测量（（a）（c）（e））和数值计算的（（b）（d）（f））
共振扫频比较[28]（相应的稳定扭转角显示在右轴上）

（a）和（b）泵浦在 3.18GHz；（c）和（d）泵浦在 3.21GHz；（e）和（f）泵浦在 3.23GHz。

尽管这些模拟和实验针对波导中的单个元件进行,但应该注意的是,波导壁上的镜像使该系统的性质类似于阵列。其已得到数值验证,并且已表明稀疏阵列中的动力学性质与波导系统中所示的动力学性质相似[28]。

4.4 动态响应

非线性动态现象,如自激振荡和混沌,已在不同类型的系统中得到了广泛研究[32,33]。光力学的最新研究还表明,光学共振与力学振动之间存在奇特的耦合效应[34,35]。在光学力学系统中,自激振荡的激发需要光力学和力学振动之间的相位滞后。此种相位滞后可以通过延迟的辐射压力或辐射热测量力来引入[36,37]:前一种机制要求光共振的光谱线宽与力学振荡频率相当;而后者由光热效应引起,具有亚毫秒级的典型响应时间,此点对于微纳力学振荡器而言非常重要[37,38]。

关于扭转超材料,我们已经证明[39],3 个弹性耦合环的系统可支持自激振荡,并且与大多数之前研究的光力学系统相比,即使该振荡具有极强的阻尼,对此也毫无影响。

4.4.1 系统模型

图 4.10 展示了扭转结构,包括 3 个通过金属线连接的同轴开环谐振器。y 轴的扭转角为 θ_m,$m \in \{1,2,3\}$。将第一个开环谐振器固定在 $\theta_1 = 0°$,因而整个结构只有第二个和第三个开环谐振器可旋转。由于此系统引入了额外的力学自由度,因此可以将其视为由弹性和电磁耦合的超原子构成的"超材料分子"。

与一对开环谐振器相比,3 个开环谐振器的本征模分布更为复杂。但是,我们可使用半分析方法得出此类混合模式[31],将其扩展为单个开环谐振器的高阶本征模式。依据两个扭转角 θ_2 和 θ_3 可得出的混合模式频率如图 4.10 所示。每个开环谐振器的半径为 6mm,狭缝宽度为 1mm,环间距离为 3mm。入射波沿 z 方向传播,并激发某种组合共振模式,其取决于与入射场的重叠。

开环谐振器用柱形细弹性金属线连接,回复转矩根据胡克定律近似得出

$$M_{R,2} = -\kappa[2(\theta_2 - \breve{\theta}_2) - (\theta_3 - \breve{\theta}_3)], \quad M_{R,3} = -\kappa[(\theta_3 - \breve{\theta}_3) - (\theta_2 - \breve{\theta}_2)] \quad (4.21)$$

式中:$\kappa = \pi a^4 G/(2d)$,a 和 d 分别为金属线的半径和长度,G 为剪切模量;$\breve{\theta}$ 为初始扭转角。第 m 个开环谐振器($m \in \{2,3\}$)的动力学方程可以表示为

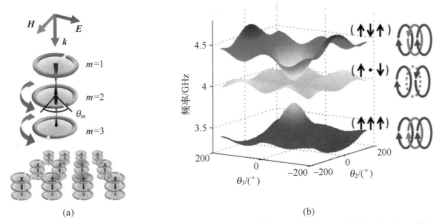

图 4.10　（a）扭转超材料示意图；（b）由混合超材料分子展示的 3 个本征频率。每个超材料分子由 3 个弹性连接的同轴开环谐振器组成。第一个开环谐振器是固定的，而第二个和第三个开环谐振器可绕公共轴 z 自由旋转。扭转角 θ 极大地改变了本征频率，并显示为间隙和 y 轴之间的角度[39]

$$
\begin{cases}
\ddot{\theta}_m + \varGamma \dot{\theta}_m = \dfrac{M_m}{\Im}, \\
M_m = (\boldsymbol{M}_{\mathrm{EM},m} + \boldsymbol{M}_{\mathrm{R},m}) \cdot \hat{z}
\end{cases}
\tag{4.22}
$$

式中：$\Im$ 为惯性矩；$\varGamma$ 为阻尼系数；M_m 为第 m 个开环谐振器带有的总转矩。

　　与双谐振器系统一样，此系统的力学响应时间远远低于电磁谐振模式的寿命。因此，可依据开环谐振器的角度得出电磁转矩，而无须将其角速度考虑在内。对于一对角度固定的开环谐振器，其只具有一个力学自由度，并且在每个振荡周期内，外场所做的总功为 0。这意味着系统将产生阻尼振荡，并最终趋于稳定。相比之下，三谐振器系统具有两个力学自由度，特别是两个自由开环谐振器的振荡之间可能具有一些相位延迟。这可以使电磁场在整个振荡周期内对系统做非零功，以补偿力学损耗，并产生动态稳态解。

　　图 4.11 展示了角度 $\theta_2 = -\theta_3 = 30°$ 时每个开环谐振器上的转矩。通过与全波模拟的比较也证实了上述结果。对于 4.3 节中研究的一对开环谐振器系统，环上转矩的方向直接与激发模式的对称性相关。但是，对于具有 3 个或更多谐振器的超材料分子，每个开环谐振器都影响着转矩总和，其方向还取决于混合系统模式的相对强度。这便产生了系统中转矩的复杂频率依赖，包括高度不对称的 Fano 型共振形状，如图 4.11 所示。假设将每个开环谐振器放置于聚氨酯泡沫包装内，该包装能够连接弹性金属线，但其介电常数接近于 1，因此该包装对电磁波透明。如此，可计算出每个开环谐振器的惯性矩 $\Im \approx 3.755 \times 10^{-10}\ \mathrm{kg \cdot m^2}$，

并且假设弹性金属线的半径为 $50\mu m$,剪切模量为 $1MPa$。

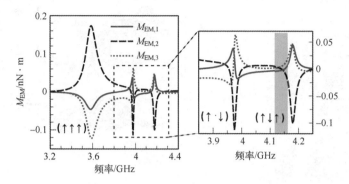

图 4.11   结构为 $\theta_2=-\theta_3=30°$ 的 3 个开环谐振器产生的电磁转矩 M_{EM}[39]（入射波沿 z 方向

传播,其电场分量则沿 x 方向($\phi=0°$)。转矩被归一化为 $1mW/mm^2$ 的功率密度。

右侧的图对虚线矩形内的细节进行了放大,绿色阴影表示可能存在自激振荡的区域)

4.4.2   自激振荡

可对耦合方程组系统进行求解,以得出取决于泵浦频率和功率的超材料分子动力学。假设泵浦频率为固定不变,入射波强度以 $1mW/mm^2$ 的步长从零扫到最大值 $60mW/mm^2$,然后沿反向扫频以展示任意双稳态特性。

扭转角 θ_2 和 θ_3 随着功率的变化产生阻尼振荡,在大多数情况下,其可归为一个稳定的角度。在共振附近可发现非常强的非线性响应,其呈现出类似于一对开环谐振器系统中的双稳态,甚至可以表现出三稳态。但最有趣的特性则在于,在有限的输入功率和频率范围内,系统将趋于不稳定,开环谐振器会无限期振荡,力学阻尼损失的能量则由泵浦能量进行补偿。

由于力学阻尼在平衡泵浦能量中的作用,因而其在系统动力学中起着至关重要的作用。在图 4.12(a) 和图 4.12(b) 中,使用与图 4.11 相同的初始扭转角,展示了该超材料分子对两个不同阻尼值的非线性响应。在垂直轴上绘制了入射功率,色标下部为功率增加的结果,而上部则为功率减少时的结果。色标区域对应于自激振荡的状态,各种颜色则对应于以度为单位的振荡幅度。该自激振荡区域对应于图 4.11 的绿色阴影区域,位于图 4.10 中标记为 ($\uparrow\downarrow\uparrow$) 共振的红色一侧。

在图 4.12(b) 中,力学阻尼已急剧增加至 $\varGamma=1.42Hz$,其对应存在于水中的黏性阻尼。此种高水平阻尼消除了许多泵浦频率的自激振荡特性,系统恢复为双稳态平稳响应。图 4.12 绘制的橙色圆圈显示了双稳态跃变的阈值功率水平。但有趣的一点是,从 $4.14GHz$ 到 $4.16GHz$ 的自激振荡得以保留。

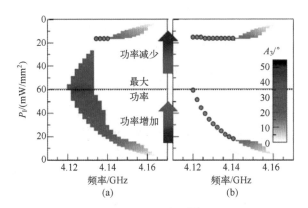

图 4.12　由泵浦频率和功率密度得出的线性特性[39]（自激振荡的状态和幅度用色标度表示。A_3 定义为 θ_3 振荡的峰值幅度。箭头表示功率变化的方向，从零增加至 60mW/mm^2，然后再减小至零。橙色圆圈表示双稳态跃变的阈值功率密度。我们对具有不同阻尼系数的结果进行了比较，$a_\Gamma = 0.71\text{Hz}$，$b_\Gamma = 1.42\text{Hz}$）

4.4.3　稳定性分析

现在进一步研究为何有些自激振荡机制即使在非常强的阻尼下也具有极高的鲁棒性，而另一些机制很容易消失。通过分析平衡点的局部稳定性便可理解此种差异。结构的平衡位置明确要求总转矩 $M_{2,3} = 0$。上述点为曲线 $M_2(\theta_2, \theta_3, f_P, P_I) = 0$ 和 $M_3(\theta_2, \theta_3, f_P, P_I) = 0$ 的交点。通过固定泵浦频率，可依据 θ_2、θ_3 计算出这些转矩并对平衡点如何随输入功率 P_I 的增加而变化进行研究。因为在平衡 $\theta_2 = \theta_3 = 0$ 时，只需要考虑将全相位图投影到 (θ_2, θ_3) 上来显示动态轨迹。对这一轨迹进行理解的关键在于研究平衡的局部稳定性。

通过分析系统线性变分动态方程的特征值，可估计系统在平衡点附近的局部稳定性[33]，其中系数可用紧凑矩阵形式表示，即

$$
\begin{bmatrix}
\dfrac{\partial F_2}{\partial \theta_2} & \dfrac{\partial F_2}{\partial \Omega_2} & \dfrac{\partial F_2}{\partial \theta_3} & \dfrac{\partial F_2}{\partial \Omega_3} \\[2ex]
\dfrac{\partial G_2}{\partial \theta_2} & \dfrac{\partial G_2}{\partial \Omega_2} & \dfrac{\partial G_2}{\partial \theta_3} & \dfrac{\partial G_2}{\partial \Omega_3} \\[2ex]
\dfrac{\partial F_3}{\partial \theta_2} & \dfrac{\partial F_3}{\partial \Omega_2} & \dfrac{\partial F_3}{\partial \theta_3} & \dfrac{\partial F_3}{\partial \Omega_3} \\[2ex]
\dfrac{\partial G_3}{\partial \theta_2} & \dfrac{\partial G_3}{\partial \Omega_2} & \dfrac{\partial G_3}{\partial \theta_3} & \dfrac{\partial G_3}{\partial \Omega_3}
\end{bmatrix}
=
\begin{bmatrix}
0 & 1 & 0 & 0 \\
C_1 & -\Gamma & C_2 & 0 \\
0 & 0 & 0 & 1 \\
C_3 & 0 & C_4 & -\Gamma
\end{bmatrix}
\tag{4.23}
$$

式中：$F_{2,3} = \Omega_{2,3} = \dot{\theta}_{2,3}$，$G_{2,3} = \dot{\Omega}_{2,3} = \ddot{\theta}_{2,3} = M_{2,3}/\mathcal{J} - \Gamma\Omega_{2,3}$，并且 C_n 由总转矩的数值微分确定。矩阵特征值的显式表达式为

$$\lambda_{1,2,3,4} = \frac{-\Gamma}{2} \pm \left\{ \frac{(C_1 + C_4)}{2} + \frac{\Gamma^2}{4} \pm \frac{1}{2} \left[(C_1 - C_4)^2 + 4C_2C_3 \right]^{1/2} \right\}^{1/2} \quad (4.24)$$

一个平衡点想要达到稳定状态，4 个特征值都必须具有负实部；否则将呈现不稳定状态。对于任何有限的力学阻尼，4 个特征值都具有有限实部。从而导致双曲线平衡，并允许变分方程对非线性系统的局部特性进行建模[33]。从此分析中，可看出图 4.12 所示的自激振荡对阻尼的鲁棒性差异由平衡稳定性的差异所致。

通过分析平衡的演变，发现上述自激振荡的不同特性对应两种不同的机制。在图 4.13(a)和图 4.13(b)中，对于 4.134GHz 和 4.15GHz 的泵浦频率，上述两种机制之间的差异已得到证实。θ_3 为功率，红色表示功率增加，蓝色表示功率减少。虚线表示当 $\Gamma = 0.71$Hz 时的振荡幅度，而圆圈表示稳定位置。

1. 有限局部稳定性引起的自激振荡

图 4.13(a)所示的情况，泵浦频率为 4.134GHz，与平衡的有限局部稳定性引起的自激振荡相对应。一旦输入功率超过 25mW/mm²，稳定平衡便会终止，系统进入不稳定的振荡区域，该振荡将持续至功率达到约 55mW/mm² 为止。然而，强阻尼会改变这种动态特性，并使系统被吸引至另一个稳定平衡点。图 4.12(b)所示便是如此，图 4.13(c)中的虚线对其进行了进一步说明，该图显示了从稳定平衡 S_A 到 S_B 的轨迹，即图 4.13(a)中标记的点。

在阻尼足够低的情况下，轨迹可产生一个极限循环，而非终止于 S_B，如图 4.13(c)中的黑色曲线所示。这是因为系统具有足够的动能以克服对平衡点的吸引，而该平衡点仅呈现局部稳定性。当力学阻尼精确补偿由电磁波感应的转矩耦合到系统中的能量时，就会发生极限循环。

随着功率进一步增加，平衡逐渐加强，直至轨迹无法偏离并进入稳定状态。如果功率随后降低，则状态保持稳定，因为未产生足够的动能来实现自激振荡。该轨迹沿稳定分支行进，直至功率约为 18mW/mm²，随后产生双稳态并跃变至蓝色圆圈所示的原始状态。如此便产生了图 4.12 中观察到的特征，这些特征取决于功率的增加或减少。

2. 局部不稳定性导致的自激振荡

对于 4.15GHz 的泵浦频率，如图 4.13(b)所示，稳定非线性响应存在两个分支。然而，第一个分支在输入功率约为 9mW/mm² 时结束，被一系列局部不

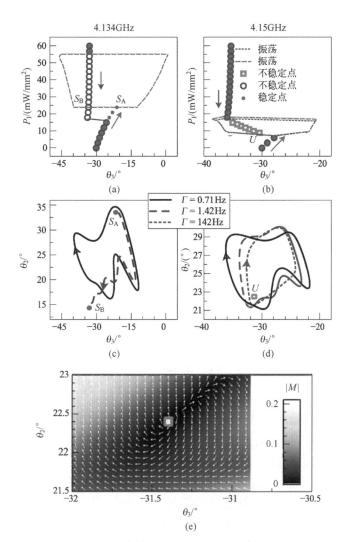

图 4.13　在两个不同的泵浦频率下的系统演变((a)为 4.134GHz 频率和(b)为 4.15GHz 频率[39]。红色实心圆和蓝色空心圆分别表示功率密度增大和减小过程中的稳定平衡。绿色正方形为不稳定平衡点。红色虚曲线和蓝色虚曲线表示阻尼系数 $\Gamma = 0.71$Hz 时自激振荡的边界。(c)为 4.134GHz,$P_1 = 25$mW/mm^2 阈值功率密度下的轨迹;(d)为 4.15GHz,$P_1 = 9$mW/mm^2。阻尼系数 $\Gamma = 1.42$Hz 由水的黏度计算得出。S_A、S_B 和 U 对应于(a)和(b)所示的平衡;(e)为(d)中所示平衡 U 附近的转矩图 $\boldsymbol{M} = M_2\hat{\boldsymbol{e}}_{\theta 2} + M_3\hat{\boldsymbol{e}}_{\theta 3}$。矢量则显示 $\boldsymbol{M}$ 的方向)

稳定的平衡所取代,如绿色正方形所示。这便导致了不同的自激振荡机制,振幅再次由线条表示。在输入功率约为 17mW/mm^2 时,平衡再次趋于稳定。关键区别在于,局部不稳定性意味着不需要额外的动能,因此,当降低输入功率时,会发生非常类似的自激振荡。应注意,如果 M_{EM} 和 M_R 增加相同的系数,则其平衡点及其局部稳定性保持不变。这表明,在相同的泵浦频率和功率密度下,仍然可以观察到由于局部不稳定性引起的自激振荡,并且振荡速度将相应增加。

阻尼系数投影相位图如图 4.13(d)所示。可以看出,如虚线所示,即使阻尼值非常高,振荡仍然十分强健。蓝色虚线表示系统随着阻尼增加而呈现的轨迹,尽管阻尼增加确实会改变振荡频率。为了更好地理解,将 M_2 和 M_3 的转矩可视化为二维矢量形式:$\boldsymbol{M} = M_2 \hat{\boldsymbol{e}}_{\theta 2} + M_3 \hat{\boldsymbol{e}}_{\theta 3}$,其中 $\hat{\boldsymbol{e}}_{\theta 2}$ 和 $\hat{\boldsymbol{e}}_{\theta 3}$ 表示 θ_2 和 θ_3 方向的单位矢量。图 4.13(e)展示了围绕不稳定平衡点的转矩分布(用绿色正方形标记)。可以看出,转矩总是将系统推离该平衡点,如果没有稳定的平衡点来吸引系统,转矩将发展成极限循环。此特征与先前研究过的众多光力学系统不同,在光力学系统中,因强阻尼影响,自激振荡将会消失。虽然自激振荡机制随着结构的变化而变化,但是上述两种机制是通用的。对于具有 3 个以上开环谐振器的超材料分子,同样也可观察到自激振荡。

4.5　螺旋谐振器的非线性手性

利用力学压缩进行弹性反馈的一种替代方法是使用金属螺旋线[40-41]。此想法源于螺旋线同时具备手性电磁谐振器以及力学弹簧的特性。入射电磁波在绕组中感应出的电流会在绕组之间施加吸引力,因此会发生力学压缩,直到安培力被弹簧力平衡为止。然而,这种压缩改变了螺旋的螺距,改变了有效电容及共振频率。此外,由于螺旋线为手性电磁谐振器[42-43],并且其手性与螺距有关,因此螺旋线的响应表现为非线性手性。

出现的非线性反馈其性质上类似于磁弹性超材料中观察到的反馈,但不同之处在于,磁弹性系统中不同元件之间的相互作用受到影响,而在螺旋中,这种影响分别出现在每个谐振器中,呈现出固有的结构非线性。应该注意到,类似于磁弹性行为,柔性螺旋中的作用电磁力相对于电磁振荡是时间平均的,并且相对于电磁响应而言,任何力学动力学的发生时间均无比缓慢。

螺旋线的共振频率由其几何结构决定(图 4.14)。假设线圈半径为 r 的螺线,螺距与 r 之比为无量纲参数 ξ,线径与 r 之比为无量纲参数 ω。对于两匝,可用简单的电路模型描述电磁谐振[44],其电感 L 和电阻 R 与单匝相同,并且电容 C 为柱形金属线匝数之间并联电容之和,即

$$\omega_2 = \frac{1}{\sqrt{LC}}, \ L = \mu_0 r \left(\ln \frac{8}{w} - 2 \right), \ C = \frac{2\pi\varepsilon_0 \cdot \pi r}{\cosh^{-1}\left(\dfrac{\xi}{2w}\right)} \tag{4.25}$$

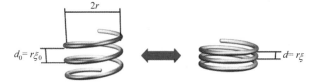

图 4.14　非线性柔性螺旋线的概念示意图和几何参数[40]

在 $0.022 < \xi < 0.1$ 的宽泛范围内,可以确定所得的共振频率 ω_2 与数值模拟的结果完全匹配[40]。

对于多匝 $(N>2)$ 螺旋,此简单电路模型并不适用,但是可以推断出共振频率的相同功能形式,即

$$\omega_s = \frac{c}{\pi r} \left(\frac{\cosh^{-1}\left(\dfrac{\xi}{2w}\right)}{2(N-1)\psi\left(\ln\left(\dfrac{8}{w}\right)-2\right)} \right)^{1/2} \tag{4.26}$$

假设随着绕组数量的增加,电容或电感必须乘以 $N-1$,并且附加系数 ψ 代表了与精确结果的差异。的确,将解析表达式(4.26)与高至 9 的各种 ξ 和 N 的全波数值模拟(使用 CST Microwave Studio 软件)的结果进行比较,可显示出完美的一致性[41];校正系数 ψ 从 $N=2$ 时的 $\psi \approx 1$ 略微增加到 $N=9$ 时的 $\psi \approx 1.36$。也就是说,必须强调的是,我们不能用局部 L 和 C 电路参数直接描述多匝螺旋线,式(4.26)也无法描述长螺旋。

螺旋线的力学性能由刚度系数描述,刚度系数等于每匝 $k = Grw^4/4$,其中 G 为构成螺旋金属线材料的剪切模量。应注意,力学振荡的特征频率 $\omega_M = w\sqrt{3G/2\rho}/(2\pi rN)$ 远小于所涉及的电磁频率,因此有关螺旋几何重构的分析基本为静态分析,取决于电流的时间平均幅度。然后用胡克定律对弹簧响应进行描述,因此压缩随着与初始螺距值 ξ_0 的偏差而线性增加:$F_s = kr(\xi - \xi_0)$。这种压缩平衡了由螺旋线中激发的电流所产生的吸引力 F_e。

对于较小的 ξ,可以将作用于螺旋绕组之间的安培力计算为相应长度的两条平行金属线之间的安培力。通常,两绕组之间的安培力为 $F_e = \mu_0 I^2/2\xi$。对于多匝,可以忽略边缘的影响,每匝中的力平衡为

$$Gr^2 w^4(\xi - \xi_0)\xi + 2\Xi\mu_0 I^2 = 0 \tag{4.27}$$

其中,额外的增强系数由多个绕组的相互作用产生。例如,绕9匝,则 $\Xi \approx$ $2^{[41]}$。但是,对于两匝的螺旋,实际电流分布[44]会导致较小的总净力,$F_2 = \mu_0 I^2 / 12\xi$,那么对于短螺旋,设定 $\Xi = 1/3$ 便可对式(4.27)进行调整。因此,对于给定的电流强度,一个9匝螺旋可承受6倍的压缩强度。

式(4.27)看似为 ξ 的二次方程,但实际上更为复杂,因为电流 I 在阻抗方程中取决于 ξ 和 r。后者取决于要进行的实验类型。在泵浦探索实验中,如文献[40]所示,应运用完整的阻抗方程,在两匝螺旋的情况下,可将其明确表示为

$$\left(R + i\omega L - \frac{i}{\omega C} \right) \cdot I = -i\omega\mu_0 \pi r^2 H_0 \tag{4.28}$$

如式(4.4)所示,H_0 为入射波的磁场幅度(意味着 H_0 的入射偏振平行于螺旋轴),但不同之处在于,对几何参数的依赖性表现为自电容而不是式(4.4)中的互感。

相反,当运用可变功率进行扫频时,且时间足够,螺旋线应该在共振时处于平衡位置(而共振频率根据功率而变化),其中如果阻抗减小为电阻,则方程式为

$$\frac{1}{w}\sqrt{\frac{\omega_s \mu_0}{2\sigma}} I = \mathfrak{E}(\omega, P) \tag{4.29}$$

式中:$\mathfrak{E}(\omega, P)$ 为每匝螺旋线作用的有效电动势,具体取决于入射波的频率和功率。

综上所述,式(4.25)[或式(4.26)]、式(4.27)和式(4.28)[或式(4.29)]组合可形成一个耦合方程组,对于给定的频率 ω 和入射场的振幅 H_0,可从数值上求解 ξ 和 I。

应注意,螺旋线的热膨胀(r 取决于温度,影响自感和电阻)以及金属电导率的温度依赖性,对螺旋线的非线性响应产生了额外影响。热效应还会改变共振频率,从而导致更为复杂的非线性反馈(有关详细信息见文献[40])。

根据此分析,预测非线性自作用将以类似于磁弹性超材料的方式产生,在共振频率和手性的功率依赖性方面具有非线性甚至双稳态响应特性[40]。

第一次对固有结构非线性[40]进行观察的实验运用的是两匝螺旋线,实验中发现在力学响应中占主导地位的是热效应。为了克服此问题,采用了多匝螺旋线[41]的改良制造方法,其具有较高的几何精度并对其进行了热处理,以提高其稳定性。结果,在多匝螺旋线阵列中观察到共振频率显著的功率相关偏移,这主要是由力学压缩引起,据估计,热效应不超过12%。

多匝螺旋线[41]的测量结果如图4.15所示,从基于测得的共振频率得出的

实验数据中可重新计算出螺旋螺距的变化,并根据上述分析与理论拟合进行比较。螺旋的手性性质与螺距成相应比例,可用沿其轴的电偶极矩 p 和磁偶极矩 m 之间的归一化(无量纲)比来表示[45],即

$$\gamma = \frac{|p|}{|m|} \cdot c = \frac{c\xi}{\omega\pi r} = \frac{\xi}{\pi} \cdot \frac{\lambda}{2\pi r} \tag{4.30}$$

式中:λ 为波长;c 为光速。

图 4.15 右侧的辅助轴表示图中所示数据的 γ 值,由阵列中共振的初始频率计算得出。

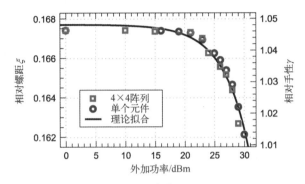

图 4.15　相对螺旋螺距 ξ 随功率变化而变化[41],根据功率共振位移的实验数据重新计算得出(蓝色圆圈代表单个谐振器获得的数据,红色正方形代表晶格;符号的大小代表测量误差。黑色实曲线表示理论上与显示数据的拟合。右侧轴表示作为手性度量的 γ)

通过选择适当的螺旋排列,可以组装各向异性或各向同性的晶格,并且还可以使用具有相反手性的螺旋外消旋混合物来实现非手性(但仍然是非线性)阵列。同时,应考虑实际电流分布,将非均匀压缩和热膨胀的影响考虑在内,进行更为严密的分析。但是,此类计算在分析上也许并不合理,其必须包含数值模拟。对大型手性阵列中的波传播进行研究极为有趣,波通过样本传播过程中的偏振旋转最终会产生一种具有不同手性的动态域光栅,从而产生特殊的波动动力学模式。

4.6　结论与展望

我们已对一些超材料结构进行了介绍,其将元件内的电磁和弹性动力学进行了耦合。磁弹性超材料因响应电磁力而受到压缩,从而产生强烈的非线性特性,包括双稳态响应。这是具有线性自响应的元件之间非线性相互作用的罕见示例。

或者,通过利用自压缩螺旋,将电磁谐振器和力学弹簧的功能组合成单一

结构。此种方法也已在实验中得到证实,通过使用紧凑的多匝螺旋线可克服不良的热副效应。

固有旋转的超原子利用了另一种自由度。其依赖电磁转矩,通过极具柔软性的力学回复转矩来平衡电磁转矩,从而产生更强的非线性响应。该系统具有与磁弹性结构相似的定性特征,并具有实验证明的强双稳态响应。

将旋转系统扩展至三开环谐振器超材料分子会导致自激振荡。此外,事实证明,上述自激振荡由两种不同的物理机制造成。局部不稳定性的系统,具有对阻尼极其不敏感的显著特性,即使对于强阻尼,也不会干扰力学自激振荡。

此处概述的结构依赖于单个超原子或分子的动力学来实现其物理性质。这便意味着此处介绍的分析和实验结果可直接适用于稀疏阵列,相邻的元件之间不会对彼此施加明显的电磁力。密集排列的阵列系统预计会显示出更为复杂的特性,因此基于此类原理的大型超材料极有可能实现。另一个值得研究的方向则是将此种结构扩展至较短的波长领域。由于激光器的高功率密度,光学系统可有望实现,然而在此长度范围内制造类似的结构仍将是一个巨大的挑战。

参 考 文 献

1. M. Lapine,I. V. Shadrivov,Y. S. Kivshar,Reviews of Modern Physics **86**,1093 (2014)

2. J. Li,C. T. Chan,Physical Review E **70**,055602 (2004)

3. S. Guenneau,A. Movchan,G. Patursson,S. Ramakrishna,New Journal of Physics **9**,399 (2007)

4. A. N. Norris,Proceedings of the Royal Society A **464**,2411 (2008)

5. D. Torrent,J. Sanchez-Dehesa,New Journal of Physics **10**,063015 (2008)

6. A. Baz,New Journal of Physics **11**,123010 (2009)

7. S. Zhang,L. Yin,N. Fang,Physical Review Letters **102**,194301 (2009)

8. J. Zhu,J. Christensen,J. Jung,L. Martin-Moreno,X. Yin,L. Fok,X. Zhang,F. Garcia-Vidal,Nature Physics **7**,52 (2011)

9. G. D'Aguanno,K. Le,R. Trimm,A. Alu,N. Mattiucci,A. Mathias,N. Akozbek,M. Bloemer,Scientific Reports **2**,340 (2012)

10. J. Christensen,F. Garcia de Abajo,Physical Review Letters **108**,124301 (2012)

11. J. H. Lee,J. P. Singer,E. L. Thomas,Advanced Materials **24**,4782 (2012)

12. K. C. Neuman,S. M. Block,Review of Scientific Instruments **75**,2787 (2004)

13. P. Galajda,P. Ormos,Applied Physics Letters **78**,249 (2001)

14. A. La Porta,M. Wang,Physical Review Letters **92**,190801 (2004)

15. E. R. Dufresne, D. G. Grier, Review of Scientific Instruments **69**, 1974（1998）

16. A. Boardman, V. Grimalsky, Y. Kivshar, S. Koshevaya, M. Lapine, N. Litchinitser, V. Malnev, M. Noginov, Y. Rapoport, V. Shalaev, Laser & Photonics Reviews **5**, 287（2011）

17. M. Kauranen, A. V. Zayats, Nature Photonics **6**, 737（2012）

18. N. I. Zheludev, Y. S. Kivshar, Nature Materials **11**, 917（2012）

19. T. J. Kippenberg, K. J. Vahala, Optics Express **15**, 17172（2007）

20. F. Marquardt, S. M. Girvin, Physics **2**, 40（2009）

21. D. A. Powell, M. Lapine, M. V. Gorkunov, I. V. Shadrivov, Y. S. Kivshar, Physical Review B **82**, 155128（2010）

22. M. Lapine, I. V. Shadrivov, D. A. Powell, Y. S. Kivshar, Nature Materials **11**, 30（2012）

23. M. V. Gorkunov, M. Lapine, E. Shamonina, K. Ringhofer, European Physical Journal B **28**, 263（2002）

24. I. E. Khodasevych, I. V. Shadrivov, D. A. Powell, W. S. T. Rowe, A. Mitchell, *Metamaterials 2012 Congress*（Saint Petersburg, 2012）pp. 113-115

25. L. D. Landau, E. M. Lifshitz, *Electrodynamics of Continuous Media*, 2nd edn.（Pergammon Press, 1984）

26. K. B. Kim, E. Levi, Z. Zabar, L. Birenbaum, IEEE Transactions on Magnetics **32**, 478（1996）

27. M. Lapine, L. Jelinek, R. Marqués, Optics Express **20**, 18297（2012）

28. M. Liu, Y. Sun, D. A. Powell, I. V. Shadrivov, M. Lapine, R. C. McPhedran, Y. S. Kivshar, Physical Review B **87**, 235126（2013）

29. D. A. Powell, K. E. Hannam, I. V. Shadrivov, Y. S. Kivshar, Physical Review B **83**, 235420（2011）

30. M. Liu, D. A. Powell, I. V. Shadrivov, Applied Physics Letters **101**, 031105（2012）

31. M. Liu, D. A. Powell, I. V. Shadrivov, Y. S. Kivshar, Applied Physics Letters **100**, 111114（2012）

32. S. Strogatz, *Nonlinear Dynamics and Chaos: with Applications to Physics, Biology, Chemistry and Engineering*（Perseus Books Group, USA, 2001）

33. S. Wiggins, *Introduction to Applied Nonlinear Dynamical Systems and Chaos*）（Springer, New York, 2003）

34. C. H. Metzger, K. Karrai, Nature **432**, 1002（2004）

35. T. J. Kippenberg, K. J. Vahala, Science **321**, 1172（2008）

36. H. Rokhsari, T. Kippenberg, T. Carmon, K. J. Vahala, Optics Express **13**, 5293（2005）

37. C. Metzger, M. Ludwig, C. Neuenhahn, A. Ortlieb, I. Favero, K. Karrai, F. Marquardt, Physical Review Letters **101**, 133903（2008）

38. S. Zaitsev, A. K. Pandey, O. Shtempluck, E. Buks, Physical Review E **84**, 046605（2011）

39. M. Liu, D. A. Powell, I. V. Shadrivov, M. Lapine, Y. S. Kivshar, New Journal of Physics **15**, 073036（2013）

40. M. Lapine, I. V. Shadrivov, D. A. Powell, Y. S. Kivshar, Scientific Reports **1**, 138（2011）

41. A. P. Slobozhanyuk, M. Lapine, D. A. Powell, I. V. Shadrivov, Y. S. Kivshar, R. C. McPhedran, P. A. Belov, Advanced Materials **25**, 3409（2013）

42. K. F. Lindman, Öfversigt af Finska Vetenskaps-Societetens förhandlingar, A LVII, 1（1914）

43. I. V. Lindell, A. H. Sihvola, S. A. Tretyakov, A. J. Viitanen, *Electromagnetic Waves in Chiral and Bi-Isotropic Media*（Artech House, Boston, 1994）

44. J. D. Baena, R. Marqués, F. Medina, J. Martel, Physical Review B **69**, 014402（2004）

45. P. A. Belov, C. R. Simovski, S. A. Tretyakov, Physical Review E **67**, 056622（2003）

第 5 章　非线性可调谐左手传输线

5.1　引言

超材料是一种人造结构,旨在表现出不同应用所需的、但自然界中并不常见的特定电磁特性。对微米和纳米结构成分进行材料合成的方法已被证明卓有成效,此种结构成分可对单个原子和分子(超原子和分子)的电磁响应进行模拟,并导致了此种带有强烈微波磁响应、光频率特性的超材料以及左手超材料(LHM)的发展(自然界中不存在此两种材料)。

左手超材料同时带有负介电常数和磁导率[1,2]。2000 年,Smith 等开发了第一个实验用左手(LH)结构,由金属开环谐振器和细金属线组成[3,4]。一些不同的团队几乎同时提出了另一种制造左手传输线材料的方法[5-7]。这种基于非共振元件的方法支持宽带宽、低损耗左手结构。Veselago 于 1968 年首次提出了这些材料的独特电动力学特性,包括斯涅尔定律的逆转、多普勒效应、契伦科夫辐射和负折射率,使得这些材料可适用于新型射频和微波元件[1,2,8]。左手材料的应用范围很广,在新型成像和通信技术领域的发展机遇无处不在。

对左手材料的大多数研究都与线性波传播有关,并启发了许多在过去难以想象的应用[1,9],如左手相移器[10]、左手定向耦合器[11,12]和漏波天线[13-15]等。然而,结合了非线性和具有的异常色散性的左手材料[16-19],带来了全新的发展趋势和极具潜力的应用[20-22]。本章将介绍左手介质中的基本非线性波传播现象。我们认为,左手非线性传输线(LH NLTL)是最简单的系统,通过此系统可对异常色散与非线性的结合进行控制。理解左手非线性传输线介质中的非线性现象,对于开发新设备以及提高基于左手非线性传输线的最新设备性能(如谐波发生器、移相器[23]、可调谐漏波天线[9,24]以及陷波滤波器[25])都非常重要。

5.2　传统右手及左手非线性传输线的比较

经证明,通过传输线方法可对左手介质进行有效描述。通过此方法可对左手介质物理现象进行深入观察,是左手应用的有效设计工具[9]。左手非线性传输线是图 5.1(b)所示的常规右手非线性传输线(RH NLTL)的对偶,其中电感器由电容器代替,而电容器由电感器取代。无损情况下,一维传输线超材料的有效磁导率和介电常数表示为

$$\begin{cases} \mu_{\mathrm{eff}} = -\dfrac{2d}{\omega^2 C_{\mathrm{L}}} \\[2mm] \varepsilon_{\mathrm{eff}} = -\dfrac{d}{\omega^2 L_{\mathrm{L}}} \end{cases} \tag{5.1}$$

式中:d 为左手非线性传输线的周期;ω 为弧度频率。与电容引起电非线性的右手非线性传输线相反,非线性电容 C_{L} 将磁性非线性引入左手非线性传输线(即有效磁导率变为非线性)。

尽管右手和左手非线性传输线都是使用相似方式排列的相同组件,但这两个电路的性能却截然不同。此种差异主要来自其色散特性的差异(图 5.1(c))。

传统(右手)非线性传输线具有正常色散,频率随波数增加。与右手非线性传输线相比,左手传输线带有异常色散特性,频率随波数而降低(图 5.1(c))。在此种介质中传播的波也称为反向波,因为群速度 v_{g} 的方向与相速度($v_{\mathrm{p}} \cdot v_{\mathrm{g}} < 0$)相反。

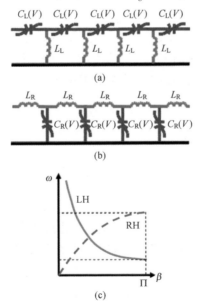

图 5.1　左手及右手非线性传输线比较

(a)左手非线性传输线的等效电路;(b)对偶右手非线性传输线的等效电路;
(c)左手非线性传输线(实线)和右手非线性传输线(虚线)的典型色散曲线。

非线性传输线首次引起了人们对分布式参量放大概念的关注。据预测,与集总参量电路相比,分布式参量放大器或振荡器电路可以表现出更高的工作稳定性和效率[26,27]。在半导体放大器被广泛使用之前,集总参量放大器作为真空管的极低噪声替代品而广受欢迎[28](负责集总电路放大的参量共振类似于荡秋千的物理原理,在荡秋千频率和外力频率之间的特定关系上交替升高和降低质心,可产生较大的振幅)。然而,其复杂性(需要外部谐振器和匹配电路)和低效率又限制了其广泛应用。传统非线性传输线被视作分布式放大器的最佳选择,因其无须外部共振电路,并且由于沿非线性传输线的参量相互作用传播波的累积效应,其转换效率非常高。

事实证明,右手非线性传输线中的参量相互作用(如相位匹配波的三波和四波混频)通常会与冲击波的形成[29,30]和时间孤子的产生相竞争[31]。例如,无色散右手传输线中的参量生成和放大会被冲击波的形成完全抑制[32,33]。与传统的非线性传输线相比,左手非线性传输线中存在的非线性和色散(图 5.1)均会导致波形扩展[34],从而无法形成冲击波和电孤子。异常色散使左手非线性传输线中的锐场瞬变趋于不稳定。一旦产生,由于传播波相位速度的巨大差异,其在波形传播期间会迅速分解。由于无法形成冲击波,反而使各种参量过程得以发生[35,36]。此外,由于参量相互作用不再与冲击波形成竞争,因此可以运用更强的非线性在较短的传输线中获得可观的增益[37]。

理论研究[36,38]和实验研究[35,37]均表明,左手非线性传输线中的非线性波形演化可以根据谐波产生、次谐波产生、频率下变频和参量不稳定性之间的竞争来理解。

5.3 参量产生及放大

5.3.1 理论

呈现二阶非线性的介质中,有效参量相互作用通常需要 3 种波的相位匹配。左手非线性传输线系统的异常色散可实现以下类型有效参量的相互作用,即

$$\begin{cases} f_1 + f_2 = f_3 \\ \beta_1 - \beta_2 = \beta_3 \end{cases} \tag{5.2}$$

在"参量振荡器配置"中,具有频率 f_3 和波数 β_3 的高频反向泵浦波由与左手非线性传输线输入端口相连接的电压源进行激发。其会产生另外两个频率为 f_1 和 f_2 的波,因而 $f_1 < f_2$ 且 $f_1 + f_2 = f_3$。频率为 f_2 的波传播方向与泵浦波和频率为 f_1

的波传播方向相反(在式(5.2)中用减号强调)。此时的情况与反向波参量产生的情况相似[38-39]。反向传播的参量产生波 f_2 可以实现内部反馈,使得大量能量从泵浦波传递到参量激发波。

　　如果高频泵浦波的振幅超过某个阈值,则其可能参量化产生另外两个波。该阈值取决于左手非线性传输线中的损耗、其长度以及输入端和输出端的边界条件(匹配)。当电压源的幅度低于该值时,则参量产生不存在。但是,当将弱信号波与振幅低于阈值的泵浦波一起反馈入左手非线性传输线时,将观察到参量放大。在此种情况下将得到两个输入波:一个强的泵浦波和一个弱的信号波[40]。泵浦波的功率将传递至信号波,从而将其放大。带有相位匹配特性的第三寄生闲频光随之生成。根据之前的分析[38],在无耗损情况下,这些波的频率和功率也遵循非线性门雷–罗威关系式。

5.3.2　实验

　　如图 5.2(a)所示,在具有相同部分的 7 段左手非线性传输线中观察到有效参量放大[37]。该电路存在于 $\varepsilon = 10.2$ 和厚度 $h = 1.27\text{mm}$ 的 Rogers RT/Duroid 3010 板上。整个电路采用微带几何结构。每部分中的串联非线性电容由两个紧连的思佳讯(Skyworks)SMV1233 硅超突变结变容二极管构成,其间施加偏置

(a)

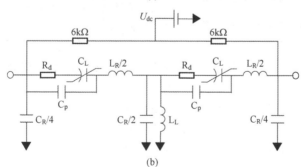

(b)

图 5.2　7 段左手非线性传输线及其等效电路
(a)制成的 7 段左手非线性传输线;(b) 一级等效电路。

直流电。使用高品质因子 10nH 芯片式电感器(Murata LQW18A_00)实现并联电感。板面衬垫以及固有的寄生效应会不可避免地引入串联电感和并联电容,从而使整个电路成为具有图 5.2(b)所示等效电路的右/左手复合传输线。图 5.3 展示了此 7 段左手非线性传输线的线性波传输 S_{21} 的实测和模拟数值。图 5.2(b)所示的电路模型具有从测得的 S 参数中提取的分量值,已用于计算左手传输线的色散曲线,如图 5.3 中的插图所示。右/左手复合传输线的色散特性呈现出两个被阻带分开的通带。低频通带表现出异常色散(从 800MHz 到 1.9GHz 的左手通带),而高频通带则为右手通带。

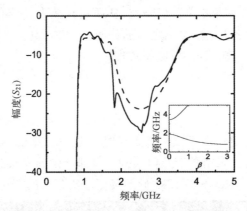

图 5.3　7 段左手非线性传输线 S_{21} 参数的实测(实线)和模拟(虚线)数值(此时反向偏置电压 $U_B = 3.823V$。插图展示了左手非线性传输线的色散曲线(频率与相对波数 β 的关系))

图 5.4 展示了频率 $f_p = f_3$ 的强泵浦波对弱信号波($f_s = f_2$)的影响。图 5.4(b)展示了仅在输入端施加 1.7279GHz、13.96dBm 的强泵浦波时,7 段左手非线性传输线输出端的频谱。选定比参量产生所需的阈值低 0.1dB 的泵浦波幅度,与参量产生频率相对应的独特窄峰中会展现这一特性。

图 5.4(a)展示了仅在左手非线性传输线输入端(无泵浦波)施加 864.252MHz、−28dBm 信号波时的输出频谱,该图展示了输出端弱信号波 11.7dB 的衰减,由非线性传输线中的损耗及功率转换为高次谐波而造成。最后,图 5.4(c)展示了 7 段左手非线性传输线输入端同时施加信号波和泵浦波时的输出端频谱。在此频谱中,可明显看到与信号波($f_s = f_2$)、闲频波 f_1 对应的分量,以及由左手非线性传输线中的强非线性而产生的众多差频。因此,施加的强泵浦波导致弱信号放大 9dB。

图 5.5 表示在固定的泵浦功率值下,由 1.7279GHz 强泵浦波激发的 864.252MHz 弱信号的测量增益与输入端信号功率的关系。输出端信号功率与

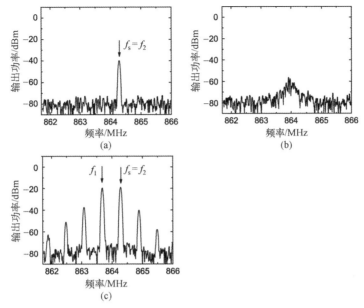

图 5.4　由 7 段左手非线性传输线产生的输出波形的频谱
(a) 仅有的弱信号源 864.252MHz、−28dBm;(b) 仅有的泵浦源 1.7279GHz、13.96dBm;
(c)(a) 和(b) 中指定的同时信号源和泵浦源。反向偏置电压为 3.87V。

输入端功率之差便是增益,两者均以 dBm 表示。因此,对于 13.96dBm 的泵浦波输入功率,测量出 −32dBm 及以下的信号波功率放大超过 10dB。随着泵浦功率的降低,增益与输入信号功率的测量相关性变得更为显著,从而揭示了信号功率宽带中的放大潜力。图 5.5 中的测量结果与文献[41]中提及的模拟结果非常吻合。

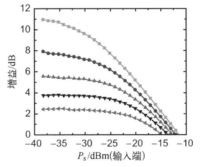

图 5.5　在左手非线性传输线输入端的泵浦功率不同时测得的增益与信号功率的关系
($P_{p,in}$:正方形;$P_{p,in} = 13.96$dBm,圆点(·);$P_{p,in} = 13.86$dBm,向上三角形(▲);$P_{p,in} = 13.76$dBm,
向下三角形(▼);$P_{p,in} = 13.66$dBm,向左三角形(◄);$P_{p,in} = 13.56$dBm,正方形(■))。

5.3.3 考虑参量生成及放大的动机

正如文献[37,41,42]中所建议,参量放大对于构建"有源"或"放大"超材料并对固有左手介质损耗进行补偿具有重大意义。当前的负折射率超材料(NIM)(如由金属线和开环谐振器阵列组成的超材料)的主要缺点是损耗相当大,从而无法得出精确的测量结果,因此该材料对于实际应用几乎毫无用处。这些损耗在一定程度上已经通过精细的制造和组装技术得到了克服[43],但仍然阻碍了负折射率超材料的成像应用。研究表明[44],由于因果关系,在不引入某些有源组件(晶体管放大器等)的情况下,传统复合负折射率超材料(基于金属线阵列和开环谐振器阵列)无法实现低损耗。在文献[45]中也对使用参量放大来补偿光学左手系统中固有损耗的方法进行了讨论。

5.4 高次谐波的产生

在较短左手非线性传输线中,谐波产生导致了参量不稳定[36]。在4段左手非线性传输线中可观察到非常明显的"二次谐波产生"。该传输线的设计类似于前一节中描述的7段左手非线性传输线的设计。但在此处,每个部分中的非线性电容由两个紧连的 M/A-COM 超突变结砷化镓倒装变容二极管(MA46H120)构成,并联电感采用直径为 0.12mm 的铜线,将衬垫连接至板背面的接地层。

使用+17.9dBm 输入信号和 6.4V 的反向偏置电压,在 2.875GHz 时,测量到的该 4 段左手非线性传输线中二次谐波转换效率为 19%(图 5.6)。输送至 50Ω 负载的二次谐波功率为 +10.72dBm。基波接近布拉格截止频率,而二次谐波接近位于左手通带中间的最大传输值。2.875GHz 的基波会产生大量的高次谐波,其中二次谐波占据主导地位。因此,左手非线性传输线结合了谐波发生器和带通滤波器的特性,并且在某些条件下可以在其输出端产生纯高次谐波。

在左手非线性传输线中观察到的转换效率与在较低频率范围内工作的混合肖特基二极管右手非线性传输线的每级效率相当[46]。由于固有的异常色散,在左手介质中传播的基波与其高次谐波严重不匹配,但是在左手非线性传输线中仍可有效产生高次谐波,且非线性传输线的离散性在其中起着至关重要的作用。详细分析表明,泵浦波参数范围内,其中二次谐波转换效率最大,非线性电容器中的电压振荡幅度呈现周期性变化,周期相当于 2 段长度。非线性电

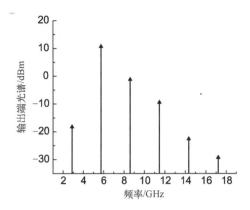

图 5.6　在 6.4V 的反向偏置电压下由 2.875GHz、17.9dBm 输入信号馈入的 1 段
左手非线性传输线产生的输出波形频谱

容器中电压幅度的这种自感应周期性可导致沿线电容的周期性变化。由于强非线性(电容比较大),这种周期性导致色散特性发生显著变化,并使基波及其二次谐波能够进行准相位匹配。模拟还表明,在某些条件下,自感应周期性可带来基波与其他高次谐波的准相位匹配,使得在左手非线性传输线输出端特定的高次谐波在波形频谱中占主导地位。

在双频左手非线性传输线中也可有效实现"二次谐波产生",该传输线可导致两个零相位速度波之间以及两个反向传播模式之间的相位匹配[47]。

5.5　左手非线性传输线中的包络孤子

除了波形本身的非线性演化外,也可能存在另一类涉及连续波振幅和相位演化的现象。相对于含有较高频率载波调幅波的平均振幅而言,此种类型的非线性波传播现象出现在一种具有强色散频率的非线性传输线中。此类色散可能导致振幅不稳定性、包络孤子的形成和以稳定方式传播载波的周期性调制。诸多出版物已对传统(右手)非线性传输线中观察到的振幅不稳定性和包络孤子的产生进行了相关讨论[48-50]。文献[51]中首次对实验观察得出的自调制不稳定性引起的左手非线性传输线中包络孤子串的生成进行了阐述。

当控制包络线演化的方程可以简化为一维三次非线性薛定谔方程(NSE)时,左手非线性传输线的分析就变得极为简单,当耗散过程(包括由于高次谐波产生和非线性波混合而引起的非线性阻尼)可忽略不计时,该方程对弱非线性分散介质中传播的准单色平面波(载波)的包络动力学进行了规范描述[52,53]。但是,在大多数实际情况下,参量衰减的不稳定性和高次谐波的产生可能极为重要[35,37,38,54]。我们可得知参量产生的阈值非常低(低于传统右手非线性传输线中的阈值)。为了实现薛定谔绘景,应在此阈值以下对左手非线性传输线进行操作,非线性极其弱,而非线性传输线的长度应超过实际所需。为了进行对比,我们进行了一项实验研究,在相对较短的左手非线性传输线和非线性阻尼非常强的情况下,对非线性包络演化和包络孤子的产生进行了研究。当非线性电容由沿线电压的瞬时值而非其幅度得出时,我们对肖特基二极管引入的快速非线性进行了利用,这是一种在薛定谔方程框架中未经描述的非线性类型,其被调整应用于慢速(延迟)非线性的发展。

根据输入信号的幅度和频率,可产生不同形状和类型的包络孤子串。图 5.7 展示了 7 段左手非线性传输线输出端测得波形的包络。通过将希尔伯特变换应用于原始电压波形,从而得出上述包络函数。图 5.7(a)~(c)的结果展示了形状不同的亮包络孤子串,而图(d)和图(e)的结果则展示了周期性类暗孤子串(在连续波背景中存在凹陷)。由于强非线性产生的许多高载频谐波和次谐波,包络形状并不平滑。在光谱域中,包络孤子的产生表现为具有大量紧密间隔的谱谐波的谱区。相邻光谱分量之间的间隔为 $\Delta f = 1/\tau$,其中 τ 为孤子串周期。

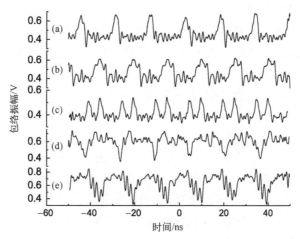

图 5.7   不同功率 P_{inp} 和输入信号频率 f_{inp} 时测得的包络孤子串((a) $f_{inp} = 1.3723\text{GHz}$,$P_{inp} = 24.66\text{dBm}$;(b) $f_{inp} = 1.3125\text{GHz}$,$P_{inp} = 21.60\text{dBm}$;(c) $f_{inp} = 1.321596\text{GHz}$,$P_{inp} = 19.34\text{dBm}$;(d) $f_{inp} = 1.2974\text{GHz}$,$P_{inp} = 24.64\text{dBm}$;(e) $f_{inp} = 1.102\text{GHz}$,$P_{inp} = 23.62\text{dBm}$)

与薛定谔方程所描述的情况相反,输入信号参数的微小变化会导致亮孤子和暗孤子生成之间的切换[比较图(a)和图(b)的迹线]。通过周期性左手非线性传输线呈现的显著非线性阻尼(由强而快速的非线性导致)和强空间色散的反作用可观察到这种切换。标准的薛定谔方程并未将这两方面考虑在内,但众所周知,上述两方面都会导致亮孤子和暗孤子在其他物理系统中的共存[54,55]。例如,最近在静磁反向体波结构中的平面磁化单晶钇铁石榴石(YIG)薄膜系统中观察到一些相似的过程[55]。与此相反,我们在输入端应用了非调制正弦波。

此外,我们已经在基于左手非线性传输线的有源谐振环中观察到有效的包络孤子产生。在无特定模式选择阵列的情况下,已实现对应于一个、两个和三个孤子在环中循环的稳定状态,且此种空间局部结构由异常色散和离散性的相互作用形成[56]。

5.6　左手非线性传输线介质中的脉冲形成

本节将讨论另一种包络演化类型,可促使生成有限持续时间的射频脉冲,具有稳定的幅度和非常短的上升/下降时间(急剧瞬变)。此种类型的包络演化主要由幅度相关的高次谐波产生而引起,而非导致包络孤子产生的自调制不稳定性[57]。

图 5.8 展示了图 5.2 所示的 7 段左手非线性传输线输出端的二次谐波幅度与输入正弦信号幅度之间的典型相关性。此种相关性具有 3 种不同区域。在第一区域所产生的二次谐波功率遵循小信号分析所预测的平方定律。当基波功率达到某个阈值水平时,二次谐波功率会跃升近 5dB,意味着分叉的出现(多稳定性区域),随后是饱和区域,在该区域中,二次谐波幅度随输入功率的变化并不明显。二次谐波功率的阶梯状依赖性展示了沿线场分布的分叉型变化,且形成了改变线的色散特性(准相位匹配)的场结构图,进而使发电效率显著提高。

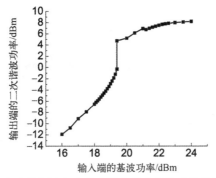

图 5.8　输出的二次谐波功率与图 5.2 所示的 7 段左手非线性传输线中输入的基波信号
功率的相关性(在 783MHz 处和反向偏置电压 $U_B = -4.1V$ 时测得)

如果将基波的幅度调制于阈值附近,则二次谐波功率对基波信号功率的阶梯状依赖性可能会明显影响输出波形。图5.9展示了7段非线性传输线的输入和输出端口的电压波形以及输出端口的频谱。输入端的电压波形为正弦波,由另一个100MHz的正弦信号进行调制。输出波形的包络与输入波形的包络截然不同。其代表一系列形状接近矩形的脉冲。此外,输出信号的载波频率是基波信号的二次谐波,如图5.9(c)的频谱所示。调制信号可打开和关闭二次谐波产生,因此可在输出端生成一系列射频脉冲。因为选定的基频位于截止频率以下,所以其在传输线中被严重衰减,并且在输出端仅存在二次谐波。输出端射频脉冲形状的某些不对称性与磁滞的存在和狭窄的多稳定性区域息息相关。图5.9展示的实验结果清楚地表明,小调制信号可以用来控制输出端射频脉冲的形状、持续时间和重复率,这对于许多应用来说都极具利用前景。

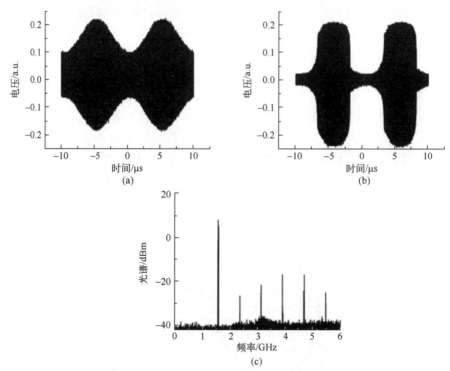

图5.9　7段左手非线性传输线的输入和输出端口的电压波形以及输出端的频谱
(从连接非线性传输线输入和输出端口的定向耦合器的耦合输出端所测得的电压)
(a) 输入;(b) 输出;(c) 频谱。

我们的实验结果与文献[58]中的推测相关性极强,其作者预测左手介质输出端的脉冲形状可能与普通非线性介质所预期的脉冲形状完全不同。

5.7　结论

我们已经对左手非线性传输线介质中的几种非线性波现象进行了概述,包括谐波产生、参数放大以及包络孤子串的产生及其竞争。此外,从设计的角度来看,在本书中被视作模型系统的左手非线性传输线,对于无线通信和成像的各种应用程序的发展也极具意义。左手非线性传输线作为关键元件,已被应用于最近设计和推出的可调相移器、可调带通滤波器和任意波形发生器中[23,59-61]。此外,由于二维或三维左手传输线介质的负折射率,将一维左手非线性传输线的特性进行进一步扩展,可将左手非线性传输线介质中的谐波产生与聚焦相结合[15]。这将促进高效和强大的倍频器的发展,并有利于创造"有源"或"放大"超透镜。此外,我们的方法也可从当前的微波方式扩展到太赫兹、红外方式,并最终以可见方式呈现[62,63]。潜在的应用可能包括脉冲形成的电路、光学梳状发生器(在光学计量系统中)、数字信号放大器以及具有常规半导体器件无法达到的功率水平或频率范围的高效调制器。

参 考 文 献

1. N. Engheta, R. W. Ziolkowski, *Metamaterials*: *Physics and Engineering Explorations* (Wiley, New York, 2006)

2. V. G. Veselago, Soviet Physics Uspekhi **10**, 509 (1968)

3. R. A. Shelby, D. R. Smith, S. Schultz, Science **292**, 77 (2001)

4. D. R. Smith, W. J. Padilla, D. C. Vier, S. C. Nemat-Nasser, S. Schultz, Physical Review Letters **84**, 4184 (2000)

5. A. M. Belyantsev, A. B. Kozyrev, Technical Physics **47**, 1477 (2002)

6. C. Caloz, T. Itoh, IEEE Antennas and Propagation Society International Symposium Digest **2**, 412 (2002)

7. A. K. Iyer, G. V. Eleftheriades, IEEE MTT-S International Microwave Symposium Digest **2**, 1067 (2002)

8. J. B. Pendry, Physical Review Letters **85**, 3966 (2000)

9. A. Lai, C. Caloz, T. Itoh, IEEE Microwave Magazine **5**, 34 (2004)

10. M. Anioniades, G. V. Eleftheriades, IEEE Antennas and Wireless Propagation Letters **2**, 103 (2003)

11. C. Caloz, A. Sanada, T. Itoh, IEEE Transactions on Microwave Theory and Techniques **52**, 980 (2004)

12. L. Liu, C. Caloz, C. -C. Chang, T. Itoh, Journal of Applied Physics **92**, 5560 (2002)

13. S. Lim, C. Caloz, T. Itoh, IEEE Transactions on Microwave Theory and Techniques **53**, 161 (2005)

14. L. Liu, C. Caloz, T. Itoh, Electronics Letters **38**, 1414 (2002)

15. A. Grbic, G. V. Eleftheriades, Journal of Applied Physics **92**, 5930 (2002)

16. M. Lapine, M. Gorkunov, Physical Review E **70**, 066601 (2004)

17. M. Lapine, M. Gorkunov, K. H. Ringhofer, Physical Review E **67**, 065601 (2003)

18. D. A. Powell, I. V. Shadrivov, Y. S. Kivshar, M. V. Gorkunov, Applied Physics Letters **91**, 144107 (2007)

19. I. V. Shadrivov, S. K. Morrison, Y. S. Kivshar, Optics Express **14**, 20 (2006)

20. A. A. Zharov, I. V. Shadrivov, Y. S. Kivshar, Physical Review Letters **91**, 037401 (2003)

21. I. V. Shadrivov, Y. S. Kivshar, Journal of Optics A: Pure and Applied Optics **7**, 68 (2005)

22. V. M. Shalaev, Nature Photonics **1**, 41 (2007)

23. H. Kim, A. B. Kozyrev, D. W. van der Weide, IEEE Microwave and Wireless Components Letters **15**, 366 (2005)

24. D. F. Sievenpiper, IEEE Transactions on Antennas and Propagation **53**, 236 (2005)

25. I. Gil, J. Garcia-Garcia, J. Bonache, F. Martyn, M. Sorolla, R. Marques, Electronics Letters **40**, 1347 (2004)

26. A. L. Cullen, Nature **181**, 332 (1958)

27. P. K. Tien, Journal of Applied Physics **29**, 1347 (1958)

28. W. H. Louisell, *Journal of Applied Physics* (Wiley, New York, 1960)

29. A. V. Gaponov, L. A. Ostrovskii, G. I. Freidman, Radio physics and Quantum Electronics **10**, 772 (1967)

30. I. G. Kataev, *Electromagnetic Shock Waves* (Illife, London, 1966)

31. R. Hirota, K. Suzuki, Proc. IEEE **61**, 1483 (1973)

32. R. Landauer, IBM Journal of Research and Development **4**, 391 (1960)

33. R. Landauer, Journal of Applied Physics **31**, 479 (1960)

34. C. Caloz, I. H. Lin, T. Itoh, Microwave and Optical Technology Letters **40**, 471 (2004)

35. A. B. Kozyrev, H. Kim, A. Karbassi, D. W. van der Weide, Applied Physics Letters **87**, 121109 (2005)

36. A. B. Kozyrev, D. W. van der Weide, IEEE Transactions on Microwave Theory and Techniques **53**, 238 (2005)

37. A. B. Kozyrev, H. Kim, D. W. van der Weide, Applied Physics Letters **88**, 264101 (2006)

38. A. S. Gorshkov, G. A. Lyakhov, K. I. Voliak, L. A. Yarovoi, Physica D **122**, 161 (1998)

39. S. E. Harris, Applied Physics Letters 9, 114 (1966)

40. A. Yariv, *Quantum Electronics* (Wiley, New York, 1988)

41. A. B. Kozyrev, D. W. van der Weide, IEEE Antennas and Propagation Society International Symposium Digest **672** (2005)

42. A. B. Kozyrev, D. W. van der Weide, US Patent 7, 135, 917 B2 (2006)

43. A. A. Houck, J. B. Brock, I. L. Chuang, Physical Review Letters **90**, 137401 (2003)

44. S. A. Tretyakov, Microwave and Optical Technology Letters **31**, 163 (2001)

45. A. K. Popov, V. M. Shalaev, Optics Letters **31**, 2169 (2006)

46. J. -M. Duchamp, P. Ferrari, M. Fernandez, A. Jrad, X. Melique, J. Tao, S. Arscott, D. Lippens, R. G. Harrison, IEEE Transactions on Microwave Theory and Techniques **51**, 1105 (2003)

47. W. R. C. Somerville, D. A. Powell, I. V. Shadrivov, Applied Physics Letters **98**, 161111 (2011)

48. K. E. Lonngren, A. Scott, *Solitons in Action* (Academic Press, New York, 1978)

49. L. A. Ostrovskii, L. V. Soustov, Radiophysics and Quantum Electronics, Izvestiya Vysshikh Uchebnykh Zavedenii Radiofizika **15**,242（1972）

50. T. Yagi, A. Noguchi, Electronics and Communications in Japan **59**,1（1976）

51. A. B. Kozyrev, D. W. van der Weide, Applied Physics Letters **91**,254111（2007）

52. S. Gupta, C. Caloz, IEEE MTT−S International Microwave Symposium Digest **18**,979−982（2007）

53. K. Narahara, T. Nakamichi, T. Suemitsu, T. Otsuji, E. Sano, Journal of Applied Physics **102**,024501（2007）

54. Y. S. Kivshar, W. Krolikowski, O. A. Chubykalo, Physical Review E **50**,5020−32（1994）

55. M. M. Scott, M. P. Kostylev, B. A. Kalinikos, C. E. Patton, Physical Review B **71**,174440（2005）

56. A. B. Kozyrev, I. V. Shadrivov, Yu. S. Kivshar, Applied Physics Letters **104**,084105（2014）

57. A. B. Kozyrev, D. W. van der Weide, Applied Physics Letters **96**,104106（2010）

58. V. M. Agranovich, Y. R. Shen, R. H. Baughman, A. A. Zakhidov, Physical Review B **69**,165112（2004）

59. H. Kim, A. B. Kozyrev, S. −J. Ho, D. W. van der Weide, Microwave Symposium Digest p. 4（2005）

60. H. Kim, S. −J. Ho, M. K. Choi, A. B. Kozyrev, D. W. van der Weide, IEEE Transactions on Microwave Theory and Techniques **54**,4178（2006）

61. H. Kim. A. B. Kozyrev, D. W. van der Weide, IEEE Transactions on Microwave Theory and Techniques **55**,571（2007）

62. C. Qin, A. B. Kozyrev, A. Karbassi, D. W. van der Weide, Metamaterials **2**,26（2008）

63. N. Engheta, A. Salandrino, A. Alu, Physical Review Letters **95**,95504（2005）

第6章 二阶非线性超材料的优化策略

摘要 本章对等离体超材料二阶非线性响应的控制和优化的最新成果进行了总结。此种材料由金属纳米粒子的阵列组成,其中单个粒子的等离子共振取决于粒子的大小、形状和介电环境。共振进一步受到通过阵列的粒子耦合的影响。我们首先将表明,取决于二次谐波产生的二阶响应通过最新的样本质量和由此产生的窄等离子共振线而显著增强;然后,我们会说明响应可以取决于阵列中粒子排序的细微细节,即表面排序相似也会导致二次谐波产生响应相差 50 倍;最后,我们会说明可以通过使用无源元件(无非线性响应)补充二次谐波有源粒子来增强响应。我们的研究结果对于开发具有可调整非线性特性的超材料具有重要意义。

6.1 引言

电子的集体振荡(称为等离体)在金属纳米粒子的光学响应中起着重要作用。粒子等离体的性质取决于粒子的尺寸和形状,并进一步受到周围介质的影响[1]。单个粒子通常像超材料那样排列成阵列。如此,等离体便会受到粒子之间的耦合影响。

等离子共振与"热点"有关,"热点"是粒子附近的强电磁场[2]。它可以显著增强非线性光学相互作用,该相互作用随基本场的高功率而进行变化[3]。例如,二次谐波产生(SHG)与局部场的二次幂成比例。几十年前人们就已在金属纳米结构中观察到二次谐波产生[4]。从那时起,人们就对不同种类的纳米结构进行了大量的"二次谐波产生"研究,如孔阵列[5-7]、尖锐的金属尖端[8-10]、开环谐振器[11-13]、L 形[14-19] 和 G 形[20,21] 纳米粒子、纳米棱镜[22]、球形纳米粒子[9,23,24]、T-纳米二聚体[25,26]、纳米天线[27-29] 和纳米杯[30]。二阶非线性效应之所以特别,是因为其对称性规则抑制了上述效应在中心对称材料中出现。另外,该特性可用于探测材料结构中的对称性破坏。在对金属纳米粒子非线性特性的早期研究中,由于缺陷和形状畸变引起的对称性破坏在真实结构的响应中起着重要作用[31]。

　　本章着重总结了最近的研究结果,其包含了对金属纳米粒子阵列组成的等离子体超材料的二阶非线性响应进行优化时所需要考虑的各种因素。为了达到必要的非中心对称性,我们的基本构建单元(分子)是一个各向异性的 L 形纳米粒子。样本的二次谐波产生响应与样本质量、阵列中详细的粒子顺序以及阵列中中心对称无源元件的存在密切相关。

6.2　样本与技术

　　本章中所使用的样本是通过标准电子束光刻和剥离技术制造的。所有样本均在熔融的硅衬底上制造。20nm 厚的纳米颗粒通过铬黏附层(3~5nm)与基底分离,并被 20nm 熔融硅衬底保护层覆盖。不同样本的尺寸参数(l 为臂长,w 为臂宽,d 指阵列周期)不同(表 6.1 和图 6.1)。

表 6.1　研究样本的 L 形纳米粒子的尺寸参数

类　　型	臂长 l/nm	臂宽 w/nm	阵列周期 d/nm
低质量样本[18]	200	100	400
高质量样本[32]	250	100	500
样本 A 和 B[33]	250	100	500
纳米天线[34]	175,275	100	1,000

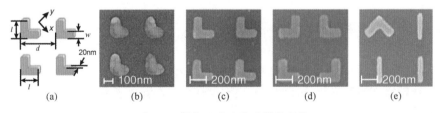

图 6.1　样本尺寸及其显微镜图像

(a)标准阵列中 L 形纳米粒子的几何结构和坐标系(l 指臂长,w 指臂宽,d 指粒子间距,厚度为 20nm);(b)低质量 L 形纳米粒子的扫描电子显微镜图像;(c)高质量 L 形纳米粒子(标准阵列)的扫描电子显微镜图像;(d)阵列中不同取向的高质量 L 形纳米粒子的扫描电子显微镜图像;(e)高质量有源 L 形纳米粒子和无源棒的扫描电子显微镜图像。

　　对于 X 偏振光和 Y 偏振光,L 形纳米粒子具有强烈的二向色性,并在不同波长上具有等离子共振,其中 y 沿着对称轴,x 垂直于对称轴。这些特性已通过测量样本的消光光谱证实。使用光纤耦合卤素光源和两个光谱仪作为检测器,以垂直入射进行测量,其总覆盖范围为 400~1 700nm。

为了确定样本的非线性特性,进行了偏振相关的二次谐波产生测量(图6.2)。脉冲钕玻璃激光器(时间带宽积 GLX-200;200f_s,1060nm,150mW,82MHz)的红外辐射是基本光源。基本光束的偏振态用高质量的格兰偏振镜清洗,然后通过旋转 1/2 波片(HWP)或 1/4 波片(QWP)进一步调制。二次谐波产生信号的偏振由另一个作为检测器之前分析器的格兰偏振镜选择。样本前有一个长通滤波器,可阻挡来自光学组件的二次谐波产生辐射。二次谐波产生光通过短通滤波器与激光束隔离,并通过光电倍增管结合光子计数系统进行测量。

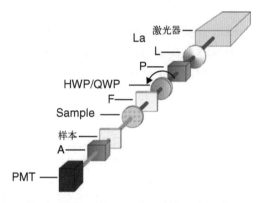

图 6.2   用于测量二次谐波产生的实验装置

L—透镜;P—偏振镜;HWP—半波片;QWP—四分之一波片;F—滤波器;A—分析仪;PMT—光电倍增管。

6.3   调整非线性光学响应

多年来,我们一直在研究金属纳米粒子阵列的非线性特性。这项工作是基于对各种概念的系统测试,并且最近由于纳米加工的显著改进而进一步发展,从而产生了质量极高的样本。

6.3.1   样本质量

所有的偶数阶非线性过程,包括二次谐波产生,都对对称性十分灵敏,因此对样本中局部场分布的细节也十分敏感。与制造相关的缺陷可能会引起更多的热点,从而吸引强大的局部场。实际样本与设计之间的微小偏差以及缺陷也会破坏样本的结构对称性。这可能导致二次谐波产生响应,该响应可用对非线性响应的多极影响来解释[16-18]。制造过程中的缺陷也会导致阵列中粒子尺寸的变化,因而将导致共振峰不均匀加宽,进而降低非线性响应[14,32]。上述因素都是对具有受控非线性响应的纳米结构进行设计所面临的难题,但最近在制造方法上的大幅改进克服了这些困难。在我们的样品中,这种改进显而易见(图 6.1(b)、(c))。这种样本质量的提高在样本的线性消光光谱中也已可见,与低质量样本(图 6.3(a)、(b))相比,等离子体峰大大增强,线宽变窄[32]。通过不均匀加宽的共振也可观察到高阶共振[35,36]。

　　我们的实验技术使样本具有与偏振相关的二次谐波产生特性。为了解决各种多级影响,需要对透射和反射中以及基本束粒子侧和基底侧入射的二次谐波产生辐射进行检测[18,32]。本质上,当响应具有偶极源时,这 4 个信号应该以相同的方式工作,而高阶多极影响则会导致信号之间的差异。低质量($l =$ 200nm, $w = $ 100nm, $d = $ 400nm)和高质量($l = $ 250nm, $w = $ 100nm, $d = $ 500nm)的 L 形纳米粒子的结果如图 6.3(c)和图 6.3(d)显示。由于缺陷而导致的低质量样本的对称破坏导致二次谐波信号的强烈差异(图 6.3(c)),可认为是二次谐波产生响应的多极特征[16-18]。由于光的减速,高质量样本的相应二次谐波产生信号完美重叠(图 6.3(d))。此外,对这些信号的详细张量分析表明,二次谐波产生的多极张量分量被抑制至占主导地位的偶极分量的 2%以下。此外,与低质量样本相比,质量提高的样本可使二次谐波产生增强 10 倍。

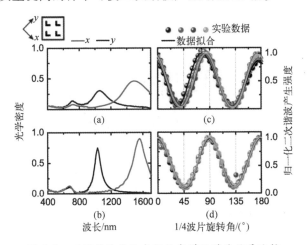

图 6.3　不同质量的纳米粒子光谱及谐波信号比较

(a) 低质量(图 6.1(b))纳米粒子的消光光谱;(b) 高质量纳米粒子(图 6.1(c))的消光光谱;
(c) 对于低质量纳米粒子,根据 1/4 波片旋转角得出的 L 形金纳米粒子阵列的二次谐波产生信号;
(d) 对于高质量纳米粒子,根据 1/4 波片旋转角得出的 L 形金纳米粒子阵列的二次谐波产生信号

6.3.2　粒子排序

当纳米粒子的形状和尺寸被优化到所需参数时,下一步便是按照阵列中粒子的顺序进行操作。同时,顺序的改变会导致阵列的晶胞尺寸改变。晶胞尺寸又决定了其是否可通过衍射效应相互耦合。此种耦合发生在共振域中,其中阵列周期接近样本外部或基底中入射光的波长。早前研究表明,此种效应会导致光谱变窄和等离子共振增强[27,37-42]。

对于我们的样本,晶胞尺寸由阵列中的 L 形粒子($l=250nm,w=100nm,d=500nm$)的取向控制[33,43]。(图 6.3)对样本布局进行的标准修改,会导致阵列在一个(样本 A)或两个(样本 B)方向上的周期加倍(图 6.4(a)、(b)中的插图)。应注意,样本结构的此种变化也会导致其本征极化发生适当变化,分别表示为 u 和 v(图 6.4)。第一个观察结果是,与参考样本的共振(图 6.3(b))相比,样本的线性特性发生了变化,导致更窄(图 6.4(b))或更宽(图 6.4(a))的等离子共振。

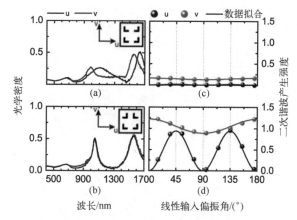

图 6.4　(a) 样品 A 的线性光谱;(b) 样本 B 的线性光谱(图 6.1(d))(插图展示了样本和坐标系的布局);(c) 依据 u 偏振和 v 偏振输出的线性输入偏振状态得出的样品 A 的二次谐波强度;(d) 依据 u 偏振和 v 偏振输出的线性输入偏振状态得出的样本 B 的二次谐波强度(偏振旋转从 u 偏振开始,在 90°到达 v 偏振输入)(经文献[33]允许改编。
版权所有ⓒ2012,美国化学学会(American Chemical Society))

因此,一般来说,此种方法为等离子体阵列的设计开辟了新方向,但也影响了其非线性特性。具有很窄共振的样本 B 增强了二次谐波产生效应(图 6.4(d)),而具有宽共振的样本 A 降低了二次谐波产生效应(图 6.4(c))。来自两个修改样本的二次谐波产生信号彼此相差 50 倍。这主要是因为二次谐波产生的效率取决于接近基本波长(在我们的例子中为 1060nm)的共振位置和宽度[33]。此外,粒子取向的变化也改变了二次谐波产生辐射的张量特性。

这些结果表明,样本布局的微小变化可用于调整样本的线性和非线性特性。因此,这种方法为超材料的光学特性调整带来了更多自由选择。

6.3.3　无源元件

到目前为止,我们在样本阵列中只使用了一种类型的粒子,但是将不同形状的粒子组合在同一阵列中也可产生其他的方法,其中每个粒子都是为特定目的而设计。我们的概念主要基于二次谐波产生有源 L 形纳米粒子与中心对称无源纳米棒的组合(图 6.1(e))[34]。棒是中心对称的,因此是无源的,也不会有"二次谐波产生"。但是,当纳米棒被放置在二次谐波产生有源 L 形纳米粒子相同阵列中时,其会改变线性响应,进而改变局部电磁场。

我们准备了两个系列的样本:由二次谐波产生活性 L 形纳米粒子阵列(图 6.5(b)插图中 $l = 175$nm, $w = 100$nm, $d = 1000$nm,以及图 6.5(d)插图中 $l = 275$nm, $w = 100$nm, $d = 1000$nm)和无源棒阵列构成的参考样本(图 6.5(a)中 $l = 300$nm, $w = 50$nm, $d = 500$nm)及结合了有源和无源元件的参考样本(图 6.4(c)、(e)中的插图)。在后一种情况下,棒的方向为 x 或 y。对于较小或较大的 L 形纳米粒子,其共振的偏振也分别选定为 x 或 y。

对于结合了两种粒子的样本,无源棒改变了 L 形纳米粒子的共振,使整个光谱不仅是 L 形纳米粒子和无源棒光谱的简单叠加(图 6.4(c)、(e))。如前所述,二次谐波产生的效率取决于等离子体峰相对于激光波长的位置以及共振的幅度。在结合有源和无源粒子的样本中,当棒的长轴沿着相应共振的偏振取向时,接近激光波长的等离子体峰会增强大约 2 倍。这种增强由两种类型粒子之间的耦合造成,尽管其共振发生于不同的波长下。相反,对于包含垂直取向无源棒的样本,在激光波长处的等离子体峰几乎保持不变[34]。

线性特性的这种变化对样本的非线性响应有很大影响。与相应的参考样本相比,在无源棒沿着 L 形纳米粒子的共振偏振取向时,结合了两种类型粒子样本的二次谐波产生信号增强了约 2 倍(图 6.5(f)、(g))。在 L 形纳米粒子较小的情况下,张量分量 yxx 增强,而在 L 形纳米粒子较大的情况下,分量 yyy 增强。还有一点要注意,由于中心对称,无源棒中的二次谐波产生非常接近背景噪声。此外,类似于线性结果,当无源棒垂直于 L 形纳米粒子的共振偏振取向时,二次谐波产生信号的变化极小[34]。

结果,特别是线性数据和二次谐波产生响应之间的强相关性,表明二阶非线性辐射的增强由等离子共振的无源元件的改变以及基本波长处相关局部场

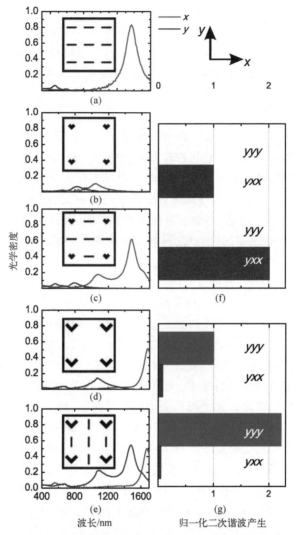

图 6.5 (a)~(e) 研究样品的偏振消光光谱(布局显示为插图);(f)和(g)是来自样本的 2 次谐波产生信号归一化为 L 参考样本的最强信号(对于较小的 L 形纳米粒子,信号为 *yxx*,对于较大的 L 形纳米粒子,信号为 *yyy*)。(经文献[34]允许改编。

分布的改变引起。

　　该结果也可以通过使用耦合偶极子模型来解释[44]。根据该模型,将每个粒子视为具有各向异性极化率的点偶极子,其中作用在单个粒子上的总场包括入射场和其他粒子散射的延迟场之和。因此,通过将 L 形纳米粒子耦合至无源棒,可以改变 L 的有效极化率[34]。

6.4　实现最佳响应

在过去 10 年中,金属纳米结构和超材料非线性光学响应的优化已引起越来越多的关注[3,29,45-49]。为了增强表面等离体的二次谐波产生,人们已经对多种结构和想法进行了研究。

通过基波波长上的共振产生的有利影响和谐波频率上产生的有害损耗,开环谐振器二次谐波产生的共振增强得以解决和解释[13]。由此可见,损耗是进一步增强二阶响应的障碍。解决该问题的一种方法是在粒子之间使用衍射耦合,从而形成窄共振[41,42]。另一种增强非线性响应而不增加损耗的方法是使用高阶共振。

在基波和二次谐波波长中使用多重共振也可以增强纳米结构的二次谐波产生响应[28]。后者针对双共振等离子体天线提出,涵盖了将几个粒子组合成更复杂结构的想法。

由几个粒子组成结构的典型示例为二聚体,其涉及两个彼此紧密相接放置的纳米粒子。这种相邻的位置可产生纳米间隙,其中的局部场可被增强。我们已经证明,由垂直和水平的两个无源棒形成的 T 形纳米二聚体,其之间相隔几纳米的间隙[25]。我们的研究结果表明,局部场分布受无源棒之间耦合的影响。同样,即使是二聚体结构上非常小的差异也会显著影响局部场分布,进而影响二次谐波产生响应[25]。

更复杂的低聚物也显示出粒子之间的强耦合[50,51]。最近,通过法诺共振,我们已对这种低聚物系统在增强二次谐波响应方面的影响进行了研究[49]。

6.5　结论

为了解决和增强结构化表面等离体的二阶非线性响应,我们已经解决了一些需给予考虑的问题。虽然得到的结果令人高兴,而且几个新概念也已得到了证实,但大多数提出的想法尚未进行优化。此外,我们尚未将这些方法合而为一,以获得最有效的二次谐波产生等离子体结构。

关于金属纳米结构的非线性,仍有许多悬而未决的问题,如我们尚不清楚表面和体积效应对局部二次谐波产生响应成因的作用。一些理论结果强调了体积效应[52],而在扁平金属膜上的实验结果则表明表面效应占优势[53]。其他想法则是将表面和体积效应的重要性与实验细节联系起来[54]，或强调粒子形状的作用[55,56]。

我们相信，在具有完全可控非线性光学特性(该特性可带来各类等离激元应用)的超材料设计方面，我们所做的工作仅仅是一个开始。

参 考 文 献

1. K. Kelly, E. Coronado, L. Zhao, G. Schatz, The optical properties of metal nanoparticles: the influence of size, shape, and dielectric environment, The Journal of Physical Chemistry B **107**, 668−677 (2003)

2. M. Stockman, D. Bergman, C. Anceau, S. Brasselet, J. Zyss, Enhanced second−harmonic generation by metal surfaces with nanoscale roughness: nanoscale dephasing, depolarization, and correlations, Physical Review Letters **92**, 057402 (2004)

3. M. Kauranen, A. V. Zayats, Nonlinear plasmonics, Nature Photonics **6**, 737−748 (2012)

4. A. Wokaun, J. G. Bergman, J. P. Heritage, A. M. Glass, P. F. Liao, D. H. Olson, Surface secondharmonic generation from metal island films and microlithographic structures, Physical Review B **24**, 849−856 (1981)

5. J. A. H. van Nieuwstadt, M. Sandtke, R. H. Harmsen, F. B. Segerink, J. C. Prangsma, S. Enoch, L. Kuipers, Strong modification of the nonlinear optical response of metallic subwavelength hole arrays, Physical Review Letters **97**, 146102 (2006)

6. T. Xu, X. Jiao, G. −P. Zhang, S. Blair, Second−harmonic emission from sub−wavelength apertures: effects of aperture symmetry and lattice arrangement, Optics Express **15**, 13894−13906 (2007)

7. F. Eftekhari, R. Gordon, Enhanced second harmonic generation from noncentrosymmetric nanohole arrays in a gold film, IEEE Journal of Selected Topics in Quantum Electronics **14**, 1552−1558 (2008)

8. S. Takahashi, A. V. Zayats, Near−field second−harmonic generation at a metal tip apex, Applied Physics Letters **80**, 3479−3481 (2002)

9. A. Bouhelier, M. Beversluis, A. Hartschuh, L. Novotny, Near−field second−harmonic generation induced by local field enhancement, Physical Review Letters **90**, 013903 (2003)

10. J. M. Kontio, H. Husu, J. Simonen, M. J. Huttunen, J. Tommila, M. Pessa, M. Kauranen, Nanoimprint fabrication of gold nanocones with 10nm tips for enhanced optical interactions, Optics Letters **34**, 1979−1981 (2009)

11. M. Klein, C. Enkrich, M. Wegener, S. Linden, Second−harmonic generation from magnetic metamaterials, Science **313**, 502−504 (2006)

12. N. Feth, S. Linden, M. Klein, M. Decker, F. Niesler, Y. Zeng, W. Hoyer, J. Liu, S. Koch, J. Moloney, M. Wegener, Second − harmonic generation from complementary split − ring resonators, Optics Letters **33**, 1975−1977 (2008)

13. F. B. P. Niesler, N. Feth, S. Linden, M. Wegener, Second−harmonic optical spectroscopy on split−ring−re-

sonator arrays, Optics Letters **36**, 1533-1535（2011）

14. H. Tuovinen, M. Kauranen, K. Jefimovs, P. Vahimaa, T. Vallius, J. Turunen, N. -V. Tkachenko, H. Lemmetyinen, Linear and second-order nonlinear optical properties of arrays of noncentrosymmetric gold nanoparticles, Journal of Nonlinear Optical Physics & Materials **11**, 421-432（2002）

15. B. Canfield, S. Kujala, K. Jefimovs, T. Vallius, J. Turunen, M. Kauranen, Polarization effects in the linear and nonlinear optical responses of gold nanoparticle arrays, Journal of Optics A **7**, S110-S117（2005）

16. S. Kujala, B. Canfield, M. Kauranen, Y. Svirko, T. Turunen, Multipole interference in the second-harmonic optical radiation from gold nanoparticles, Physical Review Letters **98**, 167403（2007）

17. S. Kujala, B. Canfield, M. Kauranen, Y. Svirko, J. Turunen, Multipolar analysis of secondharmonic radiation from gold nanoparticles, Optics Express **16**, 17196-17208（2008）

18. M. Zdanowicz, S. Kujala, H. Husu, M. Kauranen, Effective medium multipolar tensor analysis of second-harmonic generation from metal nanoparticles, New Journal of Physics **13**, 023025（2011）

19. M. Gentile, M. Hentschel, R. Taubert, H. Guo, H. Giessen, M. Fiebig, Investigation of thenonlinear optical properties of metamaterials by second harmonic generation）, Appl. Phys. B **105**, 149-162（2011）

20. V. K. Valev, N. Smisdom, A. V. Silhanek, B. De Clercq, W. Gillijns, M. Ameloot, V. V. Moshchalkov, T. Verbiest, Plasmonic ratchet wheels: switching circular dichroism by arranging chiral nanostructures, Nano Letters **9**, 3945-3948（2009）

21. V. K. Valev, A. V. Silhanek, N. Verellen, W. Gillijns, P. Van Dorpe, O. A. Aktsipetrov, G. A. E. Vandenbosch, V. V. Moshchalkov, T. Verbiest, Asymmetric optical second-harmonic generation from chiral G-shaped gold nanostructures, Physical Review Letters **104**, 127401（2010）

22. G. Hajisalem, A. Ahmed, Y. Pang, R. Gordon, Plasmon hybridization for enhanced nonlinear optical response, Optics Express **20**, 29923-29930（2012）

23. J. Butet, J. Duboisset, G. Bachelier, I. Russier-Antoine, E. Benichou, C. Jonin, P. -F. Brevet, Optical second harmonic generation of single metallic nanoparticles embedded in a homogeneous medium, Nano Letters **10**, 1717-1721（2010）

24. J. Butet, G. Bachelier, I. Russier-Antoine, C. Jonin, E. Benichou, P. -F. Brevet, Interference between selected dipoles and octupoles in the optical second-harmonic generation from spherical gold nanoparticles, Physical Review Letters **105**, 077401（2010）

25. B. Canfield, H. Husu, J. Laukkanen, B. Bai, M. Kuittinen, J. Turunen, M. Kauranen, Local field asymmetry drives second-harmonic generation in noncentrosymmetric nanodimers, Nano Letters **7**, 1251-1255（2007）

26. H. Husu, B. Canfield, J. Laukkanen, B. Bai, M. Kuittinen, J. Turunen, M. Kauranen, Chiral coupling in gold nanodimers, Applied Physics Letters **93**, 183115（2008）

27. K. D. Ko, A. Kumar, K. H. Fung, R. Ambekar, G. L. Liu, N. X. Fang, K. C. Toussaint, Nonlinear optical response from arrays of Au bowtie nanoantennas, Nano Letters **11**, 61-65（2011）

28. K. Thyagarajan, S. Rivier, A. Lovera, O. J. F. Martin, Enhanced second-harmonic generation from double resonant plasmonic antennae, Optics Express **20**, 12860-12865（2012）

29. J. Butet, K. Thyagarajan, O. J. F. Martin, Ultrasensitive optical shape characterization of gold nanoantennas using second harmonic generation, Nano Letters **13**, 1787-1792（2013）

30. Y. Zhang, N. K. Grady, C. Ayala-Orozco, N. J. Halas, Three-dimensional nanostructures as highly efficient

generators of second harmonic light **11**,5519-5523 (2011)

31. B. Canfield, S. Kujala, K. Laiho, K. Jefimovs, J. Turunen, M. Kauranen, Chirality arising from small defects in gold nanoparticle arrays, Optics Express **14**,950-955 (2006)

32. R. Czaplicki, M. Zdanowicz, K. Koskinen, J. Laukkanen, M. Kuittinen, M. Kauranen, Dipole limit in second-harmonic generation from arrays of gold nanoparticles, Optics Express **19**,26866-26871 (2011)

33. H. Husu, R. Siikanen, J. Mäkitalo, J. Lehtolahti, J. Laukkanen, M. Kuittinen, M. Kauranen, Metamaterials with tailored nonlinear optical response, Nano Letters **12**,673-677 (2012)

34. R. Czaplicki, H. Husu, R. Siikanen, J. Mäkitalo, J. Laukkanen, J. Lehtolahti, M. Kuittinen, M. Kauranen, Enhancement of second-harmonic generation from metal nanoparticles by passive elements, Physical Review Letters **110**,093902 (2013)

35. H. Husu, J. Mäkitalo, J. Laukkanen, M. Kuittinen, M. Kauranen, Particle plasmon resonances in L-shaped gold nanoparticle, Optics Express **18**,16601-16606 (2010)

36. R. Czaplicki, M. Zdanowicz, K. Koskinen, H. Husu, J. Laukkanen, M. Kuittinen, M. Kauranen, Linear and nonlinear properties of high-quality L-shaped gold nanoparticles, Nonlinear Optics, Quantum Optics **45**,71-83 (2012)

37. S. Linden, J. Kuhl, H. Giessen, Controlling the interaction between light and gold nanoparticles: selective suppression of extinction, Physical Review Letters **86**,4688-4691 (2001)

38. L. Zhao, K. L. Kelly, G. C. Schatz, The extinction spectra of silver nanoparticle arrays: influence of array structure on plasmon resonance wavelength and width, The Journal of Physical Chemistry B) **107**,7343-7350 (2003)

39. A. Christ, S. G. Tikhodeev, N. A. Gippius, J. Kuhl, H. Giessen, Waveguide-plasmon polaritons: strong coupling of photonic and electronic resonances in a metallic photonic crystal slab, Physical Review Letters **91**,183901 (2003)

40. A. Christ, T. Zentgraf, J. Kuhl, S. G. Tikhodeev, N. A. Gippius, H. Giessen, Optical properties of planar metallic photonic crystal structures: experiment and theory, Physical Review B **70**,125113 (2004)

41. Y. Chu, E. Schonbrun, T. Yang, K. B. Crozier, Experimental observation of narrow surface plasmon resonances in gold nanoparticle arrays, Applied Physics Letters **93**,181108 (2008)

42. B. Auguié, W. L. Barnes, Collective resonances in gold nanoparticle arrays, Physical Review Letters **101**,143902 (2008)

43. H. Husu, J. Mäkitalo, R. Siikanen, G. Genty, H. Pietarinen, J. Lehtolahti, J. Laukkanen, M. Kuittinen, M. Kauranen, Spectral control in anisotropic resonance-domain metamaterials, Optics Letters **36**,2375-2377 (2011)

44. García de Abajo, F. J. Colloquium, Light scattering by particle and hole arrays, Reviews of Modern Physics **79**,1267-1290 (2007)

45. C. M. Soukoulis, M. Wegener, Past achievements and future challenges in the development of three-dimensional photonic metamaterials, Nature Photonics **5**,523-530 (2011)

46. N. J. Halas, S. Lal, W. -S. Chang, S. Link, P. Nordlander, Plasmons in strongly coupled metallic nanostructures, Chemical Reviews **111**,3913-3961 (2011)

47. M. Navarro-Cia, S. A. Maier, Broad-band near-infrared plasmonic nanoantennas for higher harmonic generatio, ACS Nano **6**,3537-3544 (2012)

48. H. Aouani, M. Navarro-Cia, M. Rahmani, T. P. H. Sidiropoulos, M. Hong, R. F. Oulton, S. A. Maier, Multiresonant broadband optical antennas as efficient tunable nanosources of second harmonic light, Nano Letters **12**, 4997-5002 (2012)

49. K. Thyagarajan, J. Butet, O. J. F. Martin, Augmenting second harmonic generation using Fano resonances in plasmonic systems, Nano Letters **13**, 1847-1851 (2013)

50. J. Ye, F. Wen, H. Sobhani, J. B. Lassiter, P. Van Dorpe, P. Nordlander, N. J. Halas, Plasmonic nanoclusters: near field properties of the Fano resonance interrogated with SERS, Nano Letters **12**, 1660-1667 (2012)

51. J. A. Fan, K. Bao, L. Sun, J. Bao, V. N. Manoharan, P. Nordlander, F. Capasso, Plasmonic mode engineering with templated self-assembled nanoclusters, Nano Letters **12**, 5318-5324 (2012)

52. Y. Zeng, W. Hoyer, J. Liu, S. W. Koch, J. V. Moloney, Classical theory for second-harmonic generation from metallic nanoparticle, Physical Review B **79**, 235109 (2009)

53. F. Wang, F. Rodríguez, W. Albers, R. Ahorinta, J. Sipe, M. Kauranen, Surface and bulk contributions to the second-order nonlinear optical response of a gold film, Physical Review B **80**, 233402 (2009)

54. A. Benedetti, M. Centini, M. Bertolotti, C. Sibilia, Second harmonic generation from 3D nanoantennas: on the surface and bulk contributions by far-field pattern analysis, Optics Express **19**, 26752-26767 (2011)

55. C. Ciracì, E. Poutrina, M. Scalora, D. R. Smith, Second-harmonic generation in metallic nanoparticles: clarification of the role of the surface, Physical Review B **86**, 115451 (2012)

56. C. Ciracì, E. Poutrina, M. Scalora, D. R. Smith, Origin of second-harmonic generation enhancement in optical split-ring resonators, Physical Review B 85, 201403 (2012)

第7章 介电常数近零的材料中的非线性光学相互作用:二次和三次谐波产生

摘要 本章讨论了介电常数近零的材料中的二次和三次谐波产生。由于位移场纵向分量的连续性而产生的巨大场增强极大地增强了非线性响应。在这种极端环境下,不应该忽略由于对称破坏和锁相谐波分量引起的非线性表面项。

7.1 引言

尽管介电常数近零的人造介质在 50 多年前已首次亮相[1,2],但近年来,对这些介质线性特性的研究重新引发了人们的兴趣:近零介电常数(NZP)或介电常数近零(ENZ)的材料可用于控制天线方向性[3,4]或通过在亚波长低介电常数区域[5,6]中的电磁隧穿实现完美耦合。此外,当材料的介电常数接近零时,垂直于界面的(横磁波偏振)电场分量趋于奇异[7],因此这些材料也可用于加速非线性过程,如谐波的产生[8-10]、光学双稳态[11]和孤子激发[12]。可通过自然或人工方式获得零介电常数值:所有天然材料在从远红外(氟化锂、氟化钙、氟化镁或二氧化硅)到可见光(金、银、铜)和紫外光(砷化镓、磷化镓)频率范围内变化的波长下均表现出电子共振[13]。然而,在大多数情况下,吸收会通过减弱局部场增强、破坏线性和非线性光学特性而发挥主要作用。相比之下,人造介质可能会提供更有效的途径来克服自然界的限制。例如,可以通过调整超材料的电性能以减少损耗,从而将有源材料引入金属基复合材料中[14-16]。类似地,同时具有电共振和磁共振的材料,可以减少损耗[17]。另一种实现有效介电常数近零的方法是利用在其截止点附近作用的波导,在这种波导中引入非线性介质有助于实现隧穿控制[18]和切换[19]。

由于金属直接产生的非线性过程,具有有效介电常数近零特性的人造结构中的金属内含物可产生额外影响[10]。实际上,尽管金属是中心对称的,并且不具有固有的二次非线性,但是其带有有效的二阶响应,此是由表面对称性破坏、磁偶极子(洛伦兹力)、内芯电子、对流非线性源和电子气压力引起[20]。此外,金属还表现出异常大的三阶非线性,与有效的二阶非线性一起,在电场明显增强的情况下[21-27],包括介电常数近零的材料中,其可能对产生的信号有显著影响。

　　下面,首先将简要概述在介电常数近零的材料中,可用于增强二次(SH)和三次(TH)谐波产生的关键线性特性,并展示损耗如何影响其线性和非线性光学特性;然后将对体积效应和表面效应引起的非线性过程效率进行对比,并在谐波频率的吸收不可忽略的情况下,对锁相谐波分量的重要性进行评估。

7.2　介电常数近零的材料中的非线性过程

　　当单色平面波撞击一般介质和相对介电常数近零($\mathrm{Re}\varepsilon(\omega)) \to 0+$)的材料之间的界面时,垂直于该界面的位移场分量的连续性要求意味着,介电常数近零的材料内部电场的正常分量呈现特殊状态。此种情况发生在起偏振角(布儒斯特角,Brewster)或临界角条件下[7]。在有限平板中(图7.1(a)),正常电场分量的奇异特性可通过减小平板的厚度d来实现,或通过接近正常发生率($\vartheta_i \to 0$)来实现,抑或两者同时进行来实现[7]。另外,如果将$\mathrm{Re}(\varepsilon(\omega))$固定为近零值,则可以减小板的厚度以利用渐逝波的隧穿和多次反射来增强局部场[28]。任何天然材料都将显示介电常数近零的区域。

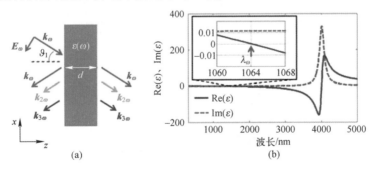

图7.1　(a) 正在研究的系统示意图(带有电场$\boldsymbol{E}_\omega$和波矢$\boldsymbol{k}_\omega$的横磁波偏振泵浦以入射角ϑ_i撞击厚度为d的平板);(b) 用单个洛伦兹振荡器模拟(a)中平板的材料色散((插图)短波近零区域的细节)

　　例如,介质的介电常数可以描述为洛伦兹振荡器的叠加,即

$$\varepsilon(\omega) = 1 - \sum_j \frac{\omega_{pj}^2}{\omega^2 - \omega_{0j}^2 + i\omega\gamma_j} \tag{7.1}$$

式中:ω_{pj}为等离子体频率;γ_j为阻尼系数;ω_{0j}为共振频率;$i = \sqrt{-1}$。从式(7.1)

可以推断出,每个共振,$\mathrm{Re}\varepsilon(\omega)$ 两次近零。交叉点的光谱位置取决于 ω_{pj} 和 ω_{0j}。但是,在交叉点处的 $\mathrm{Im}\varepsilon(\omega)$ 值基本上彼此不同,因为短波长尾部的吸收会趋于减小(图 7.1(b))。

为简单起见,现在假设图 7.1(a) 中的平板是由单个洛伦兹振荡器构建而成。例如,洛伦兹振荡器参数选定如下:$\omega_{p1}=0.91\omega_r$、$\omega_{01}=0.25\omega_r$ 和 $\gamma_1=0.010\omega_r$,其中参考频率为 $\omega_r=2\pi c/(1\mu m)$,c 为真空中的光速,确保满足在 $\lambda_\omega=1064\mathrm{nm}$ 附近的介电常数近零条件(图 7.1(b))。相同的参数还会在 2 次($\lambda_{2\omega}=532\mathrm{nm}$)和 3 次($\lambda_{3\omega}=354.6\mathrm{nm}$)谐波波长下产生介电常数虚部较小的值。可以注意到,上述参数绝不是唯一选择,也可利用其他参数在相同频率下获得相似介电常数值。将平板厚度设置为 $d=200\mathrm{nm}$,在泵浦波长附近,平板的线性特性与 $\mathrm{Re}(\varepsilon(\omega))$ 和 $\mathrm{Im}(\varepsilon(\omega))$ 都密切相关。例如,一方面,透射和反射(图 7.2(a) 和图 7.2(b))分别由 $\mathrm{Re}(\varepsilon(\omega))$ 的斜率和符号变化决定频率选择性和不对称性;另一方面,平板吸收的角度选择性和光谱选择性(图 7.2(c))都与振荡器的阻尼系数 γ_1 密切相关,因此与 $\mathrm{Im}(\varepsilon(\omega))$ 的值密切相关。

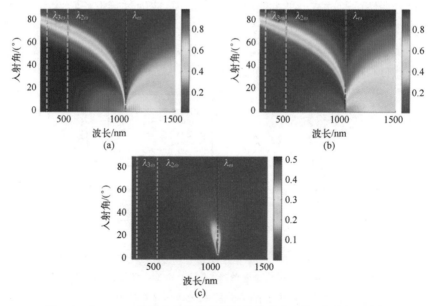

图 7.2　$d=200\mathrm{nm}$ 厚的平板和单种共振振荡器的透射、反射和吸收与

波长和入射角 ϑ_i 的关系

(a) 透射;(b) 反射;(c) 吸收。

(基波(标记为 λ_ω 的红色虚线)、二次谐波(标记为 $\lambda_{2\omega}$ 的绿色虚线)和三次谐波

(标记为 $\lambda_{3\omega}$ 的蓝色虚线)如图所示。

在远离泵浦波长处,即 $\text{Re}(\varepsilon(\omega))=0$ 处,其他相关的光谱和角度特征无法被识别。在二次谐波(图 7.2 中标记为 $\lambda_{2\omega}$ 的绿色虚线)和三次谐波波长(图 7.2 中标记为 $\lambda_{3\omega}$ 的蓝色虚线)下吸收几乎为零。这意味着非线性波动方程[29]的齐次解产生,并在平板内部自由传播。在2.3节中将对谐波波长下的吸收影响进行讨论。

为了理解该系统在非线性应用中的潜力,可以评估平板内部的电场增强最大值为($|E_z|/|E_\omega|$)。实际上,电场增强(图7.3(a))与吸收曲线(图7.2(c))有关,因此与振荡器 γ_1 阻尼系数的选定有关。

平板中的最大吸收值对 $\text{Im}(\varepsilon(\omega))$ 的依赖极小:由于吸收与 $\text{Im}(\varepsilon(\omega))|E|^2$ 的乘积成相应比例,因此 $\text{Im}(\varepsilon(\omega))$ 的减少与电场增强的增加有关。因此,非线性光学相互作用有望通过 γ_1 的减小而增加[30]。根据波长和入射角得出的不同 γ_1 值的电场增强如图7.3所示:尽管电场增强可以通过 $\text{Im}(\varepsilon(\omega))$ 的减小来增加,但我们偏向通过减小平板的厚度以获取类似的结果,从而通过增加渐逝波的隧穿来促进电场的建立。只有当入射角 ϑ_i 大于临界角 ϑ_C($\vartheta_C=\arcsin\sqrt{\varepsilon(\omega)}$)[7]时,才能满足这一条件。

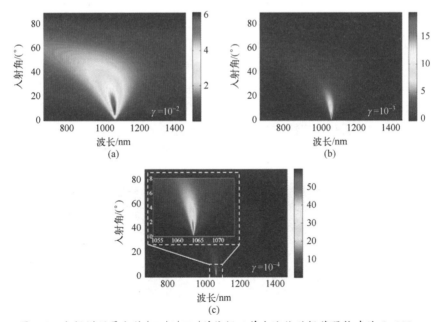

图 7.3　电场增强最大值 $|E_z|/|E_\omega|$ 并依据以单个洛伦兹振荡器构建的 $d=200\text{nm}$ 厚平板的波长和入射角得出不同 γ_1 值的电场增强(其中 $\omega_{pl}=0.91\omega_r,\omega_{01}=0.25\omega_r$)(a) $\gamma_1=0.01\omega_r$;(b) $\gamma_1=0.001\omega_r$;(c) $\gamma_1=0.0001\omega_r$。

7.2.1　大量非线性引起的二次和三次谐波产生

在由于 $\mathrm{Re}\varepsilon(\omega)$ 消失而使泵浦强度大大提高的情况下,即使在亚波长结构中且泵浦辐照度值相对较低,非线性过程也变得极为顺利。为了说明二阶和三阶非线性效应,对二次($P_{2\omega},k$)谐波和三次谐波($P_{3\omega},k$)频率下,k 方向上非线性极化密度的主要影响表达为[31]

$$P_{2\omega,k} = \varepsilon_0 \sum_{l,m=1}^{3} \chi_{klm}^{(2)}(2\omega,\omega,\omega) E_{\omega,l} E_{\omega,m} \tag{7.2}$$

$$P_{3\omega,k} = \varepsilon_0 \sum_{l,m,n=1}^{3} \chi_{klmn}^{(3)}(3\omega,\omega,\omega,\omega) E_{\omega,l} E_{\omega,m} E_{\omega,n} \tag{7.3}$$

式中:k、l、m、n 为笛卡儿坐标;ε_0 为真空电容率;$\chi_{klm}^{(2)}$ 和 $\chi_{klmn}^{(3)}$ 分别为瞬时二阶和三阶磁化率张量分量。由于非线性过程的效率取决于 $\chi_{klm}^{(2)}$ 和 $\chi_{klmn}^{(3)}$ 的值,因此,根据用于实现介电常数近零条件的材料,预期可得到显然不同的结果。例如,在由核–壳纳米粒子[10,32]组成的超材料中,可预计主要来自金属的高效 $\chi_{klmn}^{(3)}$,而有效值 $\chi_{klm}^{(2)}$ 将根据存在的电介质而变化。

下面假设 $\chi_{xxx}^{(2)} = \chi_{yyy}^{(2)} = \chi_{zzz}^{(2)} = 10\mathrm{pm/V}$,$\chi_{xxxx}^{(3)} = \chi_{yyyy}^{(3)} = \chi_{zzzz}^{(3)} = 10^{-20}\,\mathrm{m^2/V^2}$,典型的介电材料[31]。平板厚度和洛伦兹振荡器参数如前面所述。所得材料色散如图 7.1(b)所示。

在无损耗泵浦近似下,总的(正向和反向)二次谐波和三次谐波转换效率 $I_{2\omega}/I_\omega$ 和 $I_{3\omega}/I_\omega$ 分别为 10^{-5} 和 10^{-7},如图 7.4(a)和图 7.4(b)所示。输入辐照度为 $I_\omega = 100\mathrm{MW/cm^2}$。谐波效率图在光谱和角度特征上都类似于场增强图(图 7.3(b))。假设使用连续波泵浦,则可得出图 7.4 中的结果。由于介电常数近零的平板中场增强的非共振特性,入射脉冲持续时间至少达 200fs 时,可获得类

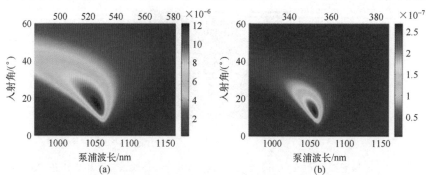

图 7.4　近零介电常数 $d = 200\mathrm{nm}$ 厚平板的总(正向加反向)二次谐波和

三次谐波转换效率与入射角和泵浦波长的关系

(a)二次谐波;(b)三次谐波。

似的结果[32]。应该注意到,尽管对于均质亚波长平板且均质大量非线性而言,正向和反向转换效率具有几乎相同的光谱和角度形状,但是每当共振模式被激发时或板内部非线性影响分布不均匀时,它们可能表现出不同的光谱和角度特征[10]。

7.2.2 表面和体积源的谐波产生

在7.2.1节中,观察到在电场增强受限于平板的有限厚度或损耗的情况下,即使对于相对较低的输入辐度照值,在存在大量非线性的情况下,非线性响应也可能很显著。在这种情况下,可以忽略表面源、磁偶极子[20]和电四极子的作用。另外,如果$\chi^{(2)}=\chi^{(3)}=0$,则这些源将成为谐波产生的唯一贡献来源。通常无法将表面与体积作用区分开来,因为它们的相对权重取决于许多因素,如材料分散度、厚度和几何特征,诸如波纹和/或间隙,并应根据具体情况进行评估。

设想出一个典型的局部振荡器模型,帮助我们从物理层面了解在没有偶极非线性(即$\chi^{(2)}=\chi^{(3)}=0$)的介质中,如何产生二次谐波和三次谐波。有人可能会说,入射场往往会扭曲原子的电子云,电子云主要由最外层、结合更松散的电子组成。尽管这张图片足以解释大多数线性光学现象,但对非线性光学现象的解释(如由中心对称材料产生的谐波)需要更加仔细地研究原子的细节。随着外层电子云略微扭曲,占据较低轨道的内核电子与原子核之间的相互作用稍强,让位于电荷分布中的细微失衡,进而以四极跃迁的形式与外部施加场弱相互作用。然后,可以从多极电荷分布的运动方程开始,假设多极电荷分布受施加电磁场而产生的内力(阻尼力、谐波力和非谐恢复力)和外力作用的影响。参考图7.5,描述非线性光学过程的一种可能的、非常简单的方法是,通过在电荷e上引入外部电磁力来修改原子的洛伦兹模型[33,34],即

$$F(r_0+r,t)=eE(r_0+r,t)+e\dot{r}\times B(r_0+r,t) \tag{7.4}$$

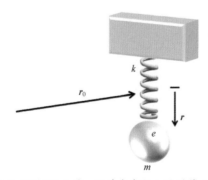

图7.5 原子的洛伦兹模型(电荷e附着在常数k的弹簧上,承受外部电磁力以及内部线性和非线性恢复力。原点在r_0处;r是偏离平衡的位移)

电子位置 r_0+r 处的场可以绕原点 r_0 扩展，从而得到

$$E(r_0+r,t)=E(r_0,t)+(r\cdot\nabla_r)E(r_0,t)+\frac{1}{2}\nabla_r(rr\cdot\nabla_rE(r_0,t))+\cdots \quad (7.5)$$

以及

$$B(r_0+r,t)=B(r_0,t)+(r\cdot\nabla_r)B(r_0,t)+\frac{1}{2}\nabla_r(rr\cdot\nabla_rB(r_0,t))+\cdots \quad (7.6)$$

收集最低阶项时，则式(7.4)中的作用力变为

$$m^*\ddot{r}(t)+\gamma m^*\dot{r}(t)+kr(t)=eE(r_0,t)+e(r\cdot\nabla_r)E(r_0,t)+\frac{e}{4}\nabla_r(rr:\nabla_rE(r_0,t))$$

$$+e\dot{r}\times(B(r_0,t)+(r\cdot\nabla_r)B(r_0,t)+\cdots)$$

$$(7.7)$$

式中：$p=er$ 以及 $Q=\frac{e}{2}rr$ 识别为电偶极子和（本质上为非线性）四极子贡献；m^* 为振荡器的有效质量（假设 $m^*=m_e$）；k 为弹簧常数；γ 为阻尼系数。磁场膨胀在其偶极项处被截断。式(7.7)是即使在没有偶极非线性的情况下，也能够产生谐波的非线性方程。然后，假设这种类型的方程求解为

$$r=r_\omega e^{-i\omega t}+r_{2\omega}e^{-2i\omega t}+r_{3\omega}e^{-3i\omega t}+c.c. \quad (7.8)$$

泵浦、二次谐波、三次谐波频率下极化方程为[35]

$$\ddot{P}_\omega+\gamma\dot{P}_\omega+\omega_0^2P_\omega=\frac{e}{m^*}\Big\{n_0eE_\omega-\frac{1}{2}(\nabla\cdot P_{2\omega})E_\omega^*+2(\nabla\cdot P_\omega^*)E_{2\omega}$$

$$+(\dot{P}_\omega^*+i\omega P_\omega^*)\times H_{2\omega}+(\dot{P}_{2\omega}-2i\omega P_{2\omega})\times H_\omega^*+\frac{1}{4}F_\omega\Big\} \quad (7.9)$$

$$\ddot{P}_{2\omega}+\gamma\dot{P}_{2\omega}+\omega_0^2P_{2\omega}=\frac{e}{m^*}\Big\{n_0eE_{2\omega}+(\nabla\cdot P_\omega)E_\omega-\frac{1}{3}(\nabla\cdot P_{3\omega})E_\omega^*$$

$$-3(\nabla\cdot P_\omega^*)E_{3\omega}+(P_\omega-i\omega P_\omega)\times H_\omega+\frac{1}{4}F_{2\omega}\Big\} \quad (7.10)$$

$$\ddot{P}_{3\omega}+\gamma\dot{P}_{3\omega}+\omega_0^2P_{3\omega}=\frac{e}{m^*}\Big\{n_0eE_{3\omega}+\frac{1}{2}(\nabla\cdot P_{2\omega})E_\omega+2(\nabla\cdot P_\omega)E_{2\omega}$$

$$+(\dot{P}_{2\omega}-i\omega P_{2\omega})\times H_\omega+(\dot{P}_\omega-i\omega P_\omega)\times H_{2\omega}+\frac{1}{4}F_{3\omega}\Big\} \quad (7.11)$$

式中：n_0 为电子密度；$\omega_0=\sqrt{k/m^*}$；E_ω、$E_{2\omega}$、$E_{3\omega}$、H_ω、$H_{2\omega}$ 和 $H_{3\omega}$ 分别为每个谐波的电场和磁场包络函数；F_ω、$F_{2\omega}$ 和 $F_{3\omega}$ 为泵浦、二次谐波和三次谐波频率的最低阶四极作用[35]，仅保留了最低阶的磁作用。

假设 $n_0 = 5.8 \times 10^{28}/\mathrm{m}^3$，$\gamma = \gamma_1$ 以及 $\omega_0 = \omega_{01}$，用麦克斯韦方程组在时域中求解式(7.9)、式(7.10)和式(7.11)，如 7.2.2 节所述。利用这些参数,可以获得总二次谐波转换效率最大值约为 10^{-10},三次谐波效率最大值约为 10^{-18},如图 7.6 所示,它是 $I_\omega = 100\mathrm{MW/cm}^2$ 且脉冲持续时间约 200fs 时入射角的函数。在图中,蓝色和绿色虚线表示无四极影响的二次谐波和三次谐波响应,从而揭示了它们对于二次谐波产生过程的重要性,与三次谐波产生相反。即使二次谐波效率看似很低,也应将图 7.6 所示的效率与其他没有大量二阶作用的系统进行比较。例如,介电常数近零的平板的二次谐波响应仍然比银光栅的二次谐波响应效率高约 100 倍,后者激发了表面等离子体或共振腔模式[20,22]。

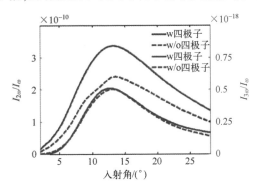

图 7.6　用洛伦兹振子建模的 $d = 200\mathrm{nm}$ 厚度平板的总 2 次谐波(蓝色实线-有四极;蓝色虚线-无四极)和三次谐波(绿色实线-有四极;绿色虚线-无四极)的效率与角度的关系(参数见第 2 章。泵浦辐照度为 $I_\omega = 100\mathrm{MW/cm}^2$,二阶和三阶磁化率为 0)

7.2.3　介电常数近零的介质中的锁相二次谐波产生

在泵浦电场增强最大化的情况下,非线性磁化率值的降低或吸收的存在,会损害谐波效率。在 7.2.2 节中分析了大量 $\chi^{(2)}$ 和 $\chi^{(3)}$ 消失的情况,而本节讨论了近零介电常数介质中吸收损耗的存在和锁相动力学。

我们可在实验工作中发现由波动方程[36-39]的非均质解产生锁相过程的证据,其中由基频(FF)和二次谐波之间的大相位和群速度失配可以观察到两个不同的二次谐波脉冲以不同的相位和群速度传播[40-42]。均质解以材料分散所决定的相速度和群速度传播,并从泵浦中逸出。非均质解被泵浦捕获,并随泵浦的相位和群速度传播。这种特殊的特性出现在负折射率[42,43]和吸收材料[44,45]中,因此在通常禁止传播的材料或结构中可以产生和传播谐波信号[22]。

为了获得在 $\lambda_\omega = 1064\mathrm{nm}$ 处的近零介电常数,以及在二次谐波波长处的显著吸收损耗,可以考虑描述介质的一组不同的洛伦兹振荡器参数。例如,可以使用两种具有以下参数的洛伦兹振荡器在泵浦处获得具有二次谐波波长处吸收的近零介电常数的条件:$\omega_{p1} = 0.95\omega_r$,$\omega_{01} = 0.25\omega_r$,$\gamma_1 = 10^{-4}\omega_r$,$\omega_{p2} = 0.50\omega_r$,$\omega_{02} = 1.92\omega_r$,$\gamma_2 = 0.05\omega_r$。图 7.7(a)显示了使用此组特定参数模拟的介质色散。与 7.2.1 节中所示的情况不同,介质在二次谐波波长处具有强吸收性。这意味着非线性波动方程的齐次解被介质吸收;相反,锁相(PL)二次谐波分量,即非线性波动方程的非均质解,将经历与泵浦相同的色散。

这表明在这种情况下,二次谐波产生很大程度上取决于平板的厚度,因为对于较厚的平板,最终吸收的均质二次谐波信号的数量会更大。例如,假设平板厚度 $d = 200\text{nm}$,输入辐照度为 $I_\omega = 100\text{MW/cm}^2$ 以及大量二阶磁化率 $\chi^{(2)}_{xxx} = \chi^{(2)}_{yyy} = \chi^{(2)}_{zzz} = 10\text{pm/V}$,与 7.2.1 节所示的情况相比,二次谐波效率降低了大约一个数量级(约 10^{-6})。在此厚度($d = 200\text{nm}$)的情况下,由于二次谐波的均质成分没有被完全吸收,因此吸收仅部分限制了谐波的产生。图 7.7(b)显示了 $\lambda_\omega = 1064\text{nm}$ 时,总(正向加反向)二次谐波效率与入射角的函数关系。如果平板的厚度增加,则由于吸收了更多的均质信号,总的二次谐波产生会受到影响。然而,当与无吸收情况相比时,总转换效率降低了,但锁相组件却得以仍对转换过程有所影响。例如,对于 $d = 2\mu\text{m}$ 厚的平板,二次谐波转换效率仍然可观,约为 10^{-7}。

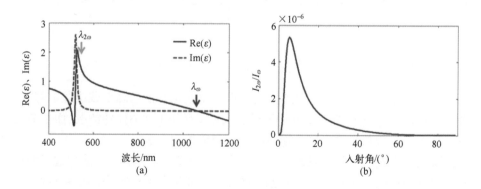

图 7.7 (a)用两种洛伦兹振子建模的材料的色散;(b)$d = 200\text{nm}$
厚的平板材料的总二次谐波效率(正向加反向)(其色散如 a 中
$I_\omega = 100\text{MW/cm}^2$ 以及 $\chi^{(2)}_{xxx} = \chi^{(2)}_{yyy} = \chi^{(2)}_{zzz} = 10\text{pm/V}$)

非线性动力学另一个有趣的方面是,当两个谐波成分在介质中传播时,可以监测它们的折射[44,46]。为了在传播过程中立即可视化均质二次谐波信号的衰减和所有场的折射角,用时空高斯形脉冲照射近零介电常数介质的半无限平板。这种情况有助于避免由于第二界面引起的多次反射而产生的干扰效应。基本频率(FF)脉冲的持续时间约为 20fs,束腰约 $4\lambda_\omega$,入射角 $\vartheta_i = 1.6°$。在单色、均质的平面波泵浦信号限制下,基本频率和锁相二次谐波分量的折射角为 $\vartheta_\omega = \vartheta_{2\omega}$,PL $= 30.48° + \mathrm{i}38.45°$,而均质二次谐波分量在 $\vartheta_{2\omega} = 1.1° + \mathrm{i}0.19°$ 时折射。折射角的虚部与近零介电常数介质中非均质折射平面波信号的衰减有关。但是,由于基本频率周围的色散,使用有限的宽带光束会改变所有分量的折射角度。实际上,由于基本频率是在等离子频率下调谐的,因此脉冲的红边趋向于负折射,而脉冲的蓝边趋向于正折射(图 7.7(a) 中的材料色散)。我们区分相前折射和能量折射,因为这两个方向可能完全不同。图 7.8(a) 显示了泵浦脉冲在两个不同时间的快照(t_1 和 t_2),进入近零介电常数介质(图 7.8(a) 中标为 t_1 的面板)时以及在介质内部传播约 $5\mu m$(图 7.8(a) 中标为 t_2)之后。图 7.8(c) 显示了在空间频域中的 t_1 和 t_2 时刻(与图 7.8(a) 相同),在介电常数近零的介质中的泵浦脉冲。泵浦脉冲以 $k_\omega/k_0 = (0.027, 0.32)$ 为中心,表明相前折射角约为 5°。动量折射角[47,48]表示能量流的实际方向,约为 7°。二次谐波信号的直观传播如图 7.8(b) 所示。在图 7.8(a) 的相同时间点 t_1 和 t_2 拍摄的快照,二次谐波信号在空间频域中的直观图(图 7.8(d))清楚地揭示了均质分量和锁相分量,它们分别以 $k_{2\omega}/k_0 = (0.056, 2.159)$ 以及 $2k_\omega/k_0$ 为中心。对于这些分量,计算出的有效相位折射角约为 1.5°(均质)和约为 5°(锁相 2 次谐波分量)。

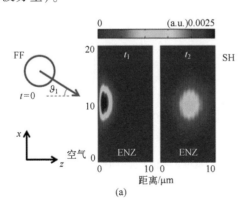

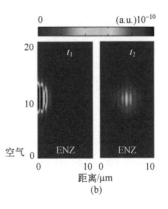

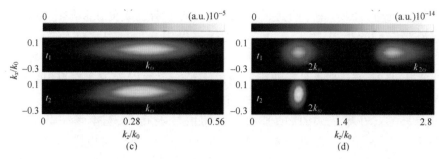

图 7.8 (a) 基本频率高斯光束的时间快照,入射角为 1.6°,在介电常数近零的介质中
传播;(b)是(a)中的相同时间快照显示了介电常数近零的介质中产生的二次谐波分量;
(c)是(a)中面板 t_1 和 t_2 的二维傅里叶变换,显示了介电常数近零的介质中基本
频率的有效相位折射角;(d)是(b)中面板 t_1 和 t_2 的二维傅里叶变换,显示
了介电常数近零的介质中均质和锁相二次谐波分量的有效相位折射角

7.3 结论

可以利用近零介电常数或介电常数近零的材料的独特性质来增强二次谐
波和三次谐波的产生。尽管吸收损耗限制了电场的增强并阻碍了线性和非线
性光学过程,但无论是引入有源材料还是利用在临界入射角以上发生的渐逝波
隧穿,都可以克服这一限制。

非线性光学过程在存在大量非线性和仅存在表面源、磁偶极子和电四极作
用的情况下都非常重要。

最后,由于锁相谐波分量和泵浦频率下的强场增强的相关性,谐波频率下
的高吸收损耗仅部分限制了非线性过程的效率。

参 考 文 献

1. J. Brown, Artificial dielectrics having refractive indices less than unity, Proceedings of the Institution Electrical Engineers- Part IV: Institute Monograph **100**(5),51-62 (1953)

2. W. Rotman, Plasma simulation by artificial dielectrics and parallel - plate media, IRE Transactions on Antennas and Propagation **10**(1),82-95 (1962)

3. S. Enoch, G. Tayeb, P. Sabouroux, N. Guérin, P. Vincent, A metamaterial for directive emission, Physical Review Letters **89**(21), 213902 (2002)

4. G. Lovat, P. Burghignoli, F. Capolino, D. R. Jackson, D. R. Wilton, Analysis of directive radiation from a line source in a metamaterial slab with low permittivity, IRE Transactions on Antennas and Propagation **54**(3), 1017-1030 (2006)

5. A. Alù, M. G. Silveirinha, A. Salandrino, N. Engheta, Epsilon-near-zero metamaterials and electromagnetic sources: Tailoring the radiation phase pattern, Physical Review B **75**(15), 155410 (2007)

6. M. Silveirinha, N. Engheta, Tunneling of electromagnetic energy through subwavelength channels and bends using -near-zero materials, Physical Review Letters **97**(15), 157403 (2006)

7. S. Campione, D. de Ceglia, M. A. Vincenti, M. Scalora, F. Capolino, Electric field enhancement in -near-zero slabs under TM-polarized oblique incidence, Physical Review Letters **87**(3), 035120 (2013)

8. M. A. Vincenti, D. de Ceglia, A. Ciattoni, M. Scalora, Singularity-driven second- and thirdharmonic generation at -near-zero crossing points, Physical Review A **84**(6), 063826 (2011)

9. A. Ciattoni, E. Spinozzi, Efficient second-harmonic generation in micrometer-thick slabs with indefinite permittivity, Physical Review A **85**(4), 043806 (2012)

10. M. A. Vincenti, S. Campione, D. de Ceglia, F. Capolino, M. Scalora, Gain-assisted harmonic generation in near-zero permittivity metamaterials made of plasmonic nanoshells, New Journal of Physics **14**(10), 103016 (2012)

11. A. Ciattoni, C. Rizza, E. Palange, Extreme nonlinear electrodynamics in metamaterials with very small linear dielectric permittivity, Physical Review A **81**(4), 043839 (2010)

12. C. Rizza, A. Ciattoni, E. Palange, Two-peaked and flat-top perfect bright solitons in nonlinear metamaterials with epsilon near zero, Physical Review A **83**(5), 053805 (2011)

13. E. D. Palik, G. Ghosh, *Handbook of Optical Constants of Solids* (Academic press, USA, 1998)

14. S. Campione, M. Albani, F. Capolino, Complex modes and near-zero permittivity in 3D arrays of plasmonic nanoshells: loss compensation using gain, Optical Materials Express **1**(6), 1077-1089 (2011)

15. S. Campione, F. Capolino, Composite material made of plasmonic nanoshells with quantum dot cores: loss-compensation and epsilon-near-zero physical properties, Nanotechnol **23**(23), 235703 (2012)

16. A. Ciattoni, R. Marinelli, C. Rizza, E. Palange, |\epsilon|-Near-zero materials in the near-infrared, Applied Physics B **110**(1), 23-26 (2013)

17. S. Xiao, V. P. Drachev, A. V. Kildishev, X. Ni, U. K. Chettiar, H. -K. Yuan, V. M. Shalaev, Loss-free and active optical negative-index metamaterials, Nature **466**(7307), 735-738 (2010)

18. D. A. Powell, A. Alù, B. Edwards, A. Vakil, Y. S. Kivshar, N. Engheta, Nonlinear control of tunneling through an epsilon-near-zero channel, Physical Review B **79**(24), 245135 (2009)

19. C. Argyropoulos, P. -Y. Chen, G. D'Aguanno, N. Engheta, A. Alù, Boosting optical nonlinearities in -near-zero plasmonic channels, Physical Review B **85**(4), 045129 (2012)

20. M. Scalora, M. A. Vincenti, D. de Ceglia, V. Roppo, M. Centini, N. Akozbek, M. J. Bloemer, Second- and third-harmonic generation in metal-based structures, Physical Review A **82**(4), 043828 (2010)

21. D. T. Owens, C. Fuentes-Hernandez, J. M. Hales, J. W. Perry, B. Kippelen, A comprehensive analysis of the contributions to the nonlinear optical properties of thin Ag films, Journal of Applied Physics **107**(12), 123114-123118 (2010)

22. M. Vincenti, D. de Ceglia, V. Roppo, M. Scalora, Harmonic generation in metallic, GaAs – filled nanocavities in the enhanced transmission regime at visible and UV wavelengths, Optics Express **19**(3), 2064 –2078 (2011)

23. N. N. Lepeshkin, A. Schweinsberg, G. Piredda, R. S. Bennink, R. W. Boyd, Enhanced nonlinear optical response of one – dimensional metal – dielectric photonic crystals, Physical Review Letters **93**(12), 123902 (2004)

24. M. Airola, Y. Liu, S. Blair, Second—harmonic generation from an array of sub—wavelength metal apertures, Journal of Optics A: Pure and Applied Optics, Journal of Optics A: Pure and Applied Optics **7**(2), S118 (2005)

25. A. Lesuffleur, L. K. S. Kumar, R. Gordon, Enhanced second harmonic generation from nanoscale double—hole arrays in a gold film, Applied Physics Letters **88**(26), 261104—261104—3 (2006)

26. R. Nikifor, E. R. Francisco, X. Mufei, Strong second—harmonic radiation from a thin silver film with randomly distributed small holes, Journal of Physics: Condensed Matter **15**(23), L349 (2003)

27. T. Xu, X. Jiao, S. Blair, Third—harmonic generation from arrays of sub—wavelength metal apertures, Optics Express **17**(26), 23582–23588 (2009)

28. M. A. Vincenti, D. de Ceglia, J. W. Haus, M. Scalora, Harmonic generation in multiresonant plasma films, Physical Review A **88**, 043812 (2013)

29. J. A. Armstrong, N. Bloembergen, J. Ducuing, P. S. Pershan, Interactions between Light Waves in a Nonlinear Dielectric, Physical Review **127**(6), 1918–1939 (1962)

30. M. A. Vincenti, D. de Ceglia, M. Scalora, Nonlinear dynamics in low permittivity media: the impact of losses, Optics Express **21**(24), 29949–29954 (2013)

31. R. W. Boyd, *Nonlinear Optics*(Academic Press, USA, 2003)

32. D. de Ceglia, S. Campione, M. A. Vincenti, F. Capolino, M. Scalora, Low – damping epsilon – near – zero slabs: Nonlinear and nonlocal optical properties, Physical Review B **87**(15), 155140 (2013)

33. J. D. Jackson, *Classical Electrodynamics*(Wiley, New York, 1999)

34. N. Bloembergen, R. K. Chang, S. S. Jha, C. H. Lee, Optical second—harmonic generation in reflection from media with inversion symmetry, Physical Review **174**(3), 813–822 (1968)

35. M. Scalora, M. Vincenti, D. de Ceglia, N. Akozbek, V. Roppo, M. Bloemer, J. Haus, Dynamical model of harmonic generation in centrosymmetric semiconductors at visible and UV wavelengths, Physical Review A **85** (5), 053809 (2012)

36. N. Bloembergen, P. S. Pershan, Light waves at the boundary of nonlinear media, Physical Review **128**(2), 606–622 (1962)

37. W. Glenn, Second—harmonic generation by picosecond optical pulses, IEEE Journal of Quantum Electronics **5** (6), 284–290 (1969)

38. J. T. Manassah, O. R. Cockings, Induced phase modulation of a generated second – harmonic signa, Optics Letters **12**(12), 1005–1007 (1987)

39. S. L. Shapiro, Second harmonic generation in LiNbO3 by picosecond pulses, Applied Physics Letters **13**(1), 19–21 (1968)

40. L. D. Noordam, H. J. Bakker, M. P. de Boer, HBvL Heuvell, Second—harmonic generation of femtosecond pulses: observation of phase—mismatch effects: reply to comment, Optics Letters **16**(12), 971–971 (1991)

41. N. C. Kothari, X. Carlotti, Transient second-harmonic generation: influence of effective group-velocity dispersion, Journal of the Optical Society of America B5(4), 756-764 (1988)

42. V. Roppo, M. Centini, C. Sibilia, M. Bertolotti, D. de Ceglia, M. Scalora, N. Akozbek, M. J. Bloemer, J. W. Haus, O. G. Kosareva, Role of phase matching in pulsed second-harmonic generation: Walk-off and phase-locked twin pulses in negative-index media, Physical Review A **76**(3), 033829 (2007)

43. V. Roppo, M. Centini, D. de Ceglia, M. Vicenti, J. Haus, N. Akozbek, M. Bloemer, M. Scalora, Anomalous momentum states, non-specular reflections, and negative refraction of phase-locked, second-harmonic pulses, Metamaterials **2**(2-3), 135-144 (2008)

44. M. Centini, V. Roppo, E. Fazio, F. Pettazzi, C. Sibilia, J. W. Haus, J. V. Foreman, N. Akozbek, M. J. Bloemer, M. Scalora, Inhibition of linear absorption in opaque materials using phase-locked harmonic generation, Physical Review Letters **101**(11), 113905 (2008)

45. V. Roppo, C. Cojocaru, F. Raineri, G. D'Aguanno, J. Trull, Y. Halioua, R. Raj, I. Sagnes, R. Vilaseca, M. Scalora, Field localization and enhancement of phase-locked second- and third-order harmonic generation in absorbing semiconductor cavities, Physical Review A **80**(4), 043834 (2009)

46. V. Roppo, N. Akozbek, D. de Ceglia, M. A. Vincenti, M. Scalora, Harmonic generation and energy transport in dielectric and semiconductors at visible and UV wavelengths: the case of GaP, Journal of the Optical Society of America B **28**(12), 2888-2894 (2011)

47. M. Scalora, G. D'Aguanno, N. Mattiucci, M. J. Bloemer, J. W. Haus, A. M. Zheltikov, Negative refraction of ultra-short electromagnetic pulses, Applied Physics B **81**(2-3), 393-402 (2005)

48. M. Scalora, G. D'Aguanno, N. Mattiucci, M. J. Bloemer, D. de Ceglia, M. Centini, A. Mandatori, C. Sibilia, N. Akozbek, M. G. Cappeddu, M. Fowler, J. W. Haus, Negative refraction and sub-wavelength focusing in the visible range using transparent metallo-dielectric stacks, Optics Express **15**(2), 508-523 (2007)

第8章 负-正折射率材料中的非线性光学效应

摘要 本章阐述了具有负折射率的介质中电磁波的参量相互作用,分析了克尔非线性和二次非线性两种情况,并对非线性耦合器的特性进行了研究,该耦合器的通道由折射率相反的材料制成。在麦克斯韦-杜芬-洛伦兹模型的框架下,分析了超短脉冲在均匀双共振介质中的动力学,并提出了一种新型的准孤子。

8.1 引言

近年来,具有不寻常特性的新材料不断涌现。在这些超材料中,人们特别关注"左手材料"[1-3]。当介电常数和磁导率的实部在某个频率范围内同时为负值时,这些介质的特征在于负折射率(NRI)。折射率的负号导致基本三重态(E、H、K)的左手方向。就目前的技术状况而言,负折射率材料的损耗相当大。因此,减少损耗和补偿问题是全球范围内深入研究的重点[4-8]。在损耗补偿方面,最令人印象深刻的经验成果参见文献[9]。在不久的将来,这些结果将为制造低损耗负折射率材料带来希望。在专业期刊[10-13]和书籍[14-17]中,许多评论文章都详细描述了超材料的线性电动力学。

众所周知,当波穿过这种介质和常规电介质之间的界面时,负折射率材料的异常特性就会显现出来。另外,同一介质的折射率可以在一个光谱区域中为正,而在另一个光谱区域中为负。这种介质可以称为负-正折射率材料。在文献[18,19]中讨论了负-正折射率材料中波传播现象的新特征。

"二次谐波产生"是非线性现象的首例之一,并识别出了负-正折射率材料的异常性质[18,20-22]。应该注意的是,实验中观察到了超材料二次谐波和三次谐波效应[23,24](参见文献[25,26])。

在下面将讨论负-正折射率材料中的几种非线性现象。

并对带有负折射率特性的二次或三次非线性介质中,在缓慢变化的包络脉冲近似下的波的参量相互作用予以考虑。在文献[27-29]中全面讨论了二次谐波和三次谐波产生。

正向和反向波的新型非线性相互作用可以在非线性反向耦合器中实现。该耦合器由两个紧密间隔的非线性/线性波导组成。这些波导之一的折射率的符号为正,而另一波导折射率的符号为负。负折射率波导中相速度和能量流的相反方向,有助于形成有效的反馈机制,从而导致光学双稳态[30]和间隙孤子形成[31-33]。之后详细讨论了非线性反向耦合器中的稳态孤波(即间隙孤子)。

金属纳米棒和开环谐振器的结合可以看作双谐振介质的模型[34]。超材料的线性电动力学则基于麦克斯韦方程和洛伦兹模型的磁共振和电共振。我们使用杜芬振荡器模型考虑了极化主阶中的非线性。从而得出麦克斯韦-杜芬-洛伦兹模型[35]。本章考虑了在双共振介质中极短的稳态脉冲传播,并提出了新型的孤子。

8.2　正向波、反向波的参量相互作用

非线性光学为人所熟知的范例便是参量过程。在参量过程的一般情况下,一个多频波转换成另一个多频波:$\omega_1 + \omega_2 + \cdots \rightarrow \omega'_1 + \omega'_2 + \cdots$。被研究最多的则是三波和四波参量相互作用。

二次谐波产生(SHG)是 $\chi^{(2)}$ 介质中三波相互作用($\omega_1 + \omega_1 = \omega_2$)的特例。三次谐波产生(THG)是在 $\chi^{(3)}$ 介质中四波相互作用($\omega_1 + \omega_1 + \omega_1 = \omega_3$)的特例。在两种情况下,$\omega_1$ 表示基波(泵浦)频率。$\omega_{2,3}$ 称为谐波频率。

8.2.1　二次谐波产生

在文献[18-22]中阐述了描述非线性超材料中的"二次谐波产生"方程的原始系统:

$$-E_{1,z} + v_1^{-1} E_{1,t} + i\left(\frac{D_1}{2}\right) E_{1,tt} = ig_1 E_2 E_1^* \exp(-i\Delta kz) \tag{8.1}$$

$$E_{2,z} + v_2^{-1} E_{2,t} + i\left(\frac{D_2}{2}\right) E_{2,tt} = ig_2 E_1^2 \exp(+i\Delta kz) \tag{8.2}$$

式中:E_1 和 E_2 为缓慢改变基波和二次谐波的电场包络;$\Delta k = 2k_1 - k_2$ 为相位失配;耦合常数 g_1 和 g_2 与二阶 $\chi^{(2)}$ 的非线性磁化率成正比;系数 D_1 和 D_2 考虑了群速度色散。描述"二次谐波产生"方程的归一化形式为

$$iq_{1,\zeta} + \left(\frac{\sigma}{2}\right) q_{1,\tau\tau} - q_2 q_1^* = 0 \tag{8.3}$$

$$iq_{2,\zeta} + i\delta q_{2,\tau} - \left(\frac{\beta}{2}\right)q_{2,\tau\tau} - \Delta q_2 + \frac{q_1^2}{2} = 0 \tag{8.4}$$

式中:q_1 和 q_2 为归一化的基波和谐波包络;δ 为归一化的群速度失配;Δ 为归一化的相位失配;σ 和 β 为群速度色散的参数。所有的函数 $q_{1,2(\zeta,\tau)}$,自变量 ζ、τ 以及其他以物理值表示的参数,参见文献[19]。

需要指出的是,与正折射率介质的情况相反,此处的参数 δ 不能为零。该参数考虑了泵浦和谐波脉冲的走离效应,这是由于相互作用波的群速度方向不同造成的。

1. 二次谐波产生的连续波限值

通过实函数(振幅和相位)表示式(8.3)和式(8.4),可以方便地开始研究"二次谐波产生"。相互作用波的实变量由以下公式定义:$q_{1,2} = e_{1,2}\exp(i\varphi_{1,2})$。对于连续波,可以将式(8.3)和式(8.4)简化为

$$\begin{cases} e_{1,\zeta} = e_1 e_2 \sin\phi \\ e_{2,\zeta} = \left(\frac{1}{2}\right)e_1^2 \sin\phi \end{cases} \tag{8.5}$$

$$\phi_{,\zeta} = \left(\frac{e_1^2}{2e_2 + 2e_2}\right)\cos\phi + \Delta \tag{8.6}$$

式中:$\phi = \varphi_2 - 2\varphi_1$。

式(8.5)和式(8.6)的系统有两个运动积分,即

$$\frac{e_1^2}{2} - e_2^2 = c_0^2 \tag{8.7}$$

$$e_1^2 e_2 \cos\phi + \Delta e_2^2 = c_1 \tag{8.8}$$

有限宽度 l 的非线性板的边界条件如下:$e_1(0) = e_{10}$,$e_2(l) = 0$。因此,常数 $c_1 = 0$,常数 $\sqrt{2c_0}$ 是 $\zeta = 1$ 时的基波幅度。在此情况下,式(8.7)和式(8.8)可得出

$$\cos\phi = -\frac{\Delta e_2}{2(e_2^2 + c_0^2)} \tag{8.9}$$

将式(8.9)代入式(8.5)的第二个等式中,可得出 e_2 的等式为

$$(e_{2,\zeta})^2 = (e_2^2 + c_0^2)^2 + \left(\frac{\Delta}{2}\right)^2 e_2^2$$

该方程的解可用椭圆函数表示,既可以是魏尔斯特拉斯 ℘ 函数,也可以是雅可比椭圆函数[27]。使用以下表达式,即

$$e_2(\zeta) = c_0(s_1 + is_2)sn[c_0(s_1 - is_2)(l - \zeta);m_0] \tag{8.10}$$

式中:$s_1 = \Delta/4c_0$;$s_2^2 = 1 - s_1^2$。雅可比椭圆函数为

$$m_0 = \frac{\Delta + i\sqrt{(4c_0)^2 - \Delta^2}}{\Delta - i\sqrt{(4c_0)^2 - \Delta^2}}$$

如果相位失配为零,则由式(8.10)得出表达式[20,21]为

$$e_2(\zeta) = \frac{\sqrt{2}\,c_0}{\cos[c_0(l-\zeta)]}$$

$\Delta \neq 0$,式(8.9)根据 e_2 值定义函数 $F(e_2) = \cos\phi$。函数 $F(e_2)$ 在 $e_* = c_0$ 处具有极值,而 $F(e_*) = -\Delta/4c_0$。由于 $|\cos\phi| \leqslant 1$,则存在不匹配的临界值 $|\Delta_{cr}| = 4c_0$,因此如果 $|\Delta| \leqslant \Delta_{cr}$,$\cos\phi$ 定义为 e_2 的任意值。如果 $|\Delta| \geqslant \Delta_{cr}$,则 e_2 的值存在禁止间隙,有

$$\begin{cases} 0 \leqslant e_2 \leqslant e_m = \dfrac{1}{4}(|\Delta| - \sqrt{\Delta^2 - \Delta_{cr}^2}) \\[3mm] e_2 \geqslant \dfrac{1}{4}(|\Delta| + \sqrt{\Delta^2 - \Delta_{cr}^2}) \end{cases} \qquad (8.11)$$

由于 $e_2(\zeta)$ 的值固定在样本($\zeta = 1$)的右侧为零,则基波到二次谐波的转换效率 $|e_2(0)/e_{10}|^2$ 受值 $|e_m/e_{10}|^2$ 的限制。在 $\Delta = \Delta_{cr}$ 时,二次谐波幅度的空间分布由式(8.10)得出,即

$$e_2(\zeta) = \left(\frac{\Delta_{cr}}{4}\right) \tanh[s_1(\zeta - l)]$$

在 $\Delta > \Delta_{cr}$ 时,式(8.10)中的参数 s_2 等于 $i[(\Delta/4c_0)^2 - 1]^{1/2}$,式(8.10)中的椭圆函数模数为

$$m_0 = \frac{\Delta - \sqrt{\Delta^2 - \Delta_{cr}^2}}{\Delta + \sqrt{\Delta^2 - \Delta_{cr}^2}} < 1$$

由式(8.10)可得出

$$e_2(\zeta) = -\frac{1}{4}(\Delta - \sqrt{\Delta^2 - \Delta_{cr}^2})\, sn\left[\frac{1}{4}(\Delta + \sqrt{\Delta^2 - \Delta_{cr}^2})(l - \zeta); m_0\right] \qquad (8.12)$$

雅可比椭圆函数以周期 $4K(m_0)$ 振荡,其中 K 是第一类完整的椭圆积分。根据式(8.12),二次谐波的归一化电场是周期函数。谐波振幅 $\Delta\zeta$ 的相邻零点之间的距离定义为

$$\Delta\zeta = \frac{8K(m_0)}{\Delta + \sqrt{\Delta^2 - \Delta_{cr}^2}}$$

在 Δ 的一些值处,间隔 $\Delta\zeta$ 的大小可以等于 l。因此,在这种情况下,2 次谐波被完全限制在非线性材料内部,而不会逸出外部。在此情况下,材料对于基

波是透明的。

描述"二次谐波产生"的解包含参数 Δ_{cr}。该参数取决于基波振幅 e_{10} 的初始值。运动的第一个积分式(8.7)表示 Δ_{cr} 的超越方程,作为 e_{10} 和 l 的隐式函数,有

$$e_{10}^2 = 2e_2^2(0) + \frac{\Delta_{cr}^2}{8}$$

式中,$e_2^2(0)$ 由 $\zeta=0$ 时的式(8.12)确定。

在图 8.1 中示出了对于不同的相位失配 Δ 值的二次谐波振幅特性。已经表明,相位失配的增加导致从一次谐波到二次谐波能量传递的减少。当 Δ 达到临界值 $\Delta=\Delta_{cr}$ 时,样本内部某个点的能量转移为零。在此情况下,转换效率急剧下降到某个值。如果 $\Delta \geq \Delta_{cr}$,则能量传递在样本内部的某些点处改变方向。在能量传递为负的区间内,能量从二次谐波"流向"基波。在此情况下,随着 ζ 的增长,两个振幅的单调衰减都切换为沿样本的周期性场振荡。

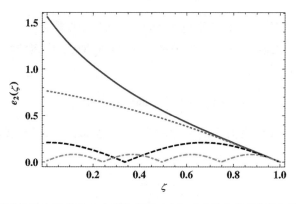

图 8.1   不同相位失配值下二次谐波振幅 $e_2(\zeta)$ 对 ζ 的依赖性(蓝色实线:$\Delta=0$,
红色虚线:$\Delta_{cr}=4$,黑色虚线:$\Delta=10$,棕色点虚线:$\Delta=25$)

需要强调的是,在常规谐波产生的情况下,失配的临界值 $\Delta_{cr}=0$。因此,谐波产生的单调机制相对于相位失配的变化是稳健的。在文献[27]中考虑了在相位失配 Δk 的情况下,损耗对负折射率材料的二次谐波产生过程的影响。结果表明,存在损耗时,$\Delta_{cr}=0$。因此,单调状态在相位失配值 $-\Delta_{cr} \leq \Delta \leq \Delta_{cr}$ 的区间内持续存在。

2. 孤立波解

在缓慢变化的包络脉冲近似下,基波和二次谐波孤波在二次非线性介质中的传播由式(8.3)和式(8.4)控制,二次非线性介质的特征是基波频率为负折

射率,二次谐波频率为正折射率。在此情况下,文献[36]考虑了在负折射率材料中传播的相互作用波包的动力学。结果表明,与较弱的基波相比,在高强度时,二次谐波脉冲会被基波脉冲捕获,并被迫向同一方向传播。这种耦合波称为同步孤立波。在文献[36]中的椭圆余弦波、明暗同步孤立波和双峰同步孤立波作为耦合稳态波的例子。

为了比较二次负折射率材料中的孤子与正折射率材料中的孤子,第二种情况的表达式适合这种情况。如果在正折射率介质的情况下将色散参数设置为 $\sigma=\beta=-1$,则明亮同步孤立波的解为

$$
\begin{cases}
e_1(\xi) = \dfrac{3\sqrt{2}\,(\Delta+\delta^2)}{2\cosh^2\left[\sqrt{\dfrac{(\Delta+\delta^2)}{2\xi}}\right]} \\[4ex]
e_2(\xi) = \dfrac{3\,(\Delta+\delta^2)}{2\cosh^2\left[\sqrt{\dfrac{(\Delta+\delta^2)}{2\xi}}\right]}
\end{cases}
$$

式中:$\xi=\tau-\zeta/v_s-\tau_0$,$v_s$ 为联立孤子群速度,τ_0 为同步孤立波振幅最大值的位置。在 $\Delta+\delta^2>0$ 的情况下存在该同步孤立波。在负折射率情况下,明亮同步孤立波为

$$
\begin{cases}
e_1(\xi) = \dfrac{\sqrt{2}\,(3\Delta-\delta^2)}{6\cosh^2\left[\dfrac{\sqrt{(3\Delta-\delta^2)}}{\dfrac{2\xi}{3}}\right]} \\[5ex]
e_2(\xi) = \dfrac{(3\Delta-\delta^2)}{6\cosh^2\left[\dfrac{\sqrt{(3\Delta-\delta^2)}}{\dfrac{2\xi}{3}}\right]}
\end{cases}
$$

该解在 $\Delta>\delta_2/3$ 的条件下成立。因此,负折射率同步孤立波和正折射率同步孤立波存在于参数平面 (δ,Δ) 的不同区域中。

在文献[37-39]对二次非线性负折射材料中的"二次谐波产生"和同步孤立波传播进行了数值模拟。结果发现,在一定条件下,基波脉冲可以捕获并拖动二次谐波脉冲。在文献[40]中考虑了基波在正折射率区域被调谐并在负折射率区域产生二次和/或三次谐波的情况,并对相位匹配条件、锁相、抑制谐波长处的吸收以及二次和三次谐波透镜进行了研究。

3. 二次谐波放大

在实际应用中广泛使用的三波相互作用的一个重要案例是参量放大。考

虑涉及基波和二次谐波相互作用的三波相互作用的特殊退化情况。描述相互作用场空间分布的方程组为

$$\begin{cases} e_{1,\zeta}=e_1e_2\sin\phi-\alpha_1e_1 \\ e_{2,\zeta}=\left(\dfrac{1}{2}\right)e_1^2\sin\phi+\alpha_2e_2 \end{cases} \tag{8.13}$$

$$\phi_{,\zeta}=\left(\frac{e_1^2}{2e_2+2e_2}\right)\cos\phi+\Delta \tag{8.14}$$

对应于二次谐波放大的边界条件为

$$\begin{cases} e_1(0)=e_{10} \\ e_2(l)=e_{2l}\exp(i\varphi_0) \end{cases} \tag{8.15}$$

式中：e_{10} 为点 $\zeta=0$ 处的入射泵浦场振幅；e_{2l} 和 φ_0 为在样本 $\zeta=l$ 的相对端发射的二次谐波场（信号）振幅和初始相位；$\alpha_{1,2}$ 为描述材料损耗的系数。

二次谐波 $e_2(0)$ 的输出振幅取决于 e_{2l} 和 φ_0 的值。放大效率的优化相当于在 e_{10} 和 e_{2l} 的固定值处最大化 $e_2(0)$ 的输出值。可以通过改变 φ_0 的值来实现这种最大化。

数值模拟的结果说明了 $I_2(0)=e_2^2(0)$ 的强度对 φ_0 的依赖性，如图 8.2 所示。在这种情况下，入射场振幅选定为 $e_{10}=1$ 和 $e_{2l}=\sqrt{0.1}$。样本的长度为 $l=1$。当输入相位 $\varphi=-\pi/2$ 时，输出场强度 $I_2(0)$ 具有最大值，对应于从基波谐波到二次谐波的能量转换效率的最大值（图 8.2）。图 8.3 示出了相应的空间强度分布 $I_1(\zeta)$ 和 $I_2(\zeta)$。两种强度均随 ζ 单调递减。输出强度 $I_2(0)$ 与 $I_2(l)$ 函数的相关性，最佳值为 $\varphi_0=-\pi/2$，如图 8.4 所示。在 $0\leqslant I_2(l)\leqslant0.2$ 的区间内，输出场强迅速增长。输出场在这个区间之外的增长几乎是线性的。损耗 $\alpha_{1,2}$ 和相位失配 Δ 的存在，改变了最佳相位 φ_0 的值以及二次谐波放大的其他特性。图 8.5 至图 8.8 显示了 $\alpha_1=0.2$、$\alpha_2=0.3$ 和 $\Delta=3$ 的数值模拟结果。应注意，如果 $\Delta=0$，则当式（8.5）、式（8.6）中的 $\phi=-\pi/2$ 时，从基波到二次谐波的能量传递最强。这个结论与图 8.3 所示的数值模拟非常吻合。对于 $\alpha_1=0.3$、$\alpha_2=0.5$ 和 $\Delta=0$，高精度计算得出 φ_0 的最佳值为 $\varphi_0=-\pi/2$。输出强度与输入相位输入值的对应关系如图 8.5 所示。图 8.6 至图 8.8 所示为参数值选定为 $\alpha_1=0.3$、$\alpha_2=0.5$ 和 $\Delta=3$ 时"二次谐波产生"的一组数值模拟。

图 8.6 显示了入射相位 φ_0 对二次谐波输出强度的影响。在这种情况下，对于能量传递，φ_0 的最佳值为 $\varphi_0/\pi\approx0.922496$。其强度分布如图 8.7 所示。在此情况下，泵浦场的强度不足以放大二次谐波场。图 8.8 展示了输出场 $I_2(0)$ 的强度如何随泵浦场强度的增加而变化。在此情况下，放大仅在区间 $0\leqslant I_2(l)\leqslant$

0.2 内发生。此区间外无放大。

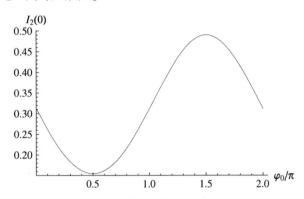

图 8.2　二次谐波场的输出强度作为入射二次谐波场 $e_2(L) = 0.5 \times$ 指数函数
$(\mathrm{i}\varphi_0)$ 相位的函数（此处 $\Delta = \alpha_1 = \alpha_2 = 0$ 且入射泵浦场为 $e_{10} = 1$）

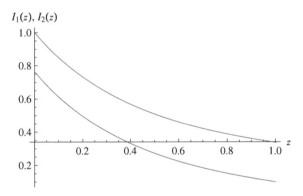

图 8.3　场强作为 ζ 的函数（$e_2(L) = 0.5 \times$ 指数函数
$(-\mathrm{i}\pi/2)$，$e_{10} = 1$，$\Delta = \alpha_1 = \alpha_2 = 0$）

与"二次谐波产生"相反，二次谐波放大的问题需要对入射泵浦和二次谐波场的相对相位进行优化。在"二次谐波产生"的情况下，入射场振幅的值为零（$e_2(l) = 0$）。为了消除式(8.6)右侧的奇异性，$\phi(l)$ 的值必须为 $\phi(l) = -\pi/2$。因此，在"二次谐波产生"的情况下，点 $\zeta = 0$ 处的相位值是自选过程的结果。在二次谐波放大的情况下，基波和二次谐波的进入相位都由外部源固定。存在损耗时，当相位失配为零，则该相对相位也等于 $-\pi/2$，并且不取决于损耗值。相位失配的存在改变了最佳相对相位的值。

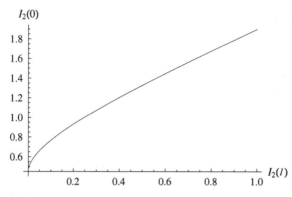

图 8.4　输出强度 $I_2(0)$ 为 $I_2(l)$ 的函数

（最佳值为 $\varphi_0 = -\pi/2$，此处 $e_2(l) = 0.5 \times$ 指数函数$(-i\pi/2)$，$e_{10} = 1$，$\Delta = \alpha_1 = \alpha_2 = 0$）

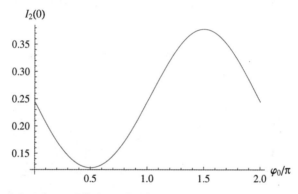

图 8.5　输出强度 $I_2(0)$ 作为 φ_0 的函数（$\alpha_1 = 0.3$，$\alpha_2 = 0.5$，此处 $e_2(l) = 0.5 \times$ 指数函数$(-i\pi/2)$，$e_{10} = 1$，$\Delta = 0$。φ_0 最佳值为 $\varphi_0 = -\pi/2$）

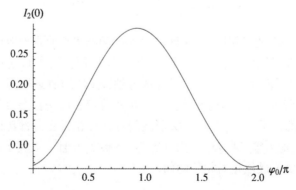

图 8.6　入射相位 φ_0 对二次谐波 $I_2(0)$ 的输出强度的影响。（$\alpha_1 = 0.3$，$\alpha_2 = 0.5$，$\Delta = 3$）

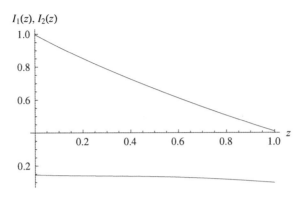

图 8.7　最佳值 $\varphi_0/\pi \approx 0.922496$ 的强度分布 $I_1(\zeta)$ 和 $I_2(\zeta)$（$\alpha_1 = 0.3, \alpha_2 = 0.5, \Delta = 3$,
$e_2(L) = 0.5 \times$ 指数函数 $(-i\pi/2), e_{10} = 1$）

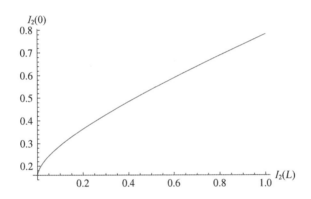

图 8.8　输出强度 $I_2(0)$ 作为输入强度 $I_2(L)$ 的函数（φ_0/π 的最佳值 ≈ 0.922496,
$\alpha_1 = 0.3, \alpha_2 = 0.5, e_{10} = 1, \Delta = 3$）

8.2.2　三次谐波产生

现在,我们将考虑三次谐波产生(THG)。三次谐波产生是由于材料的
$\chi_{(3)}$-非线性。与"二次谐波产生"相反,在这种情况下,除了将能量从一个波
传递到另一个波外,还会发生自调制和交叉调制。基本方程的归一化形
式为[19,28,29]

$$iq_{1,\xi} + \left(\frac{\sigma}{2}\right)q_{1,\tau\tau} - q_3 q_1^{*2} - a_{11}|q_1|^2 q_1 - \alpha_{13}|q_3|^2 q_1 = 0 \qquad (8.16)$$

$$iq_{3,\zeta}+i\delta q_{3,\tau}-\left(\frac{\beta}{2}\right)q_{3,\tau\tau}-\Delta q_3+q_1^3+\alpha_{31}\mid q_1\mid^2 q_3+\alpha_{33}\mid q_3\mid^2 q_3=0 \qquad (8.17)$$

式中：α_{j1}为自调制和交叉调制系数。

1. 三次谐波产生的连续波限值

如上所述，再来讨论一下连续波情况下的三次谐波产生。式(8.16)和式(8.17)可简化为

$$\begin{cases} e_{1,\zeta}=e_1^2 e_2\sin\phi \\ e_{3,\zeta}=e_1^3\sin\phi \end{cases} \qquad (8.18)$$

$$\phi_{,\zeta}=\left(\frac{e_1^3}{e_3+3e_1e_3}\right)\cos\phi+\Delta+a_0e_1^2+b_0e_3^2 \qquad (8.19)$$

式中：$\phi=\varphi_3-3\varphi_1$。参数 $a_0=\alpha_{31}+3\alpha_{11}$ 和 $b_0=\alpha_{33}+3\alpha_{31}$ 考虑了自调制和交叉调制的影响。

与"二次谐波产生"一样，可以得出两个运动积分，即

$$e_1^2-e_3^2=c_0^2 \qquad (8.20)$$

$$e_1^3 e_3\cos\phi+\frac{1}{2}(\Delta+a_0c_0^2)e_1^2+\frac{1}{4}(a_0+b_0)e_3^2=C_1 \qquad (8.21)$$

我们将讨论有限宽度 l 的非线性板。在边界条件 $e_3(l)=0$ 的情况下，可以看到常数 C_1 为零。代入 $y=e_3/c_0$ 并使用式(8.20)，即可重写式(8.21)，即

$$\cos\phi=-\frac{\kappa_1 y+\kappa_3 y^3}{(1+y^2)^{3/2}}$$

式中：$\kappa_1=(\Delta+a_0c_0^2)/2c_0^2$；$\kappa_3=(a_0+b_0)/4$。

条件 $\mid\cos\phi\mid\leqslant 1$ 是对谐波振幅允许变化的限制。但是，对此进行全面分析十分复杂。此分析是在文献[29]中通过数值计算完成的。结果表明，在参量空间(κ_1,κ_3)中，基波向三次谐波的单调变换区域类似于岛状。参量空间的主要部分对应于一个周期性的变换区域。

2. 稳态脉冲传播

在以下几个假设下，可以通过求解式(8.16)和式(8.17)来找到稳态孤立有界波：①无线性调频；②无自交互和交叉交互，即 $\alpha_{jl}=0$；③耦合波的实数包络和相位取决于 $\xi=\tau-\zeta/v_s$，其中 v_s 是同步孤立波群速度；④对于任何 $\xi,\phi=\varphi_3-3\varphi_1=0$；⑤两个频率的稳态波必须以单一频率传播。这些假设使我们可以将式(8.16)和式(8.17)简化为实数包络 e_1 的单个方程式[19]。如果将色散参数设置为 $\sigma=\beta=-1$，则明同步孤立波的值为

$$e_1(\xi) = e_3(\xi) = \frac{\sqrt{4\Delta - 3\delta^2}}{4\cosh[\sqrt{4\Delta - 3\delta^2}\,\xi]} \tag{8.22}$$

考虑到上述所有假设,在文献[28]中得出式(8.16)和式(8.17)的稳态椭圆余弦波解。

有趣的是,在式(8.17)中参数 δ 解释的离散效应很容易阻碍基波和谐波之间的耦合。在此情况下,波将根据以下方程式独立传播,即

$$\mathrm{i}q_{1,\zeta} + \left(\frac{\sigma}{2}\right)q_{1,\tau\tau} - \alpha_{11}\,|q_1|^2 q_1 = 0$$

$$\mathrm{i}q_{3,\zeta} + \mathrm{i}\delta q_{3,\tau} - \left(\frac{\beta}{2}\right)q_{3,\tau\tau} - \Delta q_3 + \alpha_{33}\,|q_3|^2 q_3 = 0$$

这两个方程式中的任何一个都是非线性薛定谔方程式。因此,可以将基波脉冲和/或三次谐波脉冲转换成单个孤子(或多个),并以其自带的速度传播。在文献[28]中三次谐波产生的数值模拟中观察到了这一点。

8.3　反向非线性耦合器

在集成光学中广泛使用的定向耦合器由两个波导组成,这两个波导的间距非常小,小到一个波导的辐射可以泄漏到另一个波导中。在此情况下,能量流的方向保持不变。但是,如果一个波导由正折射率材料制成,而另一个由负折射率材料制成,则相速度的方向必须相同,而坡印廷矢量的方向相反。所以,这种耦合器可以称为反向耦合器。接下来讨论非线性反向耦合器。

8.3.1　非线性波导阵列

假设标记为 $J = 2n(J = 2n+1)$ 的波导由正折射率(负折射率)介质中产生。描述电磁波在这种结构中传播的方程组在文献[19]中已有描述。缓慢变化的复杂包络遵循以下方程式,即

$$\mathrm{i}(E_{2n,z} + v_{g2n}^{-1}E_{2n,t}) + K_{12}(E_{2n+1} + E_{2n-1})\,\mathrm{e}^{\mathrm{i}\Delta\beta z} + \mathcal{R}_{2n}\,|E_{2n}|^2 E_{2n} = 0 \tag{8.23}$$

$$\mathrm{i}(-E_{2n+1,z} + v_{g2n+1}^{-1}E_{2n+1,t}) + K_{21}(E_{2n} + E_{2n+2})\,\mathrm{e}^{-\mathrm{i}\Delta\beta z} + \mathcal{R}_{2n+1}\,|E_{2n+1}|^2 E_{2n+1} = 0 \tag{8.24}$$

式中:K_{12} 和 K_{21} 为耦合常数;E_J 为第 J 个波导中电场的缓慢变化包络。波导的线性特性由介电常数 $\varepsilon_J(\omega_0)$ 和磁导率 $\mu_J(\omega_0)$ 定义。假设这些值是真实的,对应于无损材料。第 J 个波导的非线性特性由参数确定,即

$$\mathcal{R}_J = \frac{2\pi\omega_0^2\mu(\omega_0)\chi_{\mathrm{eff}}^{(J)}}{c^2\beta^{(J)}}$$

式中:$\beta^{(J)}$为传播常数;$\chi_{\text{eff}}^{(J)}$为第 J 个波导的有效非线性磁化率。

引入包络的归一化变量,即

$$\begin{cases} q_{2n} = \sqrt{K_{21}}\,A_0 E_{2n}\,\mathrm{e}^{-\mathrm{i}\Delta\beta z/2} \\ q_{2n+1} = \sqrt{K_{12}}\,A_0 E_{2n+1}\,\mathrm{e}^{+\mathrm{i}\Delta\beta z/2} \end{cases}$$

以及

$$\zeta = \frac{z}{L_c}, \quad \tau = t_0^{-1}\left(\frac{t-z}{V_0}\right), \quad L_c = (K_{12}K_{21})^{-1/2}$$

$$t_0 = \frac{v_{g2}+v_{g1}}{2v_{g1}v_{g2}}L_c, \quad V_0 = \frac{v_{g2}-v_{g1}}{2v_{g2}v_{g1}}$$

此处假设波群速度不取决于正折射率和反折射率波导的数量,即 $v_{g2n} = v_{g1}$,$v_{g2n}+1 = v_{g2}$。式(8.23)和式(8.24)的形式为

$$\mathrm{i}\left(\frac{\partial q_{2n}}{\partial \zeta} + \frac{\partial q_{2n}}{\partial \tau}\right) - \delta q_{2n} + (q_{2n+1}+q_{2n-1}) + r_1 \,|q_{2n}|^2 q_{2n} = 0 \tag{8.25}$$

$$\mathrm{i}\left(\frac{\partial q_{2n+1}}{\partial \zeta} - \frac{\partial q_{2n+1}}{\partial \tau}\right) + \delta q_{2n+1} - (q_{2n}+q_{2n+2}) - r_2 \,|q_{2n+1}|^2 q_{2n+1} = 0 \tag{8.26}$$

其中,$\delta = \Delta\beta Lc/\,2$ 是相位失配。非线性参数由以下表达式定义,即

$$\begin{cases} r_1 = \dfrac{2\pi\omega_0^2\mu(\omega_0)A_0^2\chi_{\text{eff}}^{(1)}}{c^2\beta^{(1)}K_{21}\sqrt{K_{21}K_{12}}} \\[3mm] r_2 = \dfrac{2\pi\omega_0^2\mu(\omega_0)A_0^2\chi_{\text{eff}}^{(2)}}{c^2\beta^{(2)}K_{12}\sqrt{K_{21}K_{12}}} \end{cases}$$

如果引入"块"变量 $q_{2n} = A_j$,$q_{2n+1} = B_j$,则式(8-25)和式(8-26)变为

$$\mathrm{i}\left(\frac{\partial}{\partial \zeta} + \frac{\partial}{\partial \tau}\right)A_j - \delta A_j + (B_j+B_{j-1}) + r_1 \,|A_j|^2 A_j = 0 \tag{8.27}$$

$$\mathrm{i}\left(\frac{\partial}{\partial \zeta} - \frac{\partial}{\partial \tau}\right)B_j + \delta B_j - (A_j+A_{j+1}) - r_2 \,|B_j|^2 B_j = 0 \tag{8.28}$$

反向波导阵列中的线性波遵循这些方程,其中 $r_1 = r_2 = 0$,即

$$\mathrm{i}\left(\frac{\partial}{\partial \zeta} + \frac{\partial}{\partial \tau}\right)A_j - \delta A_j + (B_j+B_{j-1}) = 0 \tag{8.29}$$

$$\mathrm{i}\left(\frac{\partial}{\partial \zeta} - \frac{\partial}{\partial \tau}\right)B_j + \delta B_j - (A_j+A_{j+1}) = 0 \tag{8.30}$$

为了找到此波导阵列允许波的频谱,可以用以下拟设将 $A_j = a_j\exp(-\mathrm{i}\omega\tau + \mathrm{i}\kappa\zeta + \mathrm{i}\kappa_\perp j)$、$B_j = b_j\exp(-\mathrm{i}\omega\tau + \mathrm{i}\kappa\zeta + \mathrm{i}\kappa_\perp j)$ 代入式(8.29)和式(8.30)中。只有当相应的行列式等于零时,所得的线性代数方程组才有非零解。导致色散关

系为

$$\left[\omega(\kappa,\kappa_\perp)-\delta\right]^2 = \kappa^2 + 4\cos^2\left(\frac{\kappa_\perp}{2}\right) = 0 \tag{8.31}$$

因此,线性波的频谱具有间隙 $\Delta\omega(\kappa_\perp) = 2|\cos(\kappa_\perp/2)|$。间隙的最大值对应于 $\kappa_\perp = 2\pi s$,其中 s 为整数。那就是横波的布拉格共振条件。反向非线性波导阵列中会出现孤立波状的团块。

8.3.2　双隧道耦合波导

反向非线性耦合器对应于仅由两个耦合波导组成的布置。通用模型式(8.25)和式(8.26)的这种特殊情况已在文献[30-33,42,46]中进行了研究。电磁孤立波在耦合波导中的演化由方程描述为

$$i\left(\frac{\partial}{\partial\zeta}+\frac{\partial}{\partial\tau}\right)q_1 - \delta q_1 + q_2 + r_1|q_1|^2 q_1 = 0 \tag{8.32}$$

$$i\left(\frac{\partial}{\partial\zeta}-\frac{\partial}{\partial\tau}\right)q_2 + \delta q_2 - q_1 - r_2|q_1|^2 q_1 = 0 \tag{8.33}$$

在线性状态下,$r_1 = r_2 = 0$,可以从下式得出式(8.32)和式(8.33)的解,即

$$q_{1,2}(\zeta,\tau) = (2\pi)^{-2} \int_{-\infty}^{+\infty} \tilde{q}_{1,2}(\kappa,v)\,\mathrm{e}^{-iv\tau+i\kappa\zeta}\,\mathrm{d}\kappa\,\mathrm{d}v$$

该解的存在条件导致了色散关系 $v(\kappa) = \delta\pm\sqrt{1+\kappa^2}$。因此,线性波的频谱具有间隙 $\Delta v_g = 2$。该间隙是分布式反射镜的特征[43]。因此,在线性波限中,反向耦合器充当了反射镜。此处考虑的在均匀结构中形成间隙是反向耦合器的独特特性之一,因将负折射率材料引入非线性耦合器而引起。

如果根据公式 $q_{1,2} = a_{1,2}\exp(i\varphi_{1,2})$ 引入了实际振幅和相位,则式(8.32)和式(8.33)可以简化为以下实方程组,即

$$\begin{cases} \left(\dfrac{\partial}{\partial\zeta}+\dfrac{\partial}{\partial\tau}\right)a_1 = a_2\sin\phi \\ \left(\dfrac{\partial}{\partial\zeta}-\dfrac{\partial}{\partial\tau}\right)a_2 = a_1\sin\phi \end{cases} \tag{8.34}$$

$$\left(\frac{\partial}{\partial\zeta}+\frac{\partial}{\partial\tau}\right)\varphi_1 = -\delta+\frac{a_2}{a_1}\cos\phi+r_1 a_1^2 \tag{8.35}$$

$$\left(\frac{\partial}{\partial\zeta}-\frac{\partial}{\partial\tau}\right)\varphi_2 = \delta-\frac{a_1}{a_2}\cos\phi-r_2 a_2^2 \tag{8.36}$$

其中,$\phi = \varphi_1 - \varphi_2$。根据守恒定律,有

$$\frac{\partial}{\partial \tau}(a_1^2 + a_2^2) + \frac{\partial}{\partial \zeta}(a_1^2 - a_2^2) = 0 \qquad (8.37)$$

如果将第一项视为总能量密度,那么第二项就是总通量密度的发散。在孤立波的情况下,电磁场在无穷远处消失,式(8.37)引起的改进门雷-罗威关系式为

$$\frac{\partial}{\partial \zeta} \int_{-\infty}^{+\infty}(a_1^2 - a_2^2)\mathrm{d}\tau = 0$$

为了考虑反向耦合器中的孤立稳态波,假设这些方程的解仅取决于单个变量 $\eta = (\zeta + \beta\tau)(1-\beta^2)^{-1/2}$,其中 β 是参数, $|\beta| < 1$。这样就可以定义新的变量 $u_1 = \sqrt{1+\beta}\,a_1$ 、 $u_2 = \sqrt{1-\beta}\,a_2$。方程式(8.34)采用以下形式,即

$$\begin{cases} u_{1,\eta} = u_2\sin\phi \\ u_{2,\eta} = u_1\sin\phi \end{cases} \qquad (8.38)$$

从式(8.38)可以看出第一个运动积分 $u_1^2 - u_2^2 = C_1$。式(8.35)和式(8.36)简化为

$$\begin{cases} \varphi_{1,\eta} = -\delta + \dfrac{u_2}{u_1}\cos\phi + \vartheta_1 u_1^2 \\[2mm] \varphi_{2,\eta} = \delta - \dfrac{u_1}{u_2}\cos\phi - \vartheta_2 u_2^2 \end{cases}$$

其中

$$\begin{cases} \vartheta_1 = \dfrac{r_1}{(1+\beta)}\sqrt{\dfrac{1-\beta}{1+\beta}} \\[3mm] \vartheta_2 = \dfrac{r_2}{(1-\beta)}\sqrt{\dfrac{1+\beta}{1-\beta}} \end{cases}$$

从而得出 ϕ 的等式为

$$\phi,\eta = -2\delta + \left(\frac{u_1}{u_2} + \frac{u_2}{u_1}\right)\cos\phi + \vartheta_1 u_1^2 + \vartheta_2 u_2^2 \qquad (8.39)$$

继而得出第二个运动积分为

$$u_1 u_2\cos\phi + \frac{\vartheta_1 u_1^4 + \vartheta_2 u_2^4}{4} - \frac{\delta}{2}(u_1^2 + u_2^2) = C_2 \qquad (8.40)$$

式中: C_1 和 C_2 的值由 $\eta \to \pm\infty$ 的边界条件确定。在这里,设定一个孤立波,其振幅在无穷远处消失。这导致 $C_1 = C_2 = 0$,因此得出 $u_1 = \varepsilon u_2$, $\varepsilon = \pm 1$。在文献[31, 32]中找到了考虑边界条件的式(8.38)和式(8.39)的解。

如果满足同步条件,$\delta = 0$,则实数包络 $a_{1,2}(\eta)$ 和相位 $\phi_{1,2}(\eta)$ 分别为

$$a_1^2(\eta) = \frac{4}{|\vartheta|(1+\beta)\cosh 2(\eta - \eta_c)} \tag{8.41}$$

$$a_2^2(\eta) = \frac{4}{|\vartheta|(1-\beta)\cosh 2(\eta - \eta_c)} \tag{8.42}$$

$$\phi_1(\eta) = \frac{3\vartheta_1 - \vartheta_2}{|\vartheta_1 + \vartheta_2|}\arctan\ e^{2(\eta - \eta_c)} \tag{8.43}$$

$$\phi_2(\eta) = \frac{\vartheta_1 - 3\vartheta_2}{|\vartheta_1 + \vartheta_2|}\arctan\ e^{2(\eta - \eta_c)} - \frac{\pi}{2} \tag{8.44}$$

式中:$\vartheta = \vartheta_1 + \vartheta_2$;$\eta_c$ 为新的积分常数(间隙孤子最大值的位置)。这些解对应于在反向耦合器的两个波导中的孤立稳态波传播。

一般情况下,存在相位失配,即 $\delta = 0$。实数包络 $a_{1,2}(\eta)$ 和相位 $\phi_{1,2}(\eta)$ 的表达式太过复杂。例如,有

$$(1+\beta)a_1^2(\eta) = (1-\beta)a_2^2(\eta) = \frac{4\Delta^2/|\theta|}{\cosh[2\Delta(\eta - \eta_c)] - \mathrm{sgn}(\theta)\delta(1-\beta^2)^{-1/2}}$$

式中:$\Delta^2 = 1 - \delta^2/(1-\beta^2)$。由于 $\Delta^2 > 0$,很明显,相速度失配受到值 $\delta_\pm = \pm(1-\beta^2)^{1/2}$ 的限制;否则孤波无法出现。

8.3.3　反向耦合器中间隙孤子的非线性现象的选择相互作用

我们认为式(8.32)和式(8.33)不属于完全可积分方程组。因此,这些方程的解并不代表真正的孤子。然而,通过与非线性周期结构中的间隙孤子进行类比,将它们命名为间隙孤子[44,45]。为了研究间隙孤子式(8.41)~式(8.44)之间的相互作用,在文献[32]中进行了数值模拟。由于孤子速度受参数 β 控制,因此对于不同的 β,其脉冲速度不同。结果就是,较快的脉冲与较慢的脉冲碰撞。如图 8.9 所示,间隙孤子在碰撞后释放出一定量的辐射,并且由于它们的相互作用,也产生了微弱的辐射波。碰撞后的间隙孤子的速度和振幅与碰撞前的相应值略有不同。因此,发生了非弹性相互作用。

为了证明间隙孤子的鲁棒性,具有相同的速度绝对值 $\beta = 0.7$ 和 $\beta = -0.7$ 的两个间隙孤子进行了碰撞。

如图 8.10 所示,孤波在此情况下传播,当碰撞后,一个高能隙的孤子 ($\beta = 0.7$) 保持不变,而低能隙的孤子($\beta = -0.7$)则降低了一些辐射,这导致了其轨迹的变化。因此,具有不同速度的两个稳态脉冲的碰撞显示了强间隙孤子的显著鲁棒性。碰撞后出现的小振幅辐射证明小振幅间隙孤子最终将消失。

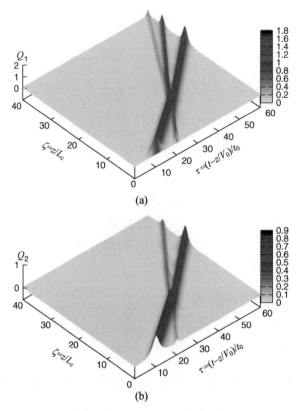

(a)

(b)

图 8.9 $\beta = -0.5$ 和 $\beta = -0.9$ 的两个孤立波之间的交叉碰撞
(a) 正折射率波导中的孤立波;(b) 负折射率波导中的孤立波。

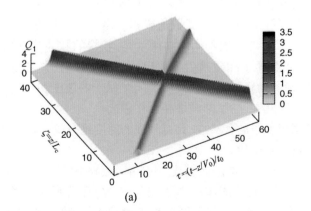

(a)

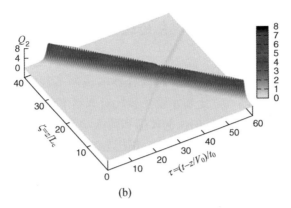

(b)

图 8.10 $\beta=0.7$ 和 $\beta=-0.7$ 的两个孤立波之间的碰撞

（a）用于正折射率波导中的孤立波；（b）用于负折射率波导中的孤立波。

8.3.4 耗散对间隙孤子形成阈值的影响

就目前的制造技术现状，实际负折射率材料中的损耗相当大。在文献[32,33]中研究了负折射率波导中的线性损耗对孤立波的影响。数值模拟表明，即使很小的损耗也会对孤立波的传播特性产生很大影响。通过一定距离，间隙孤子变换成线性波包。该波在波导中停止并改变其传播方向，即反向耦合器现在充当分布式反射镜。

在文献[33]中讨论了扩展非对称（即仅普通波导具有非线性光学特性，$r_2 = 0$，$r_1 = r$）反向耦合器的间隙孤子形成。已经表明，引入其中一个波导的小振幅电磁脉冲从另一个波导以相反的方向发射。耦合器充当了反射镜。如果输入脉冲的振幅超过某个阈值，则形成在两个波导中传播的一对耦合脉冲。因此，反向耦合器中间隙孤子的形成具有阈值特性。最初的高斯包络脉冲 $a(\zeta=0,\tau)$ $= a_0$ 指数函数 $-\tau^2$ 形成孤子的数值模拟，可以估算振幅阈值 a_{th} 与非线性参数的相关性，r：$a_{\text{th}} = 2.1 r^{-1/2}$。

在对称（两个波导具有相同的非线性光学特性，$r_1 = r_2 = r$）反向耦合器的情况下，振幅阈值有一个解析近似公式[41]，即

$$a_{\text{th}}^2 r = 4\sqrt{\left(\frac{\pi}{2}\right)^2 - 1} \approx 4.85$$

应当指出的是，即使耦合器的非线性特性不同，该表达式仍可为[33]数值结果提供良好的估计依据。

8.3.5 反向耦合器中非线性现象的选择相互作用

1. 调制不稳定性

在文献[46]中研究了非线性反向耦合器的调制不稳定性(MI)。结果表明,正向与反向传播波功率之比和非线性参数对调制不稳定性影响很大。在正常色散状态下,存在该正向/反向比的阈值和输入功率阈值。在反常色散区,当负折射率波导由自散焦非线性材料制成,正折射率波导由自聚焦非线性材料制成时,调制不稳定性仅出现在输入功率的有限值上。已经发现,增加输入功率可以抑制调制不稳定性,这与常规耦合器中的调制不稳定性完全不同。对于常规设备,输入功率的增加通常会促进调制不稳定性的发生。

2. 空间离散孤子

在文献[47]中讨论了具有正负折射率的交替波导阵列中离散孤子的存在情况和性质。式(8.27)和式(8.28)修改后的式子描述了阵列(A_j, B_j)中的静态(连续波)场分布,即

$$iA_{j,\zeta} + \delta A_j + (B_j + B_{j-1}) + r_1 \ |A_j|^2 A_j = 0 \tag{8.45}$$

$$iB_{j,\zeta} - \delta B_j - (A_j + A_{j+1}) - r_2 \ |B_j|^2 B_j - i\gamma B_j = 0 \tag{8.46}$$

式中:γ 为吸收指数。在 $\gamma = 0$ 的情况下,线性波的频谱具有间隙。

假设离散孤子的形式为 $A_j(\zeta) = a_j$指数函数$i\kappa\zeta$ 和 $B_j(\zeta) = b_j$指数函数$i\kappa\zeta$,其中 a_j 和 b_j 是实数,并且在 $|j| \to \infty$ 时消失。此外,孤子沿波导传播而无变形。线性连续波的频谱来自式(8.31),有

$$\kappa^2 = \delta^2 - 4 \cos^2 \left(\frac{\kappa_\perp}{2} \right)$$

如果 $|\delta| > 2$,则存在间隙 $\Delta\kappa = 2\sqrt{\delta^2 - 4}$。如文献[47]所示,间隙孤子存在于具有不同类型非线性的波导中。当所有波导的非线性聚焦时,如果传播常数 κ 位于间隙之外,则存在孤子。

数值模拟[47]表明,存在从线性光谱的间隙边缘分叉的孤子族。反向非线性波导阵列中的场分布,揭示了正折射率波导中能量增长对吸收折射率的非指数衰减和非单调依赖性。

3. 双稳态

光学系统的双稳态性是由透射(或折射)系数对输入波功率的多值依赖性引起的。在连续波辐射的情况下,得出有限宽度的非线性反向耦合器的透射系数和反射系数[30]。证明了透射(和反射)系数是输入功率的多值函数。这导致透射系数和反射系数的磁滞行为。

非线性反向耦合器的传输特性与分布反馈结构非常相似,但有一个重要的基本区别,即耦合器中的双稳态由源自线性波谱中禁带的有效反馈机制来促进。

在文献[48,49]中,讨论了反向耦合器的非线性传输特性。将一个波导指定为正折射率材料,将另一个波导指定为负折射率材料。只有一个波导被认定为具有非线性特性。已考虑相位失配的影响,并讨论了非线性和失配对该耦合器多稳态性能的影响。

8.4　极短的稳态脉冲

通常,共振介质中的电磁脉冲传播被认为近似于缓慢变化的包络。但是,当缓慢变化包络近似无效时,在极短脉冲的极限内会发生许多非线性光学现象。例如,极短电磁脉冲的频谱可以覆盖共振材料的正折射率和负折射率特征的频率范围。在此情况下,电磁脉冲的不同频率分量可以位于不同的频谱区域中。

8.4.1　模型公式

在文献[35]中,已使用麦克斯韦-杜芬-洛伦兹模型来解释同时发生的磁共振和电共振,磁化率为线性,而电极化率为非线性。为简单起见,设定电场为 $\boldsymbol{E}=(E(z,t),0,0)$ 和磁场为 $\boldsymbol{B}=(0,B(z,t),0)$ 时沿 z 轴传播的横向平面电磁波。麦克斯韦方程采用以下标量形式,即

$$\begin{cases} E_{,z}+c^{-1}H_{,t}+4\pi c^{-1}M_{,t}=0 \\ H_{,z}+c^{-1}E_{,t}+4\pi c^{-1}P_{,t}=0 \end{cases} \tag{8.47}$$

其中,电极化率 $\boldsymbol{P}$ 和磁化强度 $\boldsymbol{M}$ 遵循下列等式,即

$$P_{,tt}+\omega_{\mathrm{D}}^2 P+\kappa P^3-\omega_{\mathrm{p}}^2 E=0 \tag{8.48}$$

$$M_{,tt}+\omega_{\mathrm{T}}^2 M+\beta H_{tt}=0 \tag{8.49}$$

式中:κ 为非谐常数;ω_{D} 和 ω_{T} 为共振频率,是所考虑模型的固有频率;常数 β 是磁化强度的特征[34]。

式(8.47)、式(8.48)和式(8.49)可以用归一化形式表示,即

$$\begin{cases} e_{,\tau}+h_{,\eta}+m_{,\tau}=0, \\ h_{,\tau}+e_{,\eta}+q_{,\tau}=0 \end{cases} \tag{8.50}$$

$$\begin{cases} q_{,\tau\tau}+\omega_1^2 q+\gamma q^3-e=0, \\ m_{,\tau\tau}+\omega_2^2 m+\beta h_{,\tau\tau}=0 \end{cases} \tag{8.51}$$

式中:$e=E/P_0$ 和 $h=H/P_0$ 为归一化场;$q=P/P_0$ 和 $m=M/P_0$ 为归一化极化和磁化

强度($P_0 = \omega_p / \sqrt{\kappa}$ 是最大可实现的介质极化);$\tau = t/\tau_0$($\tau_0 = 1/\omega_p$ 是特征时间);$\eta = z/z_0$($z_0 = c_{r0}$ 是特征距离)。模型的参数是 $\gamma = \kappa/(\mid \kappa \mid \omega_p^2)$,$\omega_1 = \omega_D/\omega_p$ 及 $\omega_2 = \omega_T/\omega_p$,那么疑问便随之产生:式(8.50)和式(8.51)是否具有孤立波解。

8.4.2 极短的孤立波

如果假设电场和磁场以及极化和磁化强度都是变量 $\xi = \tau - \eta/V$ 的函数,则式(8.50)和式(8.51)成为常微分方程组。在零条件下对所有场、在 $\xi \to \pm \infty$ 处的极化和磁化强度进行积分,产生以下 h 和 e 的表达式,即

$$\begin{cases} h = a_1 m + a_2 q \\ e = a_2 m + a_1 q \end{cases}$$

其中

$$\begin{cases} a_1 = V^2 (1 - V^2)^{-1} \\ a_2 = V (1 - V^2)^{-1} \end{cases}$$

这些公式可得出以下 2 阶方程组,对于 q 和 m,有

$$\begin{cases} q_{,\xi\xi} + (\omega_1^2 - a_1) q - a_2 m + \gamma q^3 = 0 \\ \beta a_2 q_{,\xi\xi} + (1 + \beta a_1) m_{,\xi\xi} + \omega_2^2 m = 0 \end{cases}$$

上面这个方程组是研究原始方程孤立波解定性性质的基础,详情见文献[35]。

尚未得出方程式(8.50)和式(8.51)的解析解。然而,孤立波演化的数值模拟证明了稳态孤立波的存在[35]。仅在一定速度条件下存在稳态孤立波。

不同类型的孤立波解,通过被称为驼峰的电磁场尖峰的数量来进行分类。图 8.11 至图 8.13 显示了多峰脉冲的例子。

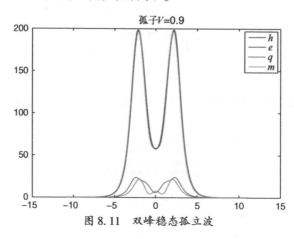

图 8.11 双峰稳态孤立波

可以通过研究偏微分方程组(8.50)和式(8.51)关于任意稳态孤波解的线性化,并分析相应的线性演化算子,来解决稳定性问题。分析表明,该算子在 L2 是斜埃尔米特算子,具有适当的范数。因此,演化算子的光谱是纯虚数的,行波解是中性及线性稳定的[51]。

8.4.3　稳态孤立波的相互作用

本节讨论了由任意初始边界条件形成的稳态孤立波、小扰动下行波的稳定性以及波碰撞引起的强扰动下的稳定性。

数值模拟表明,单峰脉冲和多峰脉冲(峰数最多为 8 个)都是稳定的。此外,稳态孤立波的碰撞不会扰动初始波。图 8.12 和图 8.13 所示为两个稳态孤立波碰撞的示例。

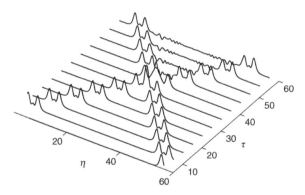

图 8.12　双峰稳态孤立波的碰撞

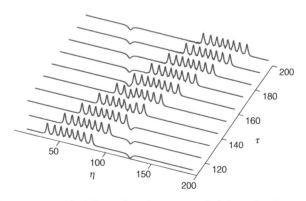

图 8.13　孤立波碰撞(一个八峰孤子和一个负极性的倒相孤子)

结果表明,可以把所描述的稳态孤立波作为一种新型的准孤子。这些多峰脉冲之间的碰撞不是弹性的,但是多峰脉冲是鲁棒的。

8.5 结论

当波穿过或位于负折射率材料和常规电介质之间的界面附近时,负折射率材料的不寻常性质展现得最为明显。当相同介质的折射率在一个光谱区域中为正,而在另一个光谱区域中为负时,也可以预期发生新的波传播现象。我们称之为正负折射率材料。作为正负折射率材料中非线性现象的重要示例,讨论了电磁波的参量相互作用、在非线性反向耦合器中传播的孤波以及在均匀双共振介质中极短电磁脉冲的传播。

对二次和三次谐波产生的研究表明,失配 Δ_{cr} 存在一些临界值。如果 $\Delta \leq \Delta_{cr}$,则基波将单调地转换至谐波。如果 $\Delta = \Delta_{cr}$,则转换效率急剧下降至某个值。如果 $\Delta > \Delta_{cr}$,则相互作用波的振幅周期性地变化。在常规谐波产生的情况下,失配的临界值为零。

二次谐波放大的效率取决于入射基波和二次谐波场的相位差。如果基本场的相位 $\arg E_1(0) = 0$ 且 $\Delta = 0$,则当 $\arg E_2(L) = -\pi/2$ 时,会产生最佳转换,这与"二次谐波产生"的情况一致。损耗情况下也是如此。当 $\Delta = 0$ 时,最佳角度不同于 $-\pi/2$。在此情况下,最佳角度的值随 Δ 改变。

在线性状态下,反向耦合器充当镜子。进入一个波导的辐射通过另一个波导在同一端离开装置,但方向相反。然而,如果输入脉冲功率超过一定阈值,就会出现稳态孤立波。

在麦克斯韦-杜芬-洛伦兹模型全框架内对均质双共振介质中超短电磁脉冲的研究,揭示了新型的非线性波。它是具有单峰或多峰结构的行波解的单参数族,并且该解通过传播速度进行参数化。由此发现波相对于微扰是稳定的。数值模拟表明,这些多峰脉冲几乎以近于弹性的方式碰撞。

参 考 文 献

1. D. R. Smith,W. J. Padilla,D. C. Vier,S. C. Nemat-Nasser,S. Schultz,Composite medium with simultane-ously negative permeability and permittivity,Physical Review Letters **84**,4184-4187（2000）

2. J. B. Pendry, Negative refraction makes a perfect lens, Physical Review Letters **85**, 3966-3969（2000）

3. R. A. Shelby, D. R. Smith, S. Schultz, Experimental verification of a negative index of refraction, Science **292**, 77-79（2001）

4. M. A. Bodea, G. Sbarcea, G. V. Naik, A. Boltasseva, T. A. Klar, J. D. Pedarnig, Negative permittivity of ZnO thin films prepared from aluminium and gallium doped ceramics via pulsed-laser deposition, Applied Physics A, DOI: 10. 1007/s00339-012-7198-6

5. G. V. Naik, J. Liu, A. V. Kildishev, V. M. Shalaev, A. Boltasseva, Al: ZnO, Demonstration of Al: ZnO as a plasmonic component of near-infrared metamaterials, Proceedings of the National Academy of Sciences of the United States of America **109**, 8834-8838（2012）

6. G. V. Naik, J. L. Schroeder, X. Ni, A. V. Kildishev, T. D. Sands, A. Boltasseva, Titanium nitride as a plasmonic material for visible and near-infrared wavelengths, Optical Materials Express **2**, 478-489（2012）

7. Chen K. -P. , Drachev V. P. , Liu Z. , Kildishev A. V. , Shalaev V. M. , Improving Au nanoantenna resonance by annealing, *Plasmonics and Metamaterials Topical Meeting 2008*, Rochester NY, USA, 20-23 October 2008

8. W. Chen, K. -P. Chen, M. D. Thoreson, A. V. Kildishev, V. M. Shalaev, Toward ultra-thin, ultrasmooth and low-loss silver films through wetting and annealing, Applied Physics Letters **97**, 211107（2010）

9. S. Xiao, Vl. P. Drachev, Al. V. Kildishev, Xingjie Ni, U. K. Chettiar, H. -K. Yuan, Vl. M. Shalaev, Loss-free and active optical negative-index metamaterials, Nature **466** 735-738（2010）

10. J. B. Pendry, Negative refraction, Contemperary Physics **45**, 191-202（2004）

11. S. A. Ramakrishna, Reports on Progress in Physics **68**, 449-521（2005）

12. V. Veselago, L. Braginsky, V. Shklover, Ch. Hafner, Negative refractive index materials, Journal of Computational and Theoretical Nanoscience **3**, 189-218（2006）

13. S. G. Rautian, Reflection and refraction at the boundary of a medium with negative group velocity, Physics-Uspekhi **51**, 981-988（2008）

14. G. V. Eleftheriades, K. G. Balmain（eds. ）, *Negative-Refraction Metamaterials: Fundamental Principles and Applications*（Wiley, New York, 2005）

15. A. K. Sarychev、V. M. Shalaev, *Electrodynamics of Metamaterials*（World Scientific, Singapore, 2007）

16. W. Cai, V. Shalaev, *Optical Metamaterials: Fundamentals and Applications*（Springer, Hei-delberg, 2009）

17. M. A. Noginov, V. A. Podolskiy（eds）, *Tutorials in Metamaterials*（Taylor and Francis Group, LLC/CRC Press, Boca Raton, 2012）

18. V. M. Agranovich, Y. R. Shen, R. H. Baughman, A. A. Zakhidov, Linear and nonlinear wave propagation in negative refraction metamaterials, Physical Review B **69**, 165112（2004）

19. A. I. Maimistov, I. R. Gabitov, Nonlinear optical effects in artificial materials, The European Physical Journal Special Topics **147**, 265-286（2007）

20. I. V. Shadrivov, A. A. Zharov, YuS Kivshar, Second-harmonic generation in nonlinear lefthanded metamaterials, Journal of the Optical Society of America B **23**, 529-534（2006）

21. A. K. Popov, V. M. Shalaev, Negative-index metamaterials: second-harmonic generation, Manley-Row relations and parametric amplification, Applied Physics B **84**, 131-137（2006）

22. A. K. Popov, V. V. Slabko, V. M. Shalaev, Second harmonic generation in left-handed metamaterials, Laser Physics Letters **3**, 293-297（2006）

23. M. W. Klein, Ch. Enkrich, M. Wegener, S. Linden, Second-Harmonic Generation from Magnetic Metamate-

rials, Science **313**, 502−504 (2006)

24. W. Klein, M. Wegener, N. Feth, S. Linden, Experiments on second− and third−harmonic generation from magnetic metamaterials, Optics Express **15**, 5238−5247 (2007)

25. N. Feth, S. Linden, M. Klein, M. Decker, F. Niesler, Y. Zeng, W. Hoyer, J. Liu, S. Koch, J. Moloney, M. Wegener, Second−harmonic generation from complementary split−ring resonators, Optics Letters **33**, 1975 −1977 (2008)

26. F. B. P. Niesler, N. Feth, S. Linden, J. Niegemann, J. Gieseler, K. Busch, M. Wegener, Secondharmonic generation from split−ring resonators on a GaAs substrate, Optics Letters **34**, 1997−1999 (2009)

27. Kudyshev Zh. , Gabitov I. , Maimistov A. , The effect of phase mismatch on second harmonic generation in negative index materials, arXiv: 1102. 0538v1 [physics. optics]

28. S. O. Elyutin, A. I. Maimistov, I. R. Gabitov, On the third harmonic generation in a medium with negative pump wave refraction, Journal of Experimental and Theoretical Physics **111**, 157−169 (2010)

29. E. I. Ostroukhova, A. I. Maimistov, Third harmonic generation in the field of a backward pump wave, Optics and Spectroscopy **112**, 255−263 (2012)

30. N. M. Litchinitser, I. R. Gabitov, A. I. Maimistov, Optical bistability in a nonlinear optical coupler with a negative index channel, Physical Review Letters **99**, 113902 (2007)

31. A. I. Maimistov, I. R. Gabitov, N. M. Litchinitser, Solitary waves in a nonlinear oppositely directed coupler, Optics and Spectroscopy **104**, 253−257 (2008)

32. E. V. Kazantseva, A. I. Maimistov, S. S. Ozhenko, Solitary electromagnetic wave propagation in the asymmetric oppositely directed coupler, Physical Review A **80**, 43833 (2009)

33. M. S. Ryzhov, A. I. Maimistov, Gap soliton formation in a nonlinear antidirectional coupler, Quantum Electronics **42**, 1034−1038 (2012)

34. R. W. Ziolkowski, E. Hayman, Wave propagation in media having negative permittivity and permeability, Physical Review E **64**, 056625 (2001)

35. Frenkel Y. , Gabitov I. , Maimistov A. , Roytburd V. , Propagation of extremely short electromagnetic pulses in a doubly−resonant medium, arXiv: 0812. 4794 [nlin. PS]

36. A. I. Maimistov, I. R. Gabitov, E. V. Kazantseva, Quadratic Solitons in Media with Negative Refractive Index, Optics and Spectroscopy **102**, 90−97 (2007)

37. M. Scalora, G. D' Aguanno, M. Bloemer, M. Centini, N. Mattiucci, D. de Ceglia, YuS Kivshar, Dynamics of short pulses and phase matched second harmonic generation in negative index materials, Optics Express **14**, 4746−4756 (2006)

38. V. Roppo, M. Centini, C. Sibilia, M. Bertolotti, D. de Ceglia, M. Scalora, N. Akozbek, M. J. Bloemer, J. W. Haus, O. G. Kosareva, Role of phase matching in pulsed second−harmonic generation: Walk−off and phase−locked twin pulses in negative−index media, Physical Review A **76**, 033829 (2007)

39. V. Roppo, M. Centini, D. de Ceglia, M. Vicenti, J. Haus, N. Akozbek, M. Bloemer, M. Scalora, Anomalous momentum states, non−specular reflections, and negative refraction of phase−locked, second−harmonic pulses, Metamaterials **2**, 135−144 (2008)

40. V. Roppo, C. Ciraci, C. Cojocaru, M. Scalora, Second harmonic generation in a generic negative index medium, Journal of the Optical Society of America. B **27**, 1671−1679 (2010)

41. Maimistov A. I. , Kazantseva E. V. , Desyatnikov A. S. , Linear and nonlinear properties of the antidirectional

coupler, in Coherent optics and optical spectroscopy, nlin. PS University, Kazan, (2102), pp. 21-31. (in Russian)

42. N. A. Kudryashov, A. I. Maimistov, D. I. Sinelshchikov, General class of the traveling waves propagating in a nonlinear oppositely-directional coupler, Physical Letters A **376**, 3658-3663 (2012)

43. C. Elachi, P. Yeh, Periodic structures in integrated optics, Journal of Applied Physics **44**, 3146-3152 (1973)

44. D. L. Mills, S. E. Trullinger, Gap solitons in nonlinear periodic structures, Physical Review B **36**, 947-952 (1987)

45. G. Agrawal, Y. S. Kivshar, *Optical Solitons: From Fibers to Photonic Crystals* (Academic, Press, Amsterdam, 2003)

46. X. Yuanjiang, W. Shuangchun, D. Xiaoyu, F. Dianyuan, Modulation instability in nonlinear oppositely directed coupler with a negative-index metamaterial channel, Physical Review E **82**, 056605 (2010)

47. D. A. Zezyulin, V. V. Konotop, F. K. Abdullaev, Discrete solitons in arrays of positive and negative index waveguides, Optics Letters **37**, 3930-3932 (2012)

48. Zh Kudyshev, G. Venugopal, N. M. Litchinitser, Generalized analytical solutions for nonlinear positive-negative index couplers, Physical Review International **2012**, 945807 (2012)

49. G. Venugopal, Zh Kudyshev, N. M. Litchinitser, Asymmetric positive-negative index nonlinear waveguide couplers, IEEE Journal of Selected Topics in Quantum Electronics **18**, 753-756 (2012)

50. A. I. Maimistov, E. V. Kazantseva, A waveguide amplifier based on a counterdirectional coupler, Optics and Spectroscopy **112**, 264-270 (2012)

51. Frenkel Y., A Numerical Study of Ultra-Short Pulse Propagation in Maxwell-Duffing Media, Ph. D. thesis, Rensselaer Polytechnic Institute, Troy, New York (2008)

第9章 从"彩虹捕获"慢光到空间孤子

9.1 引言

2000年,在Pendry[1]创举的推动下,超材料全球革命引发了关于其用途的各种问题。本章将介绍全球公认的两种重要的需求。一个是关于超材料减缓光线的研究;另一个即如何在超材料环境中控制表现为空间孤子[2]的非线性。这两者都会对装置设计产生非常积极的影响,尤其是在光学领域。

在过去的10年中,超材料(MM)研究[3-5]和"慢光"(SL)[6,7]行为已经发展成为当代科学中两个最大、最令人兴奋的领域,从而为大量应用程序打开了新的大门。这其中包括亚衍射极限透镜、超紧凑型光子器件以及万众瞩目的隐形斗篷。理论证明[8],遵循独立和平行轨道两个非常重要的技术研究领域,即超材料和慢光,实际上可以结合起来,从而揭示新型的且由超材料驱动的慢光结构的潜力。后者可以在光的减速程度以及性能、纳米级功能和效率方面显著改善现有的慢光设计和结构,参见图9.1。实际上,目前一些很成功的基于光子晶体(PhC)[9]或耦合谐振器光波导(CROW)[10]的慢光设计可以有效地将光减慢大约50倍;否则会出现较大的群速度色散和衰减色散,即导光脉冲变宽,并且可达到的带宽受到严重限制。这个缺点直接对可以缩小相应的慢光装置的面积程度(紧凑性),以及减小驱动电力的程度施加了上限。此外,到现在为止,人们已经意识到,这种正折射率慢光结构对制造无序(甚至是较弱的)的存在极为敏感[11],以至于无序的范围仅为$2\sim5$nm(在1550nm的波长下)导致的群速度即使在存在色散的情况下也不能小于大约$c/300$[6,12]。

相比之下,理论上和实验上已经证实,超材料对制造无序(甚至高程度的)高度不敏感[13,14],因为它们的性质来自于其组分"超分子"的平均/有效响应,而无需"完美"晶格晶体——类似于晶体或非晶硅的情况,其中周期性原子晶格的存在与否当然不排除获得有效折射率的情况。在实际实验条件下,基于超材料的异质结构有使光大幅减速甚至完全停止的能力,最近引起了一系列实验工作[15,16],观察超材料波导中"彩虹捕获"光停止现象。在以下各节将基于理论分析和计算模拟,展示负折射(或负折射率)超材料采用的慢光结构能够使光有效减速至少几万倍,而不会受到上述群速度和衰减色散限制的影响。

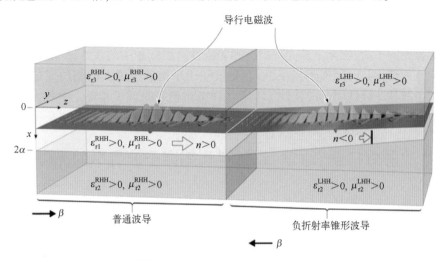

图 9.1　"彩虹捕获"原理[8](由于古斯–汉欣负位移,光被减慢并最终在绝热锥形负折
射率波导中停止——每个频率在空间的不同点"停止",形成"彩虹捕获")

现在,从讨论如何控制有源超材料中的慢光,到非线性超材料环境中的光束传播,首先孤子的历史[2,17-20]本身令人着迷,它们的理论通常基于弱导向的非线性基础。这种孤子族可以在外部应用的磁光环境中进行管理,因此通过超材料对其进行管理也就不足为奇了。孤子族中非常重要的成员称为空间孤子,在文献中称为光束,这一点众所周知,在这种光束中,衍射通过自聚焦非线性的存在而得以平衡[2]。本节将讨论这些光束在超材料引导系统中产生时如何改变其行为。需要指出的是,空间孤子有很大的应用潜力,特别适合作为在未来光学芯片的光控光环境中。通过人工控制,超材料开辟了全新的设备范围,因此通过磁光控制额外操作这些设备的可能性确实值得期待。这在很大程度上是因为经过多年发展的磁光学技术指出易于获得的纳米结构形式材料,可以轻松地嵌入等离子体和光子超材料中。实际上,现在完全可以使用复杂的下游磁光设备。此外,越来越明显的是,具有无损耗频窗的各向同性超材料可以通过包含某些类型的纳米球的复合材料获得,特别是可以使用磁光球制造此类复合材料。新的种类不断涌现,这也就意味着需要更深入地研究新的领域。非线性系统是这一发展的重要组成部分。因此,人们对孤子产生了兴趣,尤其是在与可调性耦合时。在处理负折射率超材料时,那些非常特殊的特性很可能是解决潜在破坏性损耗频窗的前进方向。

在流体动力学和电磁学中,人们对孤子[21]进行了长期的研究,发现它们在光学领域,特别是在与光纤相关的领域[22]至关重要。因此,研究新材料对各种类型的孤子所能达到的维持程度就显得非常重要。任何孤子都来自一个非常大的族,因此有必要将注意力集中在特定成员上,如非常重要的空间明亮孤子。前面提到的平衡,实际上是光束衍射和非线性自聚焦相关的线性调频之间的平衡。这种特性与时间孤子相反,后者是依赖于平衡其宽度上的相位变化,并由材料色散和非线性引起的脉冲。本节将详细讨论空间孤子和慢光捕获,首先要说明一下何为"彩虹捕获"。

9.2   "彩虹捕获"原理:超材料和等离子波导中的光停止

慢光纳米波导有望大幅减小光子器件和系统的尺寸和功耗。例如,最近的理论研究和计算模拟表明,多层负折射超材料波导中光脉冲的无色散慢群速度可以显著增加马赫−曾德尔调制器中的诱导相移,从而将调制器臂的长度从当前典型值几毫米减小到几十微米(详例参见文献[23])。对于许多其他光子组件,如开关、缓冲器、滤波器、色散补偿器等,也有希望实现类似的结果。此外,通过部署适当设计的包括有源/增益层的、基于全半导体的[24,25](即非金属)超材料波导,可以设计出实用的慢光结构,其中导向慢光脉冲的光(耗散)损耗与金属脉冲相比,减少了几个数量级(或完全消除);对于实现任何实用的慢光结构来说,这是另一个关键要求。

为了大幅减速或"存储"光线,最近已实现多种物理效果,包括电磁波引发透明(EIT)、相干布居振荡(CPO)、受激布里渊散射(SBS)、光子晶体(PhC)线缺陷波导以及耦合谐振腔光波导(CROWs)。但是,(原子)电磁波引发透明窗口使用超冷或高温气体而不是固态材料,由于前者的透明窗口窄且后者的布里渊增益带宽窄,因此相干布居振荡和受激布里渊散射的带宽非常窄(通常为数千赫或兆赫),而光子晶体容易出现微小的制造缺陷(纳米级无序)[26,27],会显著改变(移动)光子带隙。为了研究出一种替代方法,以克服上述正折射率慢光方案的固有局限性,一种全新的方法[8,28,29]问世,该方法依赖于使用负电磁参数(折射率和/或介电常数)波导。在这种波导中,负折射率/介电常数区域内的功率流动方向与正折射率区域内的功率流动方向相反,从而导致所引导的电磁能明显减速(图9.2)。

接下来首先在负本构参数超材料和等离子波导管中描述(无色散)慢/停止光的基本前提("彩虹捕获"原理)。通过研究存在无序和/或耗散损耗的波导色散方程,证明了零群和零能量速度点得以保留。因此,在这些有损结构内部,被引导的光脉冲仍然可以显著减速并停止。最后,展示了与负折射率超材料波导的核心相邻放置的、由有源/增益介质制成的薄层结合,如何完全消除由受引导的慢光脉冲所造成的耗散损耗。

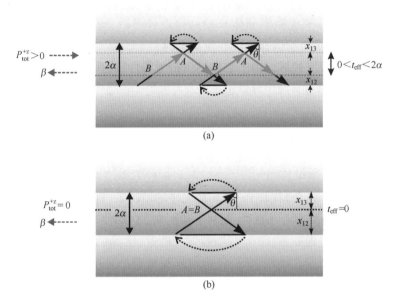

图 9.2 负折射率异质结构中的慢速光和停止光(在两个图中,β 是纵向传播常数,
P_{tot}^{+z}是(总)时间平均功率流,t_{eff}是有效引导厚度)。

(a)沿着负折射率异质结构的"之"字形射线传播;(b)此处射线精确返回其原始点
(因此,光线被永久捕获(零群速度 $v_g = 0$),形成了"光学漏壶")。

"彩虹捕获"方案非常便捷,使用有效的可激发波导振荡模式,因为引导模式的减慢仅通过绝热减小芯厚度来实现。该方案还对制造无序/缺陷更具弹性,因为它不必使用严格的条件(如"完美的"光子晶体晶格或达到超低温等)来减速和停止光,而是采用负的体积/有效电磁参数(如负折射率或简单地说负介电常数)的设计,甚至可以通过无定形和高度无序的超材料轻松实现这些参数[13、14]。此外,这些超材料异质结构也可以设计成即使在"停止光"状态下,也表现出零群速度色散和衰减色散[30]。利用非谐振方案,能够允许超大带宽,在这些带宽上可以实现输入光信号的减慢[31]或停止[32],以及允许超短器件长度。这种方法还具有一个重要的优点,即它可以促进非常有效的对接耦合,直接耦合到慢光模式,因为:①它可以支持慢光状态下的单模操作[29];②可以通过改变核心厚度来适当调节负折射率波导的特性阻抗[8];③慢模的空间分布与单模介质波导的空间分布紧密匹配[8]。这些结论是根据麦克斯韦方程组的精确操作得出的,没有引用近轴、启发式或其他近似方法。

有趣的是,除了金属(金属电介质)超材料或等离子体慢光结构外,还可以部署基于全半导体的、负折射的异质结构,以实现"彩虹捕获"减慢或光停止。最近已经通过实验证明了这种半导体异质结构设计[24,25],可以在红外波长(8.4~13.3μm)范围内实现负折射,并且(在重掺杂时)确实可以扩展到电信领域,甚至可以扩展到紫外线[32]领域。由于它们的负折射特性,这些结构可以促进慢光传播,并且特别适合通过有源半导体包层以及各种慢光设备来补偿光损耗,如(超紧凑型)调制器[23]。

9.2.1   在无序和等离子体损耗情况下的光停止

评估超材料异质结构"停止"光脉冲($v_g = 0$)的潜力时,有一个重要的考虑因素:在存在实际(残余)损耗和/或制造无序的情况下,这种潜力能够实现的程度。已经有理论研究[8,29,33]表明(图9.1和图9.2),即使存在耗散(Ω)损耗,超材料波导也可以实现非常大的光减速[34]。最近,已经确定[35],当消相干机制(例如耗散损耗)保留在结构中时,负折射率超材料波导中的光也可能完全"停止"。这种实现源于以下事实:具有明确定义的横向包络的光脉冲(即非正弦、单频波)在存在损耗的情况下,具有复数频率和实波数[34]的特征(图9.3)——这与正弦波相反,当结构中存在耗散损耗时,正弦波的特征为复数波矢。在光停止状态下,这一特性尤为突出,因为(由于光不再传播)此时对空间损耗(复波数)的考虑缺乏任何明显的物理意义[22,30],而应该考虑时间损耗(复频)。

研究表明,即使在超材料波导中残留了耗散损耗(或增益)时,也可以实现零群速度($\text{Re}\{d\omega/d\beta\} = 0$),即完全绝热停止光脉冲。在图9.3即脉冲的中心频率和整个脉冲(沿着图9.4的有源慢光超材料异质结构引导)经历的空间和时间损耗(或增益)如何随核心厚度变化。复数 ω 解可以用有限差分时域(FDTD)方法计算,通过在两个不同的时间点记录沿异质结构中心轴的场振幅的空间变化,然后除以两个纵向空间轮廓的空间傅里叶变换。整个波包的能量变化率(总损耗或增益)是通过在足够宽(足以包含脉冲)的空间区域上积分的离散坡印亭定理来计算的。

图9.3表明了对于262nm以上的核心厚度,脉冲的中心频率会损失。对于较小的厚度,磁场的幅度在增益区域内增加时,发现覆层条提供的增益过度补偿了核心层引起的损耗。在核心厚度为262nm时,中心频率既没有增益也没有损耗,而整个波包却都有增益(图9.3中的小图)。我们已验证所有情况下,Re

$\{n_{eff}\}<0$(此处未显示数据)。总体而言,我们发现 5 组不同的结果之间具有极好的一致性和连贯性:通过 FDTD(绿点)和传递矩阵法(TMM)(绿色虚线)计算的中心频率的空间损耗/增益(乘以群速度[22]),通过 FDTD(蓝色正方形)和 TMM(蓝色虚线)计算的中心频率的时间损耗/增益,以及通过 FDTD 方法(图 9.3 小图中的三角形)计算的整个波包的时间损耗。这一事实提供了进一步的证据,说明在慢光负折射率状态中,原则上可以进行损耗补偿,包括 137nm 附近的光停止点。应注意,对小于 140nm 的核心厚度,复数 k 模式的群速度特征不同于复数 ω 模式的群速度(图 9.3 中的红色虚线和黑色实线)。与等离子体膜中的 SPP 情况一样[34],复数 k 解的群速度表现出"反向弯曲",永远不会为零,而与复数 ω 解相关的群速度即使在存在过度增益(或损失)的情况下,也可以降低到零。

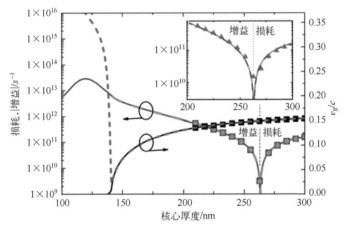

图 9.3 基于有限差分时域(FDTD,符号)和传递矩阵法(TMM,线条)的计算之间的直接比较(显示了复数 ω 解(黑色实线)的群速度(v_g)、复数 k 解的群速度(红色虚线)、复数 ω 解的虚部(蓝色实线)和复数 k 解的虚部乘以 v_g(绿色虚线)与核心波导厚度的关系[35]。插图显示了通过有限差分时域方法中离散的坡印亭定理计算出的,具有不同核心厚度的整个波包(紫色符号)的能量损失(或增益)速率

最后,需要指出的是,最近的一系列工作[13、14、36]已表明,只要设计得当,超材料就可以完全不受制造严重无序的影响。这仅仅是因为超材料的有效特性归功于其组成超分子的平均电磁响应,而无需"完美"晶格来实现负电磁响应。基于半导体的超材料异质结构也有望对制造无序表现出最低的敏感度,因为我们不使用等离子超分子,而是平面半导体层,其中一层或多层表现出低于其等离子体频率的负介电常数。由于成熟、优化的生长温度、成分和

掺杂分布技术,当前的分子束外延(MBE)设施确实能够生长高质量的半导体超晶格。

9.2.2　从损耗补偿到包层增益放大

最近,有研究表明,超材料的损耗可以通过增益在材料层面得到补偿[37]。此处,讨论在适当设计的超材料异质结构中,如何通过使用倏逝增益(受激发射),从宏观上完全消除慢光脉冲所经历的损耗。这种结构的示例在图 9.4 中进行了示意性说明,可以看到,两个增益层与负折射率核心层相邻放置。据最近数据显示,类似的损耗补偿配置效果显著[37],甚至可以在混合等离子体电介质配置中产生激射[38]。事实证明,通过适当地调整"泵浦"激光强度,增益介质的折射率的(负)虚部可以等于(在大小上)超材料异质结构的有效折射率的(正)虚部,因此可以完全消除损耗。

实际上,图 9.5 即数值结果(证实了上述结论),这些结果是使用全波时域有限差分法(finite-different time-domain)模拟和图 9.4 所示类型的超材料波导结构中脉冲传播的横磁模(transverse magnetic mode)解析计算得出的。共进行了 4 次模拟,在每项模拟中,都将振荡模式脉冲注入到波导中。模拟测试了以下情况对脉冲的影响:仅存在增益(超材料被建模为无损);仅存在损耗(去除了增益材料);既无损耗也无增益;既有增益也有损耗。核心层使用负折射率材料,其宽度为 $0.4\lambda_0$(λ_0 是脉冲中心频率的自由空间波长)。增益层紧邻核心层放置,并向外延伸至包层,距离为 $0.25\lambda_0$。其余的包层(图 9.4)假定折射率为 1(空气)的非色散材料。

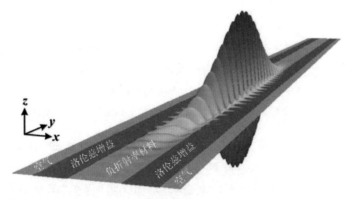

图 9.4　超材料波导结构的示意图(用于(完全)
补偿由负折射率核心层引起的耗散损耗)

　　为简单起见,使用相同的德鲁德模型模拟负折射率材料的介电常数和磁导率响应。因此,负折射率材料的折射率为 $n_D(\omega) = 1 - \omega_p^2/(\omega^2 + i\omega\Gamma_D)$,其中 $\omega_p = 2\pi \times 893.8 \times 10^{12} \text{rad/s}$ 是等离子频率,$\Gamma_D = 0.27 \times 10^{12} \text{s}^{-1}$ 是碰撞频率。增益层介电常数的频率响应遵循洛伦兹色散:$\varepsilon(\omega) = \varepsilon_\infty + \Delta\varepsilon\omega_L^2/(\omega_L^2 - i2\delta\omega - \omega^2)$,其中 $\varepsilon_\infty = 1.001$,$\Delta\varepsilon = -0.0053$,$\omega_L = 2\pi \times 370 \times 10^{12} \text{rad/s}$,且 $\Gamma_L = 10^{14}/\text{s}$,产生类似于量子点中电子跃迁产生的线形。

　　通过随时间记录沿波导中心轴的两个点处的脉冲的赫兹场振幅,可以从模拟中提取波导的有效折射率。使用这些结果的傅里叶变换,可以计算两点之间每个频率所经历的相位和振幅变化,然后可以从中获得有效折射率的实部和虚部。如此提取的被引导光脉冲的有效折射率的虚部示例图(与吸收系数 $\alpha = 2\omega \text{Im}\{n_{\text{eff}}\}/c$ 有关)如图 9.5 所示。可以看到,当增益层与负折射率核心层相邻放置时,被引导的光脉冲所经历的损耗(在 400THz 左右的频率)实现了完全消除(图 9.5 中的绿色方块)。对于较低的频率,此慢光的负相速度脉冲在负折射率波导内部传播时被放大。图 9.6 显示了消除损耗的更多证据,从中可以直接看到增益层的加入完全恢复了慢光负相速度脉冲的振幅。

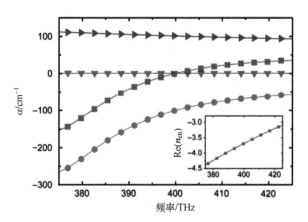

图 9.5　负折射率核心层各种情况时对于 TM_2^b 模式的吸收系数 α(空间损耗)与频率的 FDTD(符号)和 TMM(线)计算的比较(无损耗(红色垂直三角形);有损耗(蓝色水平三角形);使用有损耗和增益的包层(绿色方块);使用无损耗有增益的包层(橙色圆圈)[35]。小图为所有 4 种情况下 $\text{Re}\{n_{\text{eff}}\}$ 的频率色散)

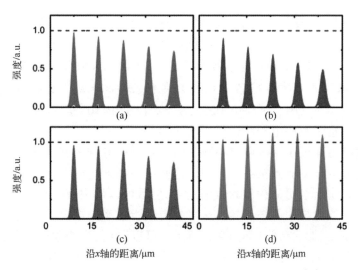

图 9.6   慢光脉冲沿考虑的波导的中心轴传播的快照[28]

(a) 既无损耗也无增益;(b) 有损耗无增益;(c) 既有损耗又有增益;

(d) 有增益无损耗(在所有情况下,传播都是从左到右)。

9.3   受控超材料中的空间孤子

如果空间孤子是一维三次非线性薛定谔方程的解,则它们是稳定的。即使体介质中的电磁能量束在垂直于其传播方向上具有两个横向自由度,原则上也可以使衍射与非线性保持平衡,但是该平衡在方位上是不稳定的。已经证明[39],将电磁波束放置在平面波导中,会产生稳定性,这是此处采用的基本模型。在平面波导内,可以通过允许光束在波导平面内衍射来创建稳定的孤子,因此自然或人为存在的任何衍射管理的作用都将是重要的。实际上,对于正相材料,已经对空间孤子[39]进行了衍射管理[40],特别是通过利用波导阵列。

此处将使用基本的非线性三次薛定谔方程详细讨论空间孤子。后者通常是此类电磁束行为的恰当初始模型,但通常情况下,必须对该核心方程式进行重要补充。一个众所周知的例子是非傍轴项的出现,当缓慢变化的振幅近似部分地松弛时。在本章中,将显示非线性诱导衍射是对非线性薛定谔方程的重要补充[41,42]。这是一个不常被讨论的现象,但有趣的是,它可以在非傍轴性方面占主导地位,并且在光束变得非常狭窄时起到至关重要的作用,防止光束在高功率下崩溃。即使修改了核心非线性薛定谔方程以考虑其他影响,按照惯例,这些解仍将被称为"孤子"。

对非线性负超材料中孤子的研究,产生了一个广义非线性薛定谔方程的优美公式,其中强调可以预见到许多新的可能性。因此,超材料的特性现在表现为对非线性诱导衍射的影响。

接下来将要介绍的非线性薛定谔方程的基本推导包括衍射管理[43]和非线性衍射。但是,它不包括损耗,因为如最近的文献所示,可以将损耗[44,45]减少到很小的定量影响,同时保留所有的定性双重负行为,这是负相超材料的一个极具吸引力的特征。

9.3.1　传播光束的薛定谔方程说明

在电介质平面波导中建立的空间孤子是稳定的,因为沿 y 轴的衍射被冻结,并被波导取代。图 9.7 显示了平面波导中稳定电磁束的典型示例,仅在 x 方向上发生衍射。

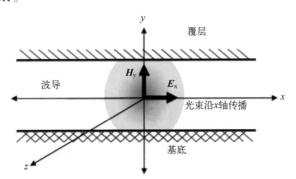

图 9.7　在没有任何磁光影响的情况下在 x 方向上无限延伸的平面介质波导中捕获的横电波极化电磁束的示意图(这是一个 $(1+1)$ 空间孤子的图示,它在 x 方向上衍射,在 z 方向上传播。在此示例中,光束携带电磁场分量 (E_x, H_y))

如果 E 是穿过可极化的、正常介电介质(如玻璃)的电磁束的电场矢量,那么根据麦克斯韦方程,可以得出

$$\nabla^2 E - \nabla(\nabla \cdot E) = \mu_0 \frac{\partial^2 D}{\partial t^2} + \mu_0 \frac{\partial^2 P^{NL}}{\partial t^2} \qquad (9.1)$$

式中:D 为线性位移矢量;P^{NL} 为电介质的非线性极化;μ_0 为自由空间的磁导率,并且假定介质是非磁性的。文献中的标准假设是将 div(E) 设置为 0,但是此处不采取此操作,因为它会消除任何非线性衍射,如下文所示,消除这种衍射就会消除非常重要的超材料影响,因此通常采用后一种材料来减少任何线性衍射。

　　为了得出非线性衍射的基本原理,在非超材料电介质中,考虑图9.7所示的横电波偏振光束仅具有电场分量 E_x,因此沿电场方向 z 轴没有电场分量。这样的光束可以是单色的,其角频率 $\omega = \omega_0$,通过转换式定义,

即 $\begin{cases} \boldsymbol{E} \Rightarrow 1/2 \left[\boldsymbol{E}(\boldsymbol{r},\omega_0) e^{-i\omega_0 t} + \text{c. c.} \right] \\ \boldsymbol{P}^{\text{NL}} \Rightarrow 1/2 \left[\boldsymbol{P}^{\text{NL}}(\boldsymbol{r},\omega_0) e^{-i\omega_0 t} + \text{c. c.} \right] \\ \boldsymbol{D} \Rightarrow 1/2 \left[\boldsymbol{D}(\boldsymbol{r},\omega_0) e^{-i\omega_0 t} + \text{c. c.} \right] \end{cases}$

式中:c. c. 表示复共轭; $\boldsymbol{r}$ 为矢量 (x,y,z)。光束沿 z 轴传播,并且使用表现出经典的克尔非线性的弱非线性波导,波导的模态场既线性又平稳。这将决定有效的导向宽度。对于绝大多数光学非线性材料来说,这种非线性是一个安全的假设。式(9.1)的 x 分量为

$$\frac{\partial^2 E_x}{\partial z^2} - \frac{\varepsilon(\omega_0)}{c^2} E_x = -\omega_0^2 \mu_0 P_x^{\text{NL}} - \frac{\partial^2 E_x}{\partial x^2} - \frac{1}{\varepsilon_0 \varepsilon(\omega_0)} \frac{\partial^2 P_x^{\text{NL}}}{\partial x^2}$$
$$- \frac{1}{\varepsilon_0 \varepsilon(\omega_0)} \frac{\partial^2 P_z^{\text{NL}}}{\partial x \partial z} \quad (9.2)$$

式中: $\varepsilon(\omega_0)$ 为平面介质波导的介电常数,与频率相关; ε_0 为自由空间的介电常数; c 为自由空间中的光速。磁导率 $\mu(\omega_0) = 1$。现在,可以按以下方法引入传统的慢变近似。式(9.2)中的所有变量可以定义为具有与沿 z 轴的传播相关的缓慢变化,考虑衍射的横向 x 相关性以及与平面波 e^{ikz} 相关的快速变化,其中 k 是波数,即变量可以转换为

$$(E_x, P_x^{\text{NL}}, P_z^{\text{NL}}) \Rightarrow (E_x(x,z,\omega_0), P_x^{\text{NL}}(x,z,\omega_0), P_z^{\text{NL}}(x,z,\omega_0)) e^{ikz}$$

为清楚起见,此处显示了对 x 和 z 坐标以及频率的明确依赖性,但在下文中不会明确表示出来。由于纵向场分量 E_z 比横向分量 E_x 小一个数量级,只需要使用 P_x^{NL},因此在此“标量模型”中,对于克尔介质,非线性极化的 x 分量的标准式为

$$P_x^{\text{NL}} = \frac{3}{4} \chi^{(3)} \varepsilon_0 \ |E_x|^2 E_x \quad (9.3)$$

式中: $\chi^{(3)}$ 为三阶非线性系数。因此,“经修正的”非线性薛定谔方程(其中最后一项模拟非线性衍射)为[46]

$$2ik \frac{\partial E_x}{\partial z} + \frac{\partial^2 E_x}{\partial x^2} + \frac{3\omega^2 \chi^{(3)}}{4c^2} |E_x|^2 E_x + \frac{\partial^2 E_x}{\partial z^2} + \frac{3\chi^{(3)}}{4\varepsilon(\omega_0)} \frac{\partial^2}{\partial x^2} (|E_x|^2 E_x) = 0 \quad (9.4)$$

在得出式(9.4)时,并未包括五阶非线性的可能性,仅确定了三阶非线性衍射的作用。这是为了证明非线性衍射项的形式和出现方式。它在与五阶非线性、非傍轴性和高阶衍射的竞争中具有很高的效力,因此,当传播窄光束时,它非常有竞争力及影响力。自然可以通过直接包含五阶非线性和高阶衍射来定量地修

改这种三阶项的主导地位,但本章将重点介绍非线性衍射可以与超材料环境显著相互作用的材料选择。

在此阶段可以说的是,如果在修改后的非线性薛定谔方程中仅出现非线性衍射,则其对窄光束控制和形成的影响将很强,这一点将在下面的模拟中得到验证。对于低功率光束,非线性衍射不会与主衍射项竞争。随着光束变窄,$\dfrac{\partial^2}{\partial x^2}$ 运算子的作用会变强,并且如果光束中的功率变大,则应预期非线性衍射将开始产生影响。

到目前为止,讨论都集中在电非线性上,但是超材料也可能显示出磁非线性。这种类型的非线性将导致 $\mathrm{div}(\boldsymbol{H}) \neq 0$,其中 $\boldsymbol{H}$ 是传播电磁场所携带的磁场。这产生了现在由非线性磁特性确定的非线性衍射贡献。

对于能够维持非线性电极化和磁极化的各向同性双负超材料,超材料的本构关系为

$$\boldsymbol{D}(\boldsymbol{r},\omega) = \varepsilon_0 \varepsilon(\omega) \boldsymbol{E}(\boldsymbol{r},\omega) + \boldsymbol{P}_{\mathrm{NL}}(\boldsymbol{r},\omega) \tag{9.5}$$

$$\boldsymbol{B}(\boldsymbol{r},\omega) = \mu_0 \mu(\omega) \boldsymbol{H}(\boldsymbol{r},\omega) + \mu_0 \boldsymbol{M}_{\mathrm{NL}}(\boldsymbol{r},\omega) \tag{9.6}$$

式中:ω 为角频率;$\mu(\omega)$ 和 $\varepsilon(\omega)$ 分别为超材料的频率相关磁导率和介电常数,并且傅里叶变换 $\boldsymbol{D}$、$\boldsymbol{B}$、$\boldsymbol{E}$、$\boldsymbol{H}$、$\boldsymbol{P}_{\mathrm{NL}}$ 和 $\boldsymbol{M}_{\mathrm{NL}}$ 分别为位移矢量、磁通密度矢量、电场、磁场、介电非线性极化和非线性磁化强度。已忽略任何可能的双各向异性、各向异性或空间色散。在定义的极化中已考虑了所有非线性。

对于空间孤子,可以将频率为 ω_0 的单色光束发射到图 9.7 所示的平面波导中。然后,麦克斯韦方程产生以下支配其行为的基本方程,即

$$\nabla^2 \boldsymbol{E} - \nabla(\nabla \cdot \boldsymbol{E}) + k_0^2(\omega_0)\boldsymbol{E} + \frac{\omega_0^-}{c^2}\mu(\omega_0)\frac{\boldsymbol{r}_{\mathrm{NL}}}{\varepsilon_0} + \mathrm{i}\omega_0\mu_0 \, \nabla \times \boldsymbol{M}_{\mathrm{NL}} = 0 \tag{9.7}$$

$$\nabla^2 \boldsymbol{H} - \nabla(\nabla \cdot \boldsymbol{H}) + k_0^2(\omega_0)\boldsymbol{H} + \frac{\omega_0^2}{c^2}\varepsilon(\omega_0)\boldsymbol{M}_{\mathrm{NL}} - \mathrm{i}\omega_0 \, \nabla \times \boldsymbol{P}_{\mathrm{NL}} = 0 \tag{9.8}$$

式中:$k_0^2(\omega_0) = \dfrac{\omega_0^2}{c^2}\varepsilon(\omega_0)\mu(\omega_0)$。

式(9.7)和式(9.8)似乎是耦合的,实际上,在文献中已经断言它们是使用超材料所引起的一个戏剧性的方面。简而言之,断言这些方程是耦合的,这一结论并不正确。可以解决这个问题,但是由于非线性衍射涉及 $\nabla \cdot \boldsymbol{E}$ 或 $\nabla \cdot \boldsymbol{H}$,并且这两个项均无助于任何耦合,因此暂时将其从变量中删除。

通过采用定义 $k \equiv k_0(\omega_0)$,$\varepsilon \equiv \varepsilon(\omega_0)$,$\mu \equiv \mu(\omega_0)$ 可以简化记法。此外,在此阶段,通过考虑由场矢量 $\boldsymbol{E} = \hat{x}E_x$ 和 $\boldsymbol{H} = \hat{y}H_y$ 定义的横电波偏振光束,可以使开

发更加具体,其中$\hat{x}$和$\hat{y}$是单位矢量。如果非线性极化是由超材料的类似克尔的响应所产生的,或者是从超原子本身产生的,抑或从由非线性内含物适当制备的背景介质产生的,那么$P_{NL} = \varepsilon_0 \varepsilon_{NL}^{(3)} |E_x|^2 E_x$以及$M_{NL} = \mu_{NL}^{(3)} |H_y|^2 H_y$,其中$\varepsilon_{NL}^{(3)}$和$\mu_{NL}^{(3)}$分别是电和磁三次非线性系数。克尔假设不是一个严格的限制,因为可以通过添加五阶项以增强$|E_x|^2$和$|H_y|^2$假设,或使用适当的描述函数来轻松建模可饱和介质。现在可以简单地引入横向拉普拉斯算子$\nabla_\perp^2 = \dfrac{\partial^2}{\partial x^2} + \dfrac{\partial^2}{\partial y^2}$,以实现更多通用性,但更重要的是,为了以前面概述的方式提取快速的空间变化,可以通过设置$E_x \Rightarrow E_x(x,z)\mathrm{e}^{\mathrm{i}kz}$,$H_y \Rightarrow H_y(x,z)\mathrm{e}^{\mathrm{i}kz}$,其中$k$是波数。在此过程中,$E_x$和$H_y$被缓慢变化的函数$E_x(x,z)$和$H_y(x,z)$取代。在采用众所周知的矢量恒等式之后,式(9.7)的x分量为

$$2\mathrm{i}k\frac{\partial E_x}{\partial z} + \nabla_\perp^2 E_x + \frac{\omega_0^2}{c^2}\mu\varepsilon_{NL}^{(3)}|E_x|^2 E_x + \mathrm{i}\omega_0\mu_0\mu_{NL}^{(3)}\left[|H_y|^2(\nabla\times H_y\,\hat{y})\right]\cdot\hat{x}$$

$$+\mathrm{i}\omega_0\mu_0\mu_{NL}^{(3)}\left[\nabla|H_y|^2\times(H_y\,\hat{y})\right]\cdot\hat{x} = 0 \tag{9.9}$$

由于包络变化缓慢,因此仅需保留涉及$\nabla\times(H_y\,\hat{y}) = -\mathrm{i}\omega\varepsilon_0\varepsilon(\omega_0)E_x\,\hat{x}$的非线性项。有趣的是,非线性薛定谔方程也来自保留所有三阶项的多尺度分析。本节给出了这些三阶项,其他项高于三阶。因此,E和H的横电波模分量的方程为

$$2\mathrm{i}k\frac{\partial E_x}{\partial z} + \nabla_\perp^2 E_x + \frac{\omega_0^2}{c^2}\left[\mu\varepsilon_{NL}^{(3)}|E_x|^2 + \varepsilon\mu_{NL}^{(3)}|H_y|^2\right]E_x = 0 \tag{9.10}$$

$$2\mathrm{i}k\frac{\partial H_y}{\partial z} + \nabla_\perp^2 H_y + \frac{\omega_0^2}{c^2}\left[\mu\varepsilon_{NL}^{(3)}|E_x|^2 + \varepsilon\mu_{NL}^{(3)}|H_y|^2\right]H_y = 0 \tag{9.11}$$

非线性系数$\varepsilon_{NL}^{(3)}$和$\mu_{NL}^{(3)}$可以是正数,也可以是负数,并且波数k无附加符号。

如前所述,每当使用多尺度方法时,式(9.10)和式(9.11)中的每个项都可以与给定的阶相关联,并忽略所有高阶校正。例如,式(9.11)中的$|H_y|^2$项不是单阶的。如果$|H_y|^2$在式(9.10)中显式保留、$|E_x|^2$在式(9.11)中显式保留,并且断言方程是耦合的,则将有效地包括已被忽略的阶进行的校正。换句话说,由于使用超材料而断言发生这种耦合是不正确的。实际上,平面波应该采用以下简单关系部署,即

$$|H_y|^2 = \frac{\varepsilon_0|\varepsilon|}{\mu_0|\mu|}|E_x|^2 \tag{9.12}$$

即使图9.7所示那样明确地包含了导向的模态场,这也只会导致修改导向的有效宽度,并且仍然保留式(9.12)所暗示的可简化性。这一点最近在一个关于慢

时空孤子的另一次讨论中也得以认证,但未与不可约性的原始主张相联系。按照正确的顺序,正在讨论的缓慢变化的电场和磁场分量的基本方程式,应是恢复非傍轴项并返回仅沿 x 轴的衍射后,即

$$2ik\frac{\partial E_x}{\partial z}+\frac{\partial^2 E_x}{\partial z^2}+\frac{\partial^2 E_x}{\partial x^2}+\frac{\omega_0^2}{c^2}\left[\mu\varepsilon_{NL}^{(3)}+\varepsilon\mu_{NL}^{(3)}\frac{\varepsilon_0\mid\varepsilon\mid}{\mu_0\mid\mu\mid}\right]\mid E_x\mid^2 E_x=0 \quad (9.13)$$

$$2ik\frac{\partial H_y}{\partial z}+\frac{\partial^2 H_y}{\partial z^2}+\frac{\partial^2 H_y}{\partial x^2}+\frac{\omega_0^2}{c^2}\left[\mu\varepsilon_{NL}^{(3)}\frac{\mu_0\mid\mu\mid}{\varepsilon_0\mid\varepsilon\mid}+\varepsilon\mu_{NL}^{(3)}\right]\mid H_y\mid^2 H_y=0 \quad (9.14)$$

这些方程式包括非傍轴性,但并不耦合,可用于建模超材料中的波束形成。通过引入函数 $f_1(\mid E_x\mid^2)$ 和 $f_2(\mid H_y\mid^2)$,可以很容易地将它们概括为任意非线性,并分别包括与介电和磁行为相关的饱和度。式(9.13)和式(9.14)以未归一化的形式,表明非线性系数取决于工作频率的选择,如果单色光束在接近介电常数或磁导率的共振时发射,则非线性系数可能会迅速变化。现在可以通过包括高阶衍射、非线性衍射和非傍轴性来修改方程式(9.13)和式(9.14)。然而,如先前的文献所示,非线性衍射在非傍轴性、纵向场分量(矢量)效应以及五阶非线性中占主导地位。因此,在下面给出的示例中,对电或磁非线性的五阶非线性作用将被忽略不计。在数值模拟中使用的非线性薛定谔方程的最终形式将始终假定窄光束形成需要非傍轴项上的非线性衍射优势,因此下文中将不再讨论后者。高阶线性衍射在此阶段得以保留,但是,因为稍后将讨论衍射管理,例如主线性衍射的受控减小是否会使高阶衍射发挥作用仍然有待观察。稍后用于控制光束行为的磁光效应将利用伏伊特效应,并且如下文所示,它仅需使用非对称波导结构和横磁波模式。下一节将讨论将其添加到非线性薛定谔方程中,以说明伏伊特效应项的特定性质,但是,下一组方程显示横电波偏振光束的非线性衍射取决于条件 $\nabla\cdot H\neq0$,相对应的横磁波偏振光束方程取决于条件 $\nabla\cdot H\neq0$。因此,在添加产生磁光伏伊特效应的项之前,横电波偏振光书模拟所需的修改后的非线性薛定谔方程的最终形式如下。

(1) 横电波偏振光束。

$$i\frac{\partial E_x}{\partial z}+\frac{1}{2k}\frac{\partial^2 E_x}{\partial x^2}-\frac{1}{8k^3}\frac{\partial^4 E_x}{\partial x^4}+\frac{1}{2k}\frac{\omega_0^2}{c^2}\left[\mu\varepsilon_{NL}^{(3)}+\varepsilon\mu_{NL}^{(3)}\frac{\varepsilon_0\mid\varepsilon\mid}{\mu_0\mid\mu\mid}\right]\mid E_x\mid^2 E_x$$
$$+\frac{1}{2\varepsilon k}\varepsilon_{NL}^{(3)}\frac{\partial^2}{\partial x^2}(\mid E_x\mid^2 E_x)=0 \quad (9.15)$$

可以看出,只有电介质非线性极化才能产生非线性衍射。注意,对于双负超材料 $\mu=-\mid\mu\mid$ 和 $\varepsilon=-\mid\varepsilon\mid$。对于这种超材料,会存在反向波,对于反向波, $k=-\mid k\mid$ 和空间亮孤子只能用于 $\left(\mid\mu\mid\varepsilon_{NL}^{(3)}+\mid\varepsilon\mid\mu_{NL}^{(3)}\frac{\varepsilon_0\mid\varepsilon\mid}{\mu_0\mid\mu\mid}\right)<0$。有趣的是,现

在,使 $N<0$ 的充分条件是 $\varepsilon_{\mathrm{NL}}^{(3)}<0$ 且 $\mu_{\mathrm{NL}}^{(3)}<0$,但这并非必要条件,$\varepsilon_{\mathrm{NL}}^{(3)}>0$ 或 $\mu_{\mathrm{NL}}^{(3)}>0$ 可以取决于它们的大小,但不能同时具备。因此,非线性衍射项前面的系数原则上可以为正或负。对于横磁波偏振光束,在没有任何磁光效应的情况下,非线性薛定谔方程的最终形式如下。

(2)横磁波偏振光束。

$$i\frac{\partial H_x}{\partial z}+\frac{1}{2k}\frac{\partial^2 H_x}{\partial x^2}-\frac{1}{8k^3}\frac{\partial^4 H_x}{\partial x^4}+\frac{1}{2k}\frac{\omega_0^2}{c^2}\left[\varepsilon\mu_{\mathrm{NL}}^{(3)}+\mu\varepsilon_{\mathrm{NL}}^{(3)}\frac{\mu_0\,|\,\mu\,|}{\varepsilon_0\,|\,\varepsilon\,|}\right]|H_x|^2 H_x$$

$$+\frac{1}{2\mu k}\mu_{\mathrm{NL}}^{(3)}\frac{\partial^2}{\partial x^2}(\,|\,H_x\,|^2 H_x)=0 \qquad (9.16)$$

从中可以看出,只有磁极化可以产生非线性衍射,并且已经采用矢量 $\boldsymbol{H}=(H_x,0,0)$ 来表征横磁波光束。关于 k、$\varepsilon_{\mathrm{NL}}^{(3)}$ 及 $\mu_{\mathrm{NL}}^{(3)}$ 符号的相同变量,也适用于该方程式,但在此情况下为 $N_{\mathrm{TM}}=\left(\,|\,\varepsilon\,|\,\mu_{\mathrm{NL}}^{(3)}+|\,\mu\,|\,\varepsilon_{\mathrm{NL}}^{(3)}\frac{\mu_0\,|\,\mu\,|}{\varepsilon_0\,|\,\varepsilon\,|}\right)<0$。

方程式(9.15)和式(9.16)对双负超材料中空间亮孤子的传播进行建模。对于每个极化,快速空间变化是反向平面相位波,波数 $k=-\,|\,k\,|$。能量流表现为在正 z 方向上的光束传播,并且光束坐标可以通过转换 $z=|\,k\,|\,w^2 Z$ 和 $x=wX$ 来缩放,其中 w 是光束的有效宽度。如果在此阶段没有进行预期的、可以降低最低阶线性衍射的管理,那么可以忽略高阶衍射项。稍后将重新引入高阶项。在此基础上,上面产生的两个非线性薛定谔方程都采用相同的通用公式,即

$$i\frac{\partial\psi}{\partial Z}-\frac{1}{2}\frac{\partial^2\psi}{\partial X^2}-|\,\psi\,|^2\psi-\kappa\frac{\partial^2}{\partial X^2}(\,|\,\psi\,|^2\psi)=0 \qquad (9.17)$$

这是标准修正非线性薛定谔方程的复共轭。观察电非线性和磁非线性在分别使横电波和横磁波偏振光束发挥非线性衍射作用方面所起的作用,假设横电波偏振情况下的非线性系数是 $\varepsilon_{\mathrm{NL}}^{(3)}=-|\,\varepsilon_{\mathrm{NL}}^{(3)}\,|$,并且 $\mu_{\mathrm{NL}}^{(3)}$ 可以忽略不计,而在横磁波偏振情况下,非线性系数是 $\mu_{\mathrm{NL}}^{(3)}=-|\,\mu_{\mathrm{NL}}^{(3)}\,|$,$\varepsilon_{\mathrm{NL}}^{(3)}$ 设置为可忽略不计。再次强调,这些选择的原因是,对于横电波光束,非线性衍射受 $\varepsilon_{\mathrm{NL}}^{(3)}$ 控制,而对于横磁波光束,非线性衍射受 $\mu_{\mathrm{NL}}^{(3)}$ 控制。对于两种极化,$\kappa=\dfrac{1}{k^2 w^2}$,对于特定的超材料,可以通过改变光束的工作频率和/或光束宽度来改变。ψ 已标准化为以下值,即

$$\begin{cases} \psi=\left(\sqrt{\dfrac{w^2\omega_0^2}{2c^2}\,|\,\mu\,\|\,\varepsilon_{\mathrm{NL}}^{(3)}\,|}\,\right)E_x & \textbf{TE} \\[4mm] \psi=\left(\sqrt{\dfrac{w^2\omega_0^2}{2c^2}\,|\,\varepsilon\,\|\,\mu_{\mathrm{NL}}^{(3)}\,|}\,\right)H_x & \textbf{TM} \end{cases} \qquad (9.18)$$

方程式(9.17)可用于显示特定超材料提供的频带如何控制窄光束的行为,并且也可以很容易地将其纳入以下定义的特殊类型的衍射管理的讨论中。

考虑到超材料的应用在可见光范围内非常重要,并且磁学界高度关注磁光学领域,这里将对均相负相超材料和磁光材料的结合进行评估。与法拉第效应相反,这可以通过使用磁光伏伊特结构来实现,方法是使用图 9.8 所示的非对称波导结构。对于对称结构,伏伊特结构对导波没有影响,即使对于非对称导波,也只有横磁波模式受施加的磁场影响。因此,空间孤子必须是横磁波偏振的,才能参与任何磁光控制,对于窄光束,将由非线性磁极化来确定非线性衍射。

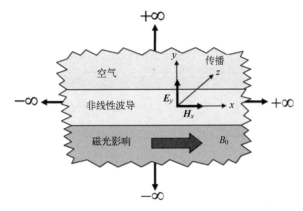

图 9.8 具有磁光基板的不对称平面波导结构(波传播跨过外部施加的磁通密度 B_0,从而产生伏伊特效应)

9.3.2 磁光环境的介绍

磁光影响表现为对非线性薛定谔方程的扰动,此处将其定义为 $v(x)H_x$,这是一个可以简单地添加到包络方程中的项。为了证明这一点,首先应考虑描述基底的磁光张量,其公式为

$$\boldsymbol{\varepsilon}_m = \begin{pmatrix} (n_m^2) & 0 & 0 \\ 0 & (n_m^2) & (-\mathrm{i}Qn_m^2) \\ 0 & (\mathrm{i}Qn_m^2) & (n_m^2) \end{pmatrix} = \begin{pmatrix} \varepsilon & 0 & 0 \\ 0 & \varepsilon & \varepsilon_{yz} \\ 0 & -\varepsilon_{yz} & \varepsilon \end{pmatrix} \tag{9.19}$$

式中:n_m 为基板的折射率,通常 Q 可以小到 $O(10^{-4})$。将所有对角元素设置为彼此相等。这并非完全正确,但这是基于物理参数实际值的常见实践假设。大体上,伏伊特效应为 $O(Q^2)$,可以忽略不计[46],但有趣的是,如果使用横磁波偏

振的空间孤子,则有意创建的非对称波导可以获得一个 $O(Q)$ 伏伊特效应。对于偏振光束,使用式(9.19)所示的张量,对薛定谔方程的磁光扰动为

$$\begin{cases} i\dfrac{\partial E_x}{\partial z}=0 & \text{TE 极化} \\[3mm] i\dfrac{\partial H_x}{\partial z}=-\dfrac{\omega}{c}n_m^2 Q H_x & \text{TM 极化} \end{cases} \tag{9.20}$$

式中:Q 现在是整个波导结构上沿 y 轴的平均值。很明显,如果图9.8中的结构是对称的,并且基底和包层都是磁光的,那么沿着 y 的积分将为零。这很好地说明了现在可以得到的 $O(Q)$ 的伏伊特效应,而非只能在批量 $O(Q^2)$ 时才能获得伏伊特效应。

现在可以将式(9.20)的横磁波偏振部分的右侧添加到一般薛定谔方程中,以便说明任何磁光控制。使用上面给出的将非线性薛定谔方程转换为无量纲形式的变换,意味着对于横磁波偏振光束,式(9.20)的合适形式为

$$i\frac{\partial \psi}{\partial Z}=-\frac{\omega_0}{c}\mid k\mid w^2 n_m^2 Q\psi=-v\psi \tag{9.21}$$

其中使用了前文所述的关于光束宽度的无量纲 Z。但是,这里要注意的重要一点是,如果 Q 是一个常数,它只会给式(9.17)的孤立波解增加额外的相移。通过将 ψ 重新定义为 ψe^{iv},然后注意到相对于 Z 的导数立即从薛定谔方程中消除磁光项。因此,有必要使磁光参数成为非线性导向结构的横向坐标 x 的某种函数。使用无量纲坐标 X,其中 $x=wX$,并且 w 是光束宽度。例如,将磁光参数设置为函数 $v(X)=v_{\max}\mathrm{sech}\left(\dfrac{x}{x_0}\right)$,其中可以预期式(9.21)中定义的磁光参数是具有最大值 $V_{\max}$ 的 X 函数,然后在无量纲半宽度 X 的控制下在 X 轴上扩展。最大值 $V_{\max}$ 与磁化的饱和度相关。实际上,必须采用一种空间形式,使磁化强度在两个方向上都从 $X=0$ 处减小。

如果将空间孤子想象成井中的粒子,那么依赖 X 的磁光子就可以通过创建更深的井或空间屏障来影响空间亮孤子,取决于所施加的磁场沿 X 轴的方向。预期可以得到一个完整的、不可逆的效应,其中一个施加的磁场标志允许形成空间亮孤子,而另一个标志则可以破坏任何孤子的产生。

9.3.3　控制光束衍射

在任何下游应用中,管理电磁波在波导结构中的扩散或衍射是一种有价值的工具。实际上,色散管理现在是光纤通信系统中非常重要的技术,而衍射管理是波导阵列的重要特征[47]。负相超材料(NPM)可用于补偿正常正相介质

(PPM)(如玻璃)中的任何相位积累。对于光束,已经针对环形腔研究了这种形式的衍射管理,为此,它以鼓励阻抗匹配[43,48]的方式进行了部署,以避免不必要的反射。对于后面将要描述的模拟,这里也将假定图 9.9 所示的周期系统也是阻抗匹配的。从实用的器件角度来看,这应该太难实现,尤其是在使用分级指数时。正向介质平板中积累的正相介质可以通过负相介质平板中的负相积累来完全或部分补偿。在这种传播类型下,如图 9.9 所示,长度为 L 的晶胞可用于开发求平均过程,然后求出无量纲通用形式的最终形式,即缓慢变化的包络方程,适用于横电波和横磁波偏振光束,并将在下面给出的线性衍射管理环境下进行模拟传播的空间孤子。如果要通过这种管理减少一阶线性衍射,则原则上高阶衍射可以取而代之,因此这种可能性也需要快速识别。

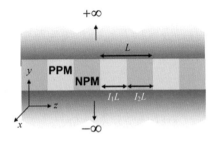

图 9.9　由正相介质(PPM)和负相介质(NPM)的交替层构成的平面周期波导结构
(导波沿 z 传播,衍射沿 x 轴发生)

如图 9.9 所示,晶胞长度分别为 l_1L 和 l_2L,其中 l_1 和 l_2 仅是 L 的分数,即 $0 \leqslant l_{1,2} \leqslant 1$,分别包含正相介质和负相介质材料。对于横电波偏振光束,在晶胞的每个部分中,非线性薛定谔方程的形式如下。

(1) 正相介质,即

$$2\mathrm{i}\frac{\partial E_x}{\partial z} + \frac{1}{k_1}\frac{\partial^2 E_x}{\partial x^2} + \frac{\omega^2}{c^2 k_1}\varepsilon_{\mathrm{NL1}}^{(3)} |E_x|^2 E_x - \frac{1}{4k_1^3}\frac{\partial^4 E_x}{\partial x^4} + \frac{\varepsilon_{\mathrm{NL1}}^{(3)}}{\varepsilon_1 k_1}\frac{\partial^2}{\partial x^2}(|E_x|^2 E_x) = 0$$

$$(9.22)$$

(2) 负相介质,即

$$2\mathrm{i}\frac{\partial E_x}{\partial z} - \frac{1}{|k_2|}\frac{\partial^2 E_x}{\partial x^2} - \frac{\omega_0^2}{c^2 |k_2|}|N_{\mathrm{TE}}| \, |E_x|^2 E_x + \frac{1}{4|k_2^3|}\frac{\partial^4 E_x}{\partial x^4}$$

$$+ \frac{\varepsilon_{\mathrm{NL2}}^{(3)}}{|\varepsilon_2| \, |k_2|}\frac{\partial^2}{\partial x^2}(|E_x|^2 E_x) = 0 \qquad (9.23)$$

式中:$N_{TE} = \left(|\mu| \varepsilon_{NL}^{(3)} + |\varepsilon| \mu_{NL}^{(3)} \dfrac{\varepsilon_0 |\varepsilon|}{\mu_0 |\mu|} \right)$;下标 1 和 2 用于标记晶胞的区域,如前所述。对于横磁波偏振光束 N_{TE} 可以简单地由 N_{TM} 代替,但是对于这种偏振,式(9.22)中的最后一项不存在,因为在正相介质中不存在非线性磁偏振。但是,在负相介质中,横磁波偏振确实允许非线性衍射项,其系数为 $\mu_{NL2}^{(3)}/(|\mu_2||k_2|)$。为了增加通用性,非线性衍射和高阶衍射暂时都包括在内。然而,如前所述,非线性衍射主导了非傍轴性的可能作用,且在防止光束崩溃的任何非线性饱和中起主要作用。通过一次一个地考虑薛定谔方程中项的类型,并根据是指该晶胞的正相介质还是负相介质部分来调整系数,从而影响晶胞上的平均值。换句话说,平均值将是相对于 L 上的 z 的积分,并且必须假定晶胞的尺度小于以 $|k_1|w^2$ 或 $|k_2|w^2$ 测得的衍射长度,其中 w 是空间孤子的宽度。对于横电波偏振光束,求平均值的结果是,通过非线性薛定谔方程的物理作用标记每个项。

对于传播,有

$$\frac{1}{L} \int_0^L \frac{\partial E_x}{\partial z} \mathrm{d}z \approx \frac{\partial E_x}{\partial z} \tag{9.24}$$

对于衍射,有

$$\frac{1}{L} \int_0^L \frac{1}{k} \frac{\partial^2 E_x}{\partial x^2} \mathrm{d}z \approx \frac{1}{k_1}\left(l_1 - \frac{k_1}{|k_2|} l_2 \right) \frac{\partial^2 E_x}{\partial x^2} \tag{9.25}$$

对于非线性,有

$$\left(\left(\frac{\omega_0^2 \varepsilon_{NL1}^{(3)}}{c^2 k_1} \right) \frac{1}{L} \int_0^{l_1 L} \mathrm{d}z - \left(\frac{\omega_0^2}{c^2 |k_2|} \right) \frac{1}{L} \int_{l_1 L}^L |N_{TE2}| \mathrm{d}z \right) (|E_x|^2 E_x)$$

$$\approx \frac{\omega_0^2}{c^2 k_1}\left(l_1 \varepsilon_{NL1}^{(3)} - \frac{k_1}{|k_2|} l_2 |N_{TE2}| \right) (|E_x|^2 E_x) \tag{9.26}$$

对于非线性衍射,有

$$\frac{1}{L} \int_0^L \frac{\varepsilon_{NL}^{(3)}}{\varepsilon k} \frac{\partial^2}{\partial x^2}(|E_x|^2 E_x) \approx \frac{1}{k_1}\left(l_1 \frac{\varepsilon_{NL1}^{(3)}}{\varepsilon_1} + \frac{k_1}{|k_2|} l_2 \frac{\varepsilon_{NL2}^{(3)}}{\varepsilon_2} \right) \frac{\partial^2}{\partial x^2}(|E_x|^2 E_x)$$

$$\tag{9.27}$$

对于高阶衍射,有

$$\frac{1}{L} \int_0^L \frac{1}{4k^3} \frac{\partial^4 E_x}{\partial x^4} \approx \frac{1}{4k_1^3}\left(l_1 - l_2 \frac{k_1^3}{|k_2^3|} \right) \frac{\partial^4 E_x}{\partial x^4} \tag{9.28}$$

因此,如图 9.3 所示,对晶胞取空间平均值得到了以下尺寸方程。

对于横电波,有

$$2\mathrm{i}k_1 \frac{\partial E_x}{\partial z} + D \frac{\partial^2 E_x}{\partial x^2} + \frac{\omega_0^2}{c^2}\left(l_1 \varepsilon_{\mathrm{NL1}}^{(3)} - \frac{k_1}{|k_2|}l_2 \,|\,N_{\mathrm{TE2}}\,| \right)|E_x|^2 E_x - \frac{F}{4k_1^2}\frac{\partial^4 E_x}{\partial x^4}$$

$$+ \left(l_1 \frac{\varepsilon_{\mathrm{NL1}}^{(3)}}{\varepsilon_1} + \frac{k_1}{|k_2|}l_2 \frac{\varepsilon_{\mathrm{NL2}}^{(3)}}{|\varepsilon_2|} \right)\frac{\partial^2}{\partial x^2}(\,|E_x|^2 E_x) = 0 \qquad (9.29)$$

对于横磁波,有

$$2\mathrm{i}k_1 \frac{\partial H_x}{\partial z} + D \frac{\partial^2 H_x}{\partial x^2} + \frac{\omega_0^2}{c^2}\left(l_1 \varepsilon_{\mathrm{NL1}}^{(3)}\frac{\mu_0\,|\mu|}{\varepsilon_0\,|\varepsilon|} - \frac{k_1}{|k_2|}l_2 \,|\,N_{\mathrm{TM2}}\,| \right)|H_x|^2 H_x$$

$$- \frac{F}{4k_1^2}\frac{\partial^4 H_x}{\partial x^4} + \left(\frac{k_1}{|k_2|}l_2 \frac{\mu_{\mathrm{NL2}}^{(3)}}{|\mu_2|} \right)\frac{\partial^2}{\partial x^2}(\,|H_x|^2 H_x) = 0 \qquad (9.30)$$

其中

$$\begin{cases} D = l_1 - \dfrac{\sqrt{\varepsilon_1\mu_1}}{|\sqrt{\varepsilon_2\mu_2}|}l_2 \\[4mm] F = l_1 - \left(\dfrac{\varepsilon_1\mu_1}{|\varepsilon_2\mu_2|} \right)^{\frac{3}{2}} l_2 \end{cases} \qquad (9.31)$$

式中:ε_i,μ_i为图 9.9(a)所示晶胞各部分的相对介电常数和磁导率。使用该方程式的策略是减小 D 的值,以使线性衍射最小化,从而允许来自非线性衍射的影响发生。但是,如果以此方式减小一阶衍射,则原则上由参数 F 控制的高阶衍射项可能不会最小化。然而,$\dfrac{k_1}{|k_2|}$ 并不必须是统一的,并且可以通过调整结构来改变高阶线性衍射。实际上,这里讨论的补偿类型可以针对 D 或 F。对于 D 的任何选择,都可以安排该比率 $\dfrac{k_1}{|k_2|}$ 以使高阶线性衍射的作用可忽略不计。这是一个非常吸引人的可能性,这意味着 D 的减少并不一定必须引入更高阶的衍射。基于这个结论,它不会被视为包络方程的关键作用,重点将放在一阶衍射管理上。此外,应注意的是,随着 D 趋于零,非傍轴性也会降低,但无论如何,随着光束变窄,非线性衍射必将成为主要影响,如前所述,它起着防止光束崩溃的作用。显然,如果选择具有较大的五阶作用的非线性材料,则后者将与非线性衍射竞争。即使将电场的小 z 分量恢复至原变量,后者仍将限制光束变窄,而且对非线性衍射的作用影响很小。总之,有两种广泛的场景。在耦合模理论的形式体系中,没有衍射管理,但是随着光束变窄,非线性衍射成为非常重要的影响。第二种情况涉及操纵 D,以某种形式进行线性衍射管理,通过超材料的作

用,可以用多种方式来实现 $D \rightarrow D(z)$。

如前所述,可以使用 $z = (kw^2)Z$ 和 $x = (w)X$,其中 w 实际上是一个任意晶胞,但在物理角度上可以解释为光束宽度。这些向无量纲方程式迈进的步骤得出了以下通用方程式,它们根据有用的无量纲参数 D 来描述两种偏振,D 用于测量线性衍射的控制,而 κ 用于测量非线性衍射的控制,有

$$\mathrm{i}\frac{\partial \psi}{\partial Z} + \frac{D}{2}\frac{\partial^2 \psi}{\partial X^2} + |\psi|^2\psi + \kappa\frac{\partial^2}{\partial X^2}(|\psi|^2\psi) = 0 \qquad (9.32)$$

其中,对于横电波,有

$$\psi = w\sqrt{G_1^{\mathrm{TE}}}E_x, \quad G_1^{\mathrm{TE}} = \frac{\omega_0^2}{c^2}\left(l_1\varepsilon_{\mathrm{NL1}}^{(3)} - \frac{k_1}{|k_2|}l_2|N_{\mathrm{TE2}}|\right)$$

$$G_2^{\mathrm{TE}} = \left(l_1\frac{\varepsilon_{\mathrm{NL1}}^{(3)}}{\varepsilon_1} + \frac{k_1}{|k_2|}l_2\frac{\varepsilon_{\mathrm{NL2}}^{(3)}}{|\varepsilon_2|}\right) \qquad (9.33)$$

对于横磁波,有

$$\psi = w\sqrt{G_1^{\mathrm{TM}}}H_x, \quad G_1^{\mathrm{TM}} = \frac{\omega_0^2}{c^2}\left(l_1\varepsilon_{\mathrm{NL1}}^{(3)}\frac{\mu_0|\mu|}{\varepsilon_0|\varepsilon|} - \frac{k_1}{|k_2|}l_2|N_{\mathrm{TM2}}|\right)$$

$$G_2^{\mathrm{TM}} = \left(\frac{k_1}{|k_2|}l_2\frac{\mu_{\mathrm{NL2}}^{(3)}}{|\mu_2|}\right) \qquad (9.34)$$

对于每个偏振,有

$$\kappa_{\mathrm{TE}} = \frac{G_2^{\mathrm{TE}}}{w^2 G_1^{\mathrm{TE}}}\text{和}\ \kappa_{\mathrm{TM}} = \frac{G_2^{\mathrm{TM}}}{w^2 G_1^{\mathrm{TM}}}$$

式(9.32)至式(9.34)表明,支持空间亮孤子的超材料选择性很广泛。对于横电波光束,将假定正相介质在一定程度上影响了非线性的主要部分,即在实践中 $\varepsilon_{\mathrm{NL2}}^{(3)} = 0$ 和 $\mu_{\mathrm{NL2}}^{(3)} = 0$,当然还有 $\mu_{\mathrm{NL1}}^{(3)} = 0$。如果没有非线性衍射,横磁波光束就不必仅使用磁性非线性。但是,如果需要 κ_{TM},那么将假定这适用于非线性位于负相介质内的情况,并且 $\varepsilon_{\mathrm{NL2}}^{(3)} = 0$、$\varepsilon_{\mathrm{NL1}}^{(3)} = 0$ 及 $\mu_{\mathrm{NL2}}^{(3)} \neq 0$。因此,对于下面要介绍的衍射管理情况,$\kappa_{\mathrm{TE}}$ 和 κ_{TM} 简化为简单形式,即

$$\begin{cases} \kappa_{\mathrm{TE}} = \dfrac{1}{k_1^2 w^2} \\[2mm] \kappa_{\mathrm{TM}} = \dfrac{1}{k_2^2 w^2} \end{cases} \qquad (9.35)$$

9.3.4 模拟结果

式(9.32)是一个通用方程,通过 D 控制线性衍射,通过频率相关参数 κ 控

制非线性衍射。非线性衍射将防止光束随着空间孤子所承载的功率的增加而崩溃,并限制光束的宽度。该过程将支配非傍轴甚至五阶非线性,前提是五阶非线性不太大。但是,非线性衍射仍然是一个衍射过程,因此当光束变窄、功率增加时,它仍然必须与线性衍射竞争,除非后者被控制在较小的影响范围内。

超材料的孤子文献包含许多示例,涉及调制不稳定性、自陡化、自诱导透明和暗孤子的经典案例。孤子控制的问题已经解决,间隙孤子的性质也是如此[49]。然而,后者处理的是此处没有二次非线性材料的情况,因为所解决的所有问题仅涉及由三阶非线性驱动的空间亮孤子。

如果没有线性衍射管理,则平面波导将被正相介质填充,并且非线性衍射系数实际上在工作频率范围内是非色散的,且可以视为常数。另外,对于负相介质平面波导,其非线性衍射系数为 $\left| \dfrac{c^2}{\omega_0^2 w^2 (\varepsilon(\omega_0)\mu(\omega_0))} \right. \equiv \kappa$,其中 c 是真空中的光速,德鲁德模型已分配给 $\varepsilon(\omega_0)$ 和 $\mu(\omega_0)$。如果将光束宽度设置为 $w = m\lambda$(λ 是自由空间波长、m 是整数),则对于典型的 ω_{pm}/ω_{pe} 比值(ω_{pm} 和 ω_{pe} 是有效等离子体频率)如图 9.10 所示,κ 随频率变化非常快,并且相对于为诸如普通玻璃之类的物质产生的几乎无色散的正相介质线上升和下降。图 9.3 给出的例子表明,随着接近窄光束区,非线性衍射系数迅速上升。注意,这里的光束宽度是波长的函数,因此也是频率的函数,以确保考虑到窄光束。还应注意,随着横电波偏振光束与横磁波偏振光束交换,非线性的类型发生了变化。除了 κ 随波束宽度变化外,图 9.3(b)还显示了随工作频率的显著变化,尤其是在接近谐振频率时。

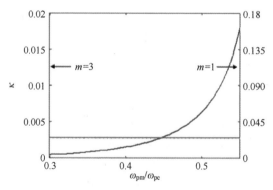

图 9.10　将德鲁德模型用于介电常数和磁导率(红色表示正相介质、蓝色表示负相介质。

$\omega_{pm}/\omega_{pe} = 0.6$, $\kappa = (4\pi^2 m^2)^{-1} \left(1 - \dfrac{1}{\Omega^2}\right)^{-1} \left(1 - \dfrac{0.6}{\Omega^2}\right)^{-1}$,其中 $\Omega = \dfrac{\omega}{\omega_{pF}}$。左侧刻度 $m=3$,

右侧刻度 $m=1$。正相介质曲线的数据适用于 $\varepsilon \approx 2.25$ 的典型玻璃)

图 9.11 显示了典型的超材料(如此处使用的双负超材料)对波导结构的影响程度。作为最初的说明,图 9.11(a)使用任意比例,因为包络方程已被无量纲化,因此首先显示了标准的一阶空间亮孤子束,没有任何衍射管理($D=1$)、磁光或非线性衍射的影响。图 9.11(b)说明了如何在 $D=1$ 环境、光束宽度约为波长阶且 $\kappa=0.17$ 的情况下发挥非线性衍射的作用。光束强度降低并且变宽。由于色散超材料的特性,可以通过频率调谐获得更大的 κ,因此不必大幅度减小光束宽度,获得更大的非线性衍射影响。

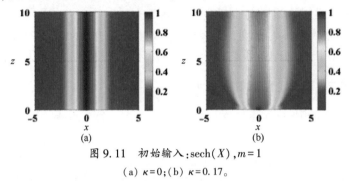

图 9.11   初始输入:$\mathrm{sech}(X)$,$m=1$
(a) $\kappa=0$;(b) $\kappa=0.17$。

图 9.12 显示了将线性衍射降低到 10% 的结果。如果在 $Z=0$ 处发射一阶孤子,那么将线性衍射减小到 10% 的动作意味着现在有太多的功率可用于一阶($N=1$)孤子的传播。与光纤功类似,这种减少衍射的行为会产生呼吸孤子,数量级约为 $\sqrt{10}$。图 9.12(a)显示了这一情况,并产生了一个三阶呼吸孤子。引入非线性衍射来达成图 9.12(b)效果。结果是非线性衍射充当扰动来分裂呼吸子。产生了三个低功率伪孤子,如果进入正常的 100% 衍射介质,则每个孤子中包含的功率不足以使其保持孤子状态,然后它仅会进行辐射。在图 9.12(c)中,较高的非线性衍射系数值用于产生较大的扰动。因此,通气孔在约 15 瑞利传播长度后分裂。

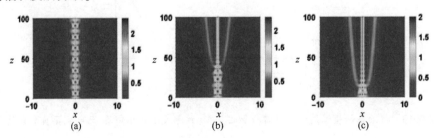

图 9.12 $D=0.1$。输入:$\psi=\mathrm{sech}(X)$
(a) $\kappa=0$;(b) $\kappa=0.00168$;(c) $\kappa=0.005$。

通过函数 $v(X) = v_{\max} \text{sech}\left(\dfrac{x}{x_0}\right)$ 以及对非线性薛定谔方程的直接添加,可以实现磁光控制。$v_{\max}$ 与 Q 成正比,Q 是在式(9.19)中引入的磁光饱和参数,通常[50],Q 为 $10^{-4} \sim 10^{-3}$ 数量级,这意味着对于可用的磁光材料,$v_{\max}$ 在 $0.6 \sim 6$ 的范围内。使用中间值 $v_{\max} = \pm 1.8$,其中 $\pm$ 表示沿 $\pm x$ 方向施加的磁场方向。简而言之,切换磁场方向会产生令人印象深刻的、不可逆的行为。对此,从物理角度来说的解释是,施加的磁场会升高或降低空间亮孤子(被视为"粒子")所处的有效势阱。当非线性衍射操作时,窄光束的行为也会出现同样的效果。

图 9.13 显示了 $D = 0.1$ 情况下衍射管理超材料结构中磁光影响的程度。施加外部磁场的结果有效地改变了孤子所处的势阱的深度。需要强调的是,为了实现众所周知的伏伊特效应,磁场必须沿 x 方向定向,波导必须不对称。图 9.13(a)显示,输入已变成三阶呼吸孤子,但很快就会受到非线性衍射的干扰。然而,图 9.13(b)中施加的磁场会加深空间孤子所处的"势阱"。结果,三阶呼吸孤子被完全捕获。在图 9.13(c)中,磁场完全反转,这意味着势阱的底部被"抬起",结果不仅不能形成呼吸子,而且产生单个窄波束,多余的能量被迅速喷射到左侧和右侧。所有这些表明,磁光是一种非常重要的控制机制,已经陆续出现了许多有趣的应用。

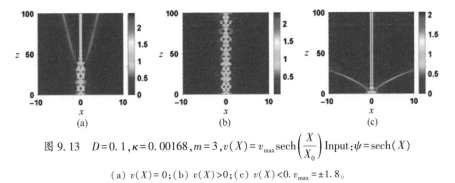

图 9.13　$D = 0.1, \kappa = 0.00168, m = 3, v(X) = v_{\max} \text{sech}\left(\dfrac{X}{X_0}\right)$ Input:$\psi = \text{sech}(X)$

(a) $v(X) = 0$;(b) $v(X) > 0$;(c) $v(X) < 0$. $v_{\max} = \pm 1.8$。

图 9.14 概述了一种在数据处理和其他集成光学应用中可能非常有用的器件。假设衍射管理系统产生的光束最终投射到 100% 衍射介质中时,没有足够的能量来维持其形状。图 9.14(b)显示了这一情况,其中前 100 个瑞利长度是10% 的衍射管理介质,但随后线性衍射增加到 100%,这导致从衍射管理区域射出的光束衍射消失。图 9.14(c)显示,当这个射出的光束发射到磁光区域时,将被捕获在一个深的势阱中,可以用于进一步处理的应用中。假设磁光控制区是之前考虑的不对称波导配置,并且在下游应用中,可以设置某种形式的阻抗匹

配,以实现光束在所有边界上的自由传输。

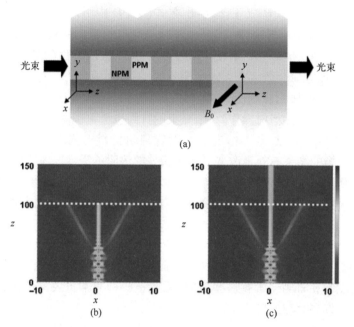

(a)

(b)   (c)

图 9.14 $\psi=\mathrm{sech}(X)$,$\kappa=0.00168$,对于 $0<Z<100$,$D=0.1$;对于 $Z>100$,$D=1$
(a) 具有磁光控制端部的衍射管理波导的示意图;(b) $v_{max}=0$;(c) $v_{max}=+1.8$。

9.4   结论

本章研究了超材料控制的两个全球重要的部署:一个涉及光的减慢;另一个涉及空间孤子的特征。两者都会对器件设计产生很大的积极影响。结果表明,在真实的实验条件下[8,15,16],具有负电磁参数(介电常数、磁导率、折射率)的超材料波导可以使光完全停止。在这些结构中,减速机制对制造缺陷(如无序)和耗散损耗的恢复能力可支撑该属性。本质上,这些方案调用固态材料,因此不受低温或原子相干性限制。由于光的减速不依赖于折射率共振,因此基于负折射率的方案固有地允许高耦合效率、偏振无关的操作和宽带功能。这种用于阻止光子的通用方法为在"量子信息"处理、通信网络和信号处理器中使用的多种混合光电器件开辟了道路,并预示了结合超材料和慢光研究的新领域。

空间孤子研究也极大地增加了一系列新器件的应用前景,并有望在未来的集成光学电路中使用平面超材料波导。它们将为纳米结构在可见光至近红外频窗内起作用。此处,也可轻易引入磁光控制。鉴于最近针对超材料损耗的研究[44,45,50],尚未将损耗添加到非线性薛定谔方程中,但正如最近所指出的[51],使用超材料的实际孤子应用并非不可能实现。超材料中的孤子现象越来越受到人们的关注,因此本章详细介绍了研究偏振孤子光束的基本方法,并广泛讨论了非线性衍射是主要因素的新概念。这些概念与包含稳定空间孤子的均匀平面波导相关,然后将其扩展以研究衍射管理形式的作用。此外,还可以采用依赖于著名的伏伊特或磁致双折射(cotton mouton)效应的磁光控制,这种控制需要非对称的导向结构。很明显,从一开始就可以实现完美的磁控制,并且超材料环境将成为非常重要且改变人们生活的应用基础。

最后,本章介绍的慢光方面的工作对当前器件进行了重大改进,同样,与空间孤子相关的结果为将来的光学芯片中的光束控制提供了更好的机会,尤其是当将现代超材料映射到本章的结论上时。

参 考 文 献

1. Pendry J. B. , Schurig D. and Smith D. R. Controlling electromagnetic fields. Science 312 ,1780–1782(2006)

2. B. E. A. Saleh , M. C. Tech , *Fundamentals of Photonics* (John Wiley , New Jersey , 2007)

3. P. Markoš, C. M. Soukoulis, *Wave Propagation*: *From Electrons to Photonic Crystals and Left – Handed Materials* (Princeton University Press , Princeton , 2008)

4. V. M. Shalaev, A. K. Sarychev, *Electrodynamics of Metamaterials* (WorldScientificPublishing, New Jersey, 2007)

5. N. Engheta , R. W. Ziolkowski (eds.), *Electromagnetic Metamaterials*: *Physics and Engineering Explorations* (Wiley-IEEE Press , New York , 2006)

6. J. B. Khurgin , R. S. Tucker(eds.), SlowLight: ScienceandApplications(Taylor&Francis , NewYork , 2009)

7. P. W. Milonni , Fast Light , Slow Light and Left-Handed Light (Taylor & Francis , New York , 2005)

8. K. L. Tsakmakidis, A. D. Boardman, O. Hess, 'Trapped rainbow' storage of light in metamaterials, Nature) **450** , 397 (2007)

9. B. Corcoran et. al. , Green light emission in silicon through slow-light enhanced third- harmonic generation in photonic crystal waveguides , Nature Photonics , 206 (2009)

10. F. Xia et. al. , Ultracompact optical buffers on a silicon chip , Nature Photonics **1** , 65 (2006)

11. A. Petrov et. al. , Backscattering and disorder limits in slow light photonic crystal waveguides , Optics Express **17** , 8676 (2009)

12. D. P. Fussell et. al. , Influence of fabrication disorder on the optical properties of coupled- cavity photonic

crystal waveguides, Physical Review B **78**, 144201 (2008)

13. C. Helgert et. al., Effective properties of amorphous metamaterials, Physical Review B **79**, 233107 (2009)

14. N. Papasimakis et. al., Coherent and incoherent metamaterials and order−disorder transitions, Physical Review B **80**, 041102(R) (2010)

15. Q. Gan et. al., Experimental verification of the rainbow trapping effect in adiabatic plasmonic gratings, Proceedings of the National Academy of Sciences of the United States of America **108**(13), 5169−5173 (2011)

16. V. N. Smolyaninova et. al., Experimental observation of the trapped rainbow, Applied Physics Letters **96**, 211121 (2009)

17. E. Infeld, G. Rowlands, *Nonlinear Waves, Solitons and Chaos* (Cambridge University Press Cambridge, 1990)

18. A. D. Boardman, A. P. Sukhorukov, *Soliton − Driven Photonics* (Kluwer Academic Publishers, Dordecht, 2000)

19. G. P. Agrawal, Nonlinear Fiber Optics, 3rd edn. (Academic Press, San Diego, 2001)

20. S. Trillo, W. Torrellas, Spatial Solitons (Springer, Berlin, 2001)

21. M. Remoissenet, Waves Called Solitons (Springer, Berlin, 1996)

22. K. C. Huang et. al. Nature of lossy Bloch states in polaritonic photonic crystals, Physical Review B **69**, 195111 (2004)

23. J. −S. Li, Optical modulator based on negative refractive material, Optics & Laser Technology **41**, 627 (2009)

24. A. J. Hoffman et. al., Negative refraction in semiconductor metamaterials, Natural Materials **6**, 946 − 950 (2007)

25. A. J. Hoffman et. al., Midinfrared semiconductor optical metamaterials, Journal of Applied Physics **105**, 122411 (2009)

26. Z. V. Vardeny, A. Nahata, Anderson localisation of slow light, Nature Photonics **2**, 75 (2008)

27. S. Mookherjea et. al., Localisation in silicon nanophotonic slow− waveguides, Nature Photonics **2**, 90 (2008)

28. O. Hess, K. L. Tsakmakidis, Stopping light in metamaterials: The trapped rainbow. SPIE: The International Society for Optical Engineering News−room (Nanotechnology) (2008). doi: 10. 1117/2. 120086. 1163

29. K. L. Tsakmakidis et. al., Single−mode operation in the slow light regime using oscillatory waves in generalised left−handed heterostructures, Applied Physics Letters **89**, 201103 (2006)

30. A. Karalis et. al., Plasmonic dielectric systems for high−order dispersionless slow or stopped subwavelength light, Physical Review Letters **103**, 043906 (2009)

31. J. W. Dong, H. Z. Wang, Slow electromagnetic propagation with low group velocity dispersion in all−metamaterial based waveguide, Applied Physics Letters **91**, 111909(2007)

32. M. A. Vincenti et. al., Semiconductor−based superlens for subwavelength resolution below the diffraction limit at extreme ultraviolet frequencies, Journal of Applied Physics **105**, 103103 (2009)

33. E. I. Kirby et. al., FDTD analysis of slow light propagation in negative − refractive − index metamaterial waveguides, Journal of Optics A: Pure and Applied Optics **11**, 114027 (2009)

34. A. Archambault et. al., Surface plasmon Fourier optics, Physical Review B **79**, 195414 (2009)

35. E. I. Kirby, J. M. Hamm, T. Pickering, K. L. Tsakmakidis, O. Hess, Evanescent gain in "trapped rainbow" negative refractive index heterostructures, Physical Review B **84**, 041103 (2011)

36. J. J. Cook et. al. , Ultralow-loss optical diamagnetism in silver nanoforests , Journal of Optics A : Pure and Applied Optics **11** , 114026（2009）

37. O. Hess et. al. , Active nanoplasmonic metamaterials , Natural Materials **11** , 573（2012）

38. S. Wuestner et. al. , Plasmon lasers at deep subwavelength scale , Physical Review B **85** , 201406（R）（2012）

39. J. S. Aitchison , A. M. Weiner , Y. Silberberg , D. E. Leaird , M. K. Oliver , J. L. Jackel , P. W. Smith , Optics Letters **15** , 471-473（1990）

40. M. Ballav , A. R. Chowdhury , Progress in Electromagnetics Research **63** , 33-50（2006）

41. A. D. Boardman , K. Marinov , D. I. Pushkarov , A. Shivarova , Optical Quantum Electronics **2** , 49 - 62（2000）

42. A. D. Boardman , K. Marinov , D. I. Pushkarov , A. Shivarova , Physical Review E **2** , 2871-2876（2000）

43. P. Kockaert , P. Tassin , G. Van der Sande , I. Veretennicoff , M. Tlidi , Physical Review A **4** , 033822（2006）

44. K. J. Webb , A. Ludwig , Physical Review B **8** , 153303（2008）

45. P. Kinsler , M. W. McCall , Physical Review Letters **01** , 167401（2008）

46. A. D. Boardman , R. C. Mitchell-Thomas , N. J. King , Y. G. Rapoport , Optics Communications **83** , 1585-1597（2009）

47. T. Mizumoto , Y. Naito , IEEE Transactions on Microwave Theory and Techniques **0** , 922-925（1982）

48. M. J. Ablowitz , Z. H. Musslimani , Physical Review Letters **7** , 254102（2001）

49. P. Tassin , G. Van der Sande , N. Veretenov , P. Kockaert , I. Veretennicoff , M. Tlidi , Optics Express **4** , 9338-9343

50. A. D. Boardman , Y. G. Rapoport , N. King , V. N. Malnev , Journal of Optical Society of America B **4** , A53（2007）

51. G. D'Aguanno , N. Mattiucci , M. J. Bloemer , Journal of Optical Society of America B **5** , 1236（2008）

第10章 反向波非线性光学

摘要 本章综述了双域正负折射率超材料中非线性光传播过程的特殊性能。这些过程使得普通电磁波和反向电磁波之间能够产生相干能量交换,这大大提高了二次谐波产生、三波混合和光参量放大时的频率转换效率。本章概述了超材料与普通材料中同类型材料的显著对比。特别是,反向传播短脉冲的放大和产生过程引起的特殊性质。本章提出了一种新型材料,此种材料可通过群速度为负的电磁波使上述过程实现。我们可在支持弹性反向波(光学声子)的现有晶体中对此类过程进行模拟。本章对数据处理芯片、可调谐非线性光学镜、滤波器、开关和传感器等独特光子器件进行了相关探讨。

10.1 引言

光负折射率材料(NIMS)是一类有望在光子学领域取得革命性突破的电磁介质。此种突破的可能性源于波的反向特性,以及电磁波(EMW)在负折射率超材料中获得的特殊性质。不同于普通的正折射率材料,能量流 S 和波矢量 k 在负折射率超材料中为反向,这便决定了其独特的线性和非线性光学(NLO)传播特性。反向电磁波(BEMW)产生的原因如下:波矢量 k 相对于能量流 S(坡印亭矢量)的方向取决于介电常数 ε 和磁导率 μ 的符号。

$$S = \left(\frac{c}{4\pi}\right)[E \times H] = \left(\frac{c^2 k}{4\pi\omega\varepsilon}\right)H^2 = \left(\frac{c^2 k}{4\pi\omega\mu}\right)E^2$$

如果 $\varepsilon < 0$ 且 $\mu < 0$,则折射率变负,$n = -\sqrt{\mu\varepsilon}$,并且矢量 S 和 k 方向变为反向,这与普通正折射率介质的电动力学现象形成了鲜明对比。因此,负折射率超材料在光学频率上的磁响应,包括非线性磁偏振,为电磁学开辟了新道路以及众多革命性突破的应用。这种性质在自然界本有的材料中是不存在的,但是可以在等离子超材料中得以实现。在文献[1-11]中,对负折射率超材料中由普通电磁波和反向电磁波混合引起的相干非线性光学能量转化过程的独特性质,及将其应用于光损耗补偿的可能性进行了探究。文献[1,12-19]中已经表明,三波

混频(TWM)、四波混频的过程和二次谐波、三次谐波产生的本质属性是截然不同的。最后,研究表明,当输入波的非线性和强度相等时,包含反向波(BWs)的非线性光学传播过程,能够极大地提高能量转化率。在短脉冲系统中,普通波和反向波之间相干非线性光学能量交换具有极其特殊的性质。关于此部分的综述可见文献[12,13]及其涉及参考文献。其中所列举的特性具有巨大的应用前景,如光损耗补偿[2,3]和光学遥感[20]。利用特定的非并行程序,可创造出一系列特殊光子器件,如数据处理芯片、可调谐非线性光学反射镜、滤波器、开关和传感器。

通常,负折射率超材料是纳米结构的金属-绝缘体复合材料,在纳米尺度上对其构件进行特殊设计,使其带有负光学磁性。在负折射率超材料中,金属构件具有极强的光辐射吸收,此乃阻碍其大量应用的主要原因。但是,我们也可通过不同的方法对材料结构进行设计,从而可支持普通波与反向波的共存以及相干非线性光学耦合。由此提出了两类不同材料,即对其纳米构造块的空间色散进行特殊设计的超材料以及支持负群速光学声子的晶体。它们都不依赖于具有反向光磁特性的纳米谐振器,从而成为制造负折射率超材料的主原料。在第二种材料中,已证实可利用普通晶体代替难以设计的等离子体非线性光学超材料。在此种全电介质材料中,可以模拟出由负折射超材料引起的非线性光学的特殊变频传播过程。通过数值模拟,证明了当短脉冲在包含普通电磁波和弹性反向波(光学声子)的非线性光学耦合过程中获得了特殊性质时,在该短脉冲作用下,可以减小由强非相干损耗造成的不利影响。

本章描述了在负折射率超材料中大大强化的非线性光学变频过程中潜在的物理原理,以及此类材料的可调谐透明度和反射率对可控激光的应用和一些新型方法,从而设计出具有负群速度的材料以及在现有晶体中模拟一些类似的非线性光学过程。

10.2　通过普通电磁波和反向电磁波三波混频形成的非线性光能转换、反射率和放大的大幅增强

负折射率超材料中的非线性光学传播过程,最显著的特征为电磁波非线性光学耦合的强大共振增强。本节从物理学角度解释了此特性形成的原因及其对超材料全光可调谐透明度和发射率的应用和对光学传感的应用。

10.2.1 "几何"共振

如图 10.1(a)所示,一个厚度为 L 的平板,频率为 ω_3 时强控制场为 E_3,频率为 ω_2 时弱波为 E_2,假设二者折射率都为正。第三,频率为 ω_1 时,弱波 E_1 落在负折射率频域,因而具有反向波特性。频率 $\omega_1+\omega_2=\omega_3$ 相关。耦合波具有强耗散,相应的吸收指数用 $\alpha_{1,2}$ 表示。对于二次非线性[14]$\chi_{ej}^{(2)}$、$\chi_{mi}^{(2)}$ 电磁波,其慢变有效振幅值用 $a_{e,m,j}(j=\{1,2\})$ 表示,非线性耦合参数用 $g_{e,m}$ 表示,可通过以下表达式得出,即

$$a_{ej}=\sqrt{\left|\frac{\varepsilon_j}{k_j}\right|}E_j, \quad g_e=\sqrt{\left|\frac{k_1k_2}{\varepsilon_1\varepsilon_2}\right|}2\pi\chi_{ej}^{(2)}E_3$$

$$a_{mj}=\sqrt{\left|\frac{\mu_j}{k_j}\right|}H_j, \quad g_m=\sqrt{\left|\frac{k_1k_2}{\mu_1\mu_2}\right|}2\pi\chi_{mj}^{(2)}H_3$$

$|a_j|^2$ 量和能量流中的光子数成相应比例。振幅 a_j 的方程组和上述两种非线性特性的方程组一致:

$$\frac{da_1}{dz}=-iga_2^*\exp(i\Delta kz)+\left(\frac{\alpha_1}{2}\right)a_1 \qquad (10.1)$$

$$\frac{da_2}{dz}=iga_1^*\exp(i\Delta kz)-\left(\frac{\alpha_2}{2}\right)a_2 \qquad (10.2)$$

式中:$\Delta k=k_3-k_2-k_1$。此时,模型已被简化。此方程考虑到了入射和反射耦合场的吸收作用,而忽略了控制场的损耗。

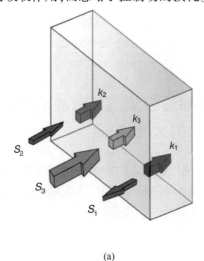

(a)

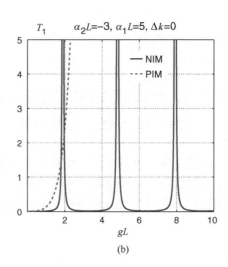

(b)

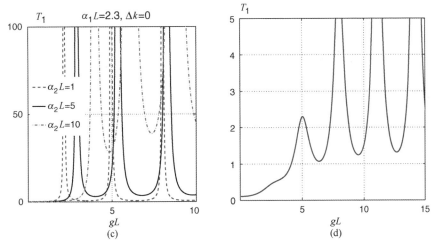

图 10.1　负折射率信号的三波混频和可调谐透明度

（a）耦合几何结构（S_1—负折射率信号光，S_3—正折射率控制场，S_2—正折射率闲频光）；

（b）输出信号 $T_1(z=0)$ 与板厚的关系以及输出信号与控制场强度（gL 因素）的关系（在此，

超材料在信号光频率下具有吸收性，且假设该吸收性在闲频光频率下已放大，$\Delta k=0$。

在其他介质参数相同的情况下，普通正折射率材料不再具备相同依赖性）；（c）当 $\alpha_1 L=2.3$ 且 $\alpha_2 L$

具有不同值时信号的传播 $T_1(z=0)$。$\Delta kL=0$；（d）相位失配对输出信号的影响（$\alpha_1 L=2.3,\alpha_2 L=3$，

$\Delta kL=\pi$。实验结果显示，控制场强度的增加和/或板厚度的增加能够减小相位

失配对信号传输造成的不利影响）。

式（10.1）和式（10.2）中提及的 3 处差异使其与普通正折射率材料中的相关特性截然不同。第一处，g 在式（10.1）的符号与在式（10.2）中是相反的，因为 $\varepsilon_1<0$ 且 $\mu_1<0$。第二处，相反符号以 α_1 表示，因为能量流 S_1 与 z 轴反向。第三处，入射波和生成波的边界条件必须界定样本（$z=0$ 及 $z=L$）的相反两边，因能量流 S_1 和 S_2 方向相反。因此，a_1 和 a_2 的方程与其在普通正折射率非线性光学材料中的方程一致。如图 10.1 所示，这将导致方程解和生成波的一般特性发生巨变。

1. 负折射率信号光的可调谐透明度及光损耗补偿

当 $a_1(z=L)=a_{1L}$、$a_2(z=0)=0$ 时，在频率 ω_1 下，平板可视作光参量放大器。透明度/放大系数 T_{10} 由下式得出，即

$$T_{10}=\left|\frac{a_1(0)}{a_{1L}}\right|^2=\left|\frac{\exp\left\{-\left[\left(\dfrac{\alpha_1}{2}\right)-s\right]L\right\}}{\cos(RL)+\left(\dfrac{s}{R}\right)\sin(RL)}\right|^2 \tag{10.3}$$

其预测的特性与普通介质完全不同。更明确地说,可从 $\alpha_j = \Delta k = 0$ 看出。其次,透明度方程可简化为

$$T_{10} = \frac{1}{[\cos(gL)]^2} \qquad (10.4)$$

式中:$R = \sqrt{g^2 - s^2}$,$s = [(\alpha_1 + \alpha_2)/4][-i\Delta k/2]$。依据平板厚度和控制场强度(因素 g),可从方程中得出,在 $gL \to (2j+1)\pi/2$,$(j = 0, 1, 2, \cdots)$ 时,输出信号经历了一系列的"几何"共振。此特性与普通正折射率介质的特性完全不同,其中,当 $\alpha_j = \Delta k = 0$ 时,信号强度会以指数方式增长,即

$$T_1 \propto \exp(2gL) \qquad (10.5)$$

文献[22]中指出了此种特殊共振的可能性,并且预测了一种特殊的三波混频相位匹配方法,但仍未实现文献[23,24]所提出的。所有频率都需处于正折射率区域,且一束远红外波长的光束需指向相反方向,以此可利用异常色散进行相位匹配。

图 10.1(b)~(d)说明了双域负折射率/正折射率超材料中的上述几何共振和非线性光学传播过程与普通材料中的对应过程存在显著差异。除却因素 $\propto \chi_m^{(2)} H_3$,信号光的局部非线性光学能量转化率与闲频光振幅呈相应比例(反之亦然),并且依赖于相位失配 k。因此,波在反方向上的衰减(吸收指数 $\alpha_{1,2}$)导致了整个传播过程及平板的传输性质很大程度上依赖于信号光与闲频光的衰减比率。与图 10.1(b)(虚线)所示的普通正折射率材料中相应的依赖关系相比,在负折射率超材料中,由于光波反向而产生的此种独特共振现象乃显而易见。此处,在 ω_2 频率下,由于粒子数反转造成闲频光放大的中心已嵌入平板之中。基本上,如图 10.1(b)所示,以及由图 10.1(c)中与 $\alpha_2 L = 1$ 相对应的点也可看出,这些感应透明度共振十分狭窄。此表明了样品在超出控制场和样品厚度共振值的任何地方呈现不透明状态。非线性磁化率或吸收指数对频率的强烈依赖转化为频率窄带滤波。

在平板厚度和控制场强度的广阔范围内,如果折射率的所有最小值都不小于 1,则平板将会呈透明状态。图 10.1(c)、(d)显示了当一块负折射率超材料平板,处于控制场强度范围内的信号光频率下,通过适当调节吸收指数 $\alpha_2 \geqslant \alpha_1$ 来改变板厚度,该板的透明度和放大则会增强。电场振幅在谐振腔附近急剧增大,表明可能存在无腔自激振荡。信号光以及平板内的闲频光分布也会发生巨变。特别是,模拟实验表明,除非进行优化,否则在 $z = 0$ 时,平板内部信号光的频率最大值可能远远大于其输出值[1,2,4]。

2. 可调谐反射率及非线性光学超反射镜

当 $a_1 L = 0$、$a_2(z=0) = a_{20}$ 时,平板可视作非线性光学元镜,在 ω_1 频率下对波

进行反射。针对空间均匀的控制场和非线性磁化率,可得出式(10.1)和式(10.2)的解析解,然后折射率 $r_1 = |a_1(0)/a_{20}^*|^2$,由方程得出

$$r_1 = \left| \frac{\left(\dfrac{g}{R}\right)\sin(RL)}{\cos(RL)+\left(\dfrac{s}{R}\right)\sin(RL)} \right|^2 \qquad (10.6)$$

由此可见,反射率也呈现出一系列"几何"共振。例如,当 $s=0$ 时,由 $r_1 = \tan^2(gL)$ 可得出反射率,并且无限趋近于 $gL \to (2j+1)\pi/2 (j=0,1,2,\cdots)$,表明无反射镜自激振荡可能产生。基本上,反射波具有不同频率,且反射率可能大大超过 100%。

最后,模拟实验结果表明,通过改变控制场的强度,可以在极大范围内调谐和切换超材料的透明度和反射率。共振态中耦合非线性光学的大幅增强表明,左向负相波和闲频光的强吸收可以转化为透明、放大甚至无腔自激振荡。

自激振荡会产生纠缠反向传播的无腔左旋光子 $\hbar\omega_1$ 和右旋光子 $\hbar\omega_2$,能量则来自于控制场。此处,分布式非线性光学反馈大大增加了有效耦合长度。其类似于放置在高质腔内的微放大介质,该腔可发出激光。所述特性可应用于超致密光学传感器特定滤波器、放大器以及可产生反向传播纠缠光子光束的振荡器设计。

10.2.2　3 种备选耦合方案:3 种传感选项

本小节介绍了全光传感的应用和未来传感器的概念。图 10.2 描绘了普通波和反向波相位匹配非线性光学耦合的 3 种选项。以平板(图 10.2(a))中所述为例。假设在 ω_1 频率下,波矢量为 k_1 且沿着 z 轴方向的波为正折射率($n_1>0$)信号光。通常情况下,金属内含物对其有很强的吸收作用。该介质应该具有二次非线性 $\chi^{(2)}$ 性能,且在负折射率区域内的 ω_3 频率下,被高频率控制场进行照射。由于三波混频(TWM)的相互作用,控制场和信号场会产生一种频率为 $\omega_2 = \omega_3 - \omega_1$ 的差频闲频光,也被认为是正折射率波($n_2>0$)。在与控制场的协作下,通过相同的三波混频相互作用,该差频闲频光回射入在 ω_1 频率下的光波,从而通过将控制场能量转换成信号的方式在同频率下实现光学参量放大。为了保证能量的有效转换,介质非线性偏振引起的行波和耦合电磁波在相同频率下必须保持相位匹配,即满足条件 $\Delta k = k_3 - k_2 - k_1 = 0$。因此,所有相位速度(波矢量)必须为共向。由于 $n(\omega_3)<0$,控制场为反向波,即其能量流 $S_3 = (c/4\pi)[E_3 \times H_3]$ 与 z 轴反向。这便于非线性光学微晶片进行远程监测控制,并通过此类超

反射镜[11]促进指向远程探测器的信号频率的转换和放大。上述信号可以是，如目标物发出的远红外热辐射，或者是携带有关环境化学成分重要光谱信息的信号。研究难点则在于，与文献中已知的标准非线性耦合相关特性相比，此种前所未有的非线性光学耦合会导致耦合非线性传播方程和边界调节的变化，进而导致其方程解和传感器操作性能多参数依赖性的改变。另外两种方案如图 10.2(b)和图 10.2(c)所示，表示非线性光学传感[20]的不同优点及操作性能。

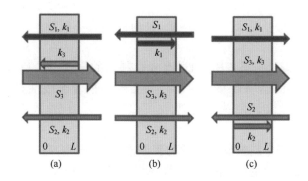

图 10.2   非线性光学传感器的 3 种不同传感选项
(a) $S_{1,2}$ 和 $k_{1,2}$ 为普通正折射率信号和生成闲频光的能量通量和波矢量、S_3 和 k_3 表示负折射率控制
场的能量通量和波矢量;(b) 非线性光学传感器对再次通过控制光束($n(\omega_1)<0$)的信号光
S_1 进行了放大，且频率的提高将其转为沿着控制光束定向的光束 S_2;(c) 非线性光学传感器
改变了穿过控制场信号光 S_1 的频率，并将该信号光沿着控制光束($n(\omega_2)<0$)
的反方向进行反射((b)和(c)为备选方案)。

10.3   空间色散超材料中普通电磁波和反向电磁波的相干非线性光学耦合

本节对超材料为非线性电磁应用开辟的新途径进行了描述，而在此种超材料中，由于结构元件的特定空间色散性，可形成反向波。基本观点如下。如上所述，根据目前已被普遍接受的观点，负折射率和相关反向光波的产生需要负磁导率的介入，因此在光学频率下可产生磁性。然而，另一种方法也可能行之有效[25,26]。在无损耗各向同性介质中，能量通量 S 与群速度 v_g：$S = v_g U$，$v_g = \mathrm{grad}_k \omega(k)$ 同向。此处，U 为电磁波的能量密度。显而易见，基于空间色散 $\partial \omega / \partial k$ 符号的正负情况，群速度的方向可能会与波矢量的方向相反。基本上，

负色散可能会出现在完全介电材料中,因为该类材料的结构元件具有特定的色
散性。其开辟了一个全新的研究领域,并为超材料的应用开辟了新途径。在下
一小节中展示了制造这种色散介质的可能性,此种介质支持普通电磁波和反向
电磁波(BEMW)的共存。在 10.3.2 节中对在一个无耗非线性光学平板中,基
模电磁波与其反向二次谐波之间相干能量交换的增强这样一个范例进行了
介绍。

10.3.1　碳"纳米森林"和普通基本电磁波与反向二次谐波电磁波的相位匹配大幅增强

最近,文献[27-29]预测纳米阵列和层状结构中运用了边界元法模式。显
然,应该还存在其他方法。下面提出了一种在非线性传播领域及相干能量转换
的过程中看似极为可行的方法[21]。也就是说,在倍频条件下,普通电磁波可能
会转变成反向传播电磁波。因此,此种超材料可视作一种倍频非线性光学超反
射镜[12,16],其可将产生的频率发送至泵浦源。

图 10.3(a)展示了垂直置于理想电导体(PEC)表面的碳纳米管(CNT)周
期性排列,碳纳米管两端与空气接触。如文献[29]所示,沿着 x 或 y 轴的方向
穿行于这个"碳纳米森林"的电磁波拥有双曲色散性,且在太赫兹和中红外范围
内的损耗也相对较低。从双曲色散定律中得出的最重要结论是:正、反向电磁
波均可进行传播。设定电磁波沿 x 轴方向传播。同时,引入群延迟因素 $n_{gr} = c/v_g$ 和相位速度慢波系数 $n_{ph} = c/v_{ph}$。后者为是折射率。在给定情况下,表面波
沿着开口碳纳米管组成的平板传播,该平板的电磁场在空气中逐渐减弱,其色
散为[30]

$$\tan(k_z h) = \frac{\sqrt{k_x^2 - k^2}}{k_z} \tag{10.7}$$

可将此类依赖关系视作一个由金属板和空气组成的平面波导,而其性质已
被碳纳米管阵列改变。阵列轴与波导壁相互垂直。然后,沿着波导方向的传播
常数等于 $k_{\perp} = \sqrt{\varepsilon_{zz}[k^2 - (m\pi/2h)^2]}$,其中 m 为一个正整数,h 为波导(碳纳米
管)的高度,k 为自由空间中的波数。若 $\varepsilon_{zz} < 0$,当 $k < m\pi/2h$ 时,反向波可传播,
当 $k > m\pi/2h$ 时,反向波无法传播。波矢量分量 k_x 与波数 k 之间的关系为

$$k_x^2 = [(k^2 - k_p^2)(k^2 - k_z^2)]/k^2$$

式中:$k_z = m\pi/(2h)$;m 为沿碳纳米管决定场变量数量的整数;k_p 为等离子体波
矢量。当 $k_z/k > 1$ 和 $k_p/k > 1$ 时,可证明 $dk_{\perp}^2/dk^2 < 0$。

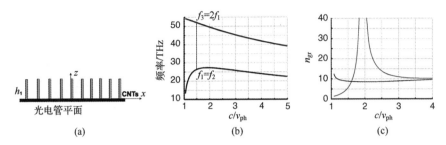

图 10.3 （a）独立碳纳米管（CNTs）的几何结构；（b）两端开口碳纳米管平板的色散
频率与慢波系数的对比；（c）在与平板图（b）相同的模式中，群延迟因素与相位速度慢波
系数的对比（黑色（走势平坦）曲线对应的是高频模式，蓝色曲线对应的是低频模式。
蓝色曲线的顶部已被切除。其最大值与静止光区域相对应）。

式（10.7）的数值分析如图 10.3（b）所示，碳纳米管（CNT）半径 $r = 0.82$nm，晶格周期 $d = 15$nm，电磁模式 $m = 1$ 和 $m = 3$。慢波系数与波矢量成正比：$c/v_{ph} = k(\omega)/k_0$，其中 k_0 为真空中的波矢量。慢波系数的正色散由碳纳米管平板中的反向波与空气中的平面波相互作用而产生。事实上，不同频率的正（正向相关）和负（负向相关）色散的共存证明了此种超材料同时支持普通电磁波和反向电磁波。其也证明了带有负 ε 和 μ 的等离子体共振结构，如开环谐振器，并不是在给定的中红外范围内生成反向波的必要条件。与大多数由纳米级谐振器组合而成的等离子体超材料相比，反向电磁波的带宽可能会明显增加，在此基础上，人们提出了可将碳纳米管阵列作为一种理想的反向波超材料。两种模式的慢波系数均如图 10.3（c）所示。当 $n_{ph} \approx 1.85$，n_{gr} 趋近于无穷大，其展示了静止光范围内的低频模式。特别是，图 10.3（b）展示了普通基波和反向二次谐波电磁波进行相位匹配的可能性。

10.3.2   基本辐射的反向传播短脉冲与其二次谐波之间的相干能量交换

在此，证明了二次谐波产生的脉冲形状和总体效率对输入基波脉冲长度和超材料平板厚度[13,21]之比的特殊依赖关系。从而可形成透射和产生的反向传播脉冲。假设一种厚度为 L 的双频域正/负折射率平板，当处于基频时其支持普通电磁波，当处于二次谐波频率时，其支持反向电磁波。为了确保相位匹配，基频脉冲与其二次谐波，二者的波矢量必须为同向，且正因如此，其能量通量也为同向。此平板作为提高频率的非线性光学超反射镜，具有可控反射率[1,11]。在 a_1 基频下的电磁波振幅和 a_2 二次谐波频率的电磁波振幅方程组，可表示为

$$\frac{1}{v_1}\frac{\partial a_1}{\partial t}+\frac{\partial a_1}{\partial z}=-\mathrm{i}2ga_1^* a_2\exp(\mathrm{i}\Delta kz)-\frac{\alpha_1}{2}a_1 \tag{10.8}$$

$$-\frac{1}{v_2}\frac{\partial a_2}{\partial t}+\frac{\partial a_2}{\partial z}=\mathrm{i}ga_1^2\exp(-\mathrm{i}\Delta kz)+\frac{\alpha_2}{2}a_2 \tag{10.9}$$

式中：$|a_{1,2}|^2$ 为与能量通量中即时光子数成相应比例的慢变振幅；$\alpha_{1,2}$ 为吸收指数；$\Delta k=k_2-2k_1$ 为相位失配；v_i 为相应脉冲的群速度。注意方程中符号的正负，并且基频波和二次谐波的边界条件需设为平板的相反边缘值。上述因素导致了方程解不同于普通非线性光学材料的方程解。我们选择了形状类似于矩形的输入脉冲。

$$F(\tau)=0.5\left(\tanh\frac{\tau_0+1-\tau}{\delta\tau}-\tanh\frac{\tau_0-\tau}{\delta\tau}\right) \tag{10.10}$$

式中：$\delta\tau$ 为脉冲前端和末端的持续时间，当 $t=0$ 时，τ_0 为脉冲前端的转换。脉冲持续时间 $\Delta\tau$ 减少了所有数量。选定 $\delta\tau=0.01$ 以及 $\tau_0=0.5$ 进行数值模拟。

在脉冲系统中，由于负折射率超材料中的反向二次谐波仅出现于基频的行波脉冲中，因而其具有特殊性质。二次谐波从脉冲的前端产生，向后端延伸，最后离开脉冲，且再无任何变化。由于基频脉冲的传播横穿平板，因此二次谐波脉冲的持续时间长于基频脉冲。基频辐射沿着脉冲长度的损耗和转换效率取决于其初始最大强度以及相位匹配程度。最后，二次谐波产生的整体特性，如脉冲长度和光子转换效率，取决于基频脉冲与平板长度之比。图 10.4(a)~(d) 说明了此种无损耗材料的特殊性能。此处，d 为取决于输入脉冲长度的平板厚度，$d=L/v_1\Delta\tau$，g 与非线性磁化率 $\chi^{(2)}$ 成相应比例，且 g 与基本辐射的输入振幅也成相应比例。当脉冲前端进入介质时，$z=0$ 时输入基频脉冲 $T_1=|a_1(z)|^2/|a_{10}|^2$ 呈现矩形。我们已得知，当脉冲末端在 $z=L$ 通过平板边缘时，输出基频脉冲的数值模拟结果，以及当脉冲末端在 $z=0$ 通过平板边缘时，输出二次谐波脉冲的形状及转换效率的数值模拟结果，$\eta_2=|a_2(z)|^2/|a_{10}|^2$。为清晰起见，此处假设介质无耗损，基本脉冲和二次谐波脉冲的群速度相等，$\Delta k=0$。

图 10.4(a) 和图 10.4(b) 与板厚 1/4 的基本脉冲相对应。可知转换效率随着输入脉冲强度的增大而提高。随之便是缩短二次谐波脉冲长度。上述性质满足守恒定律：基频辐射湮灭的光子对数量 $(S_{10}-S_{1L})/2$ 等于输出的二次谐波光子数 S_{20}。图 10.4(c) 和图 10.4(d) 展示了比平板厚度更长的输入脉冲的相应变化。与前一种情况相比，此处，输入脉冲强度更低，转换长度更长，因而转换效率更高，二次谐波脉冲的长度和转换效率随着输入脉冲强度的增强而发生的变化似乎并不显著。图 10.4(a)~(d) 非常清楚地展示了反向传播脉冲宽度

和脉冲形状的变化以及对其特性进行调谐的可能性。

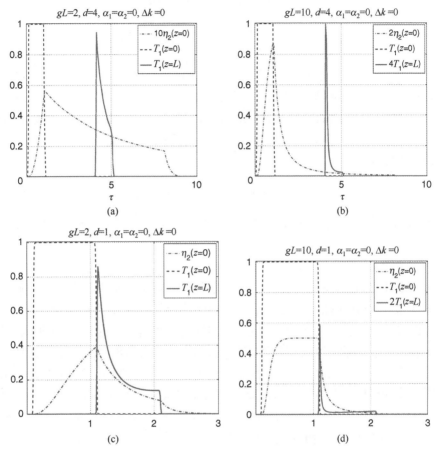

图 10.4   输入脉冲 $T_1(z=0)$、输出脉冲 $T_1(z=L)$、基频二次谐波辐射脉冲和

负折射二次谐波辐射脉冲 $\eta_2(z=0)$（（a）和（b）为短脉冲：$d=4$。

（c）和（d）为长脉冲：$d=1$。（b）和（d）的输入脉冲功率为（a）和（c）的 25 倍）

（a）输入脉冲覆盖面（脉冲能量）$S_{10}=0.9750$；输出脉冲覆盖面（脉冲能量）$S_{1L}=0.5031$，

$S_{20}=0.2392$；（b）输入脉冲能量 $S_{10}=0.9750$；输出脉冲能量 $S_{1L}=0.0396$，$S_{20}=0.4742$；

（c）输入脉冲能量 $S_{10}=0.9900$；输出脉冲能量 $S_{1L}=0.2516$，$S_{20}=0.3692$；

（d）输入脉冲能量 $S_{10}=0.9900$；输出脉冲能量 $S_{1L}=0.0161$，$S_{20}=0.4870$。

10.4   对全介质材料中后向波的非线性光学进行模拟

如前所述，具有反向电磁波的非线性光学能够在输入波非线性和强度相等的情况下大大提高能量转化率。在此提出了不同于以往的普通波与反向波进行三波混频的方法。其建立在受激拉曼散射的基础上，两个普通电磁波激发晶体中的反向弹性振动波，从而产生了三波混频耦合波。L. I. Mandelstam 在 1945 年就预测了出现此种反向波的可能性[32]，他也指出了负折射是此种反向波的一般属性。下文会对上述概念内含的观点及其基本原理进行详细说明。由于负折射率等离激元复合材料的制造非常困难，因此我们准备以现成的普通晶体来取代该复合材料。人们对部分此类晶体的拉曼非线性已进行了广泛研究。因此，我们所提出的方法可对普通波和反向波之间相干非线性光学能量交换的独特性质进行模拟。在文献[33]中，对连续波体系中光声子的受激拉曼散射进行了研究。结果表明分布反馈型共振增强是由弹性波负色散引起。在满足特定条件的情况下，该效应与负折射率超材料中普通波和反向电磁波的三波混频效应相似。但是，由于声子阻尼率高，我们发现所需的基本场强度接近于光击穿阈值。在此，我们已证实利用短脉冲可解决上述指出的问题，从而可在现有晶体中模拟与负折射率超材料中类似的三波混频过程。此外，我们发现此混频过程可产生独特性能，可对所产生和传输的脉冲形状进行调整，且极大地提高了频率转换效率。

$\omega(k)$ 为光学声子的典型色散曲线，其存在于特殊晶体中，该类晶体每个晶胞内含有不止一个原子，如图 10.5 所示。上述色散在零到第一布里渊区边界的范围内为负。因此，此类声子的群速度 v_v 与其波矢量 k_v 的方向相反。此类取决于原子在纳米结构上空间分布的色散，可近似于[38] $\omega_v = \sqrt{\omega_0^2 - \beta k_v^2}$。然后，在 $k_v = 0$ 的附近，速度 v_v^{gr} 由 $v_v^{gr} = -\beta k_v / \omega_v = -\beta / v_v^{ph}$ 得出，其中 v_v^{ph} 为振动波的相位速度在 z 轴上的投影，β 为给定晶体的色散参数。光波通过拉曼散射会激发光弹性振动。在声子频率下，通过拉曼散射，可用此类晶体代替负折射率介质，同时对三波（其中两个是普通电磁波，一个是弹性振动的反向波）参量相互作用的过程进行应用。

耦合波方程为

$$E_{1,s} = \left(\frac{1}{2}\right) \mathcal{E}_{1,s}(z,t) \, e^{ik_{1,s}z - i\omega_{1,s}t} + \text{c. c.} \tag{10.11}$$

$$Q_v = \left(\frac{1}{2}\right) Q_v(z,t) \, e^{ik_v z - i\omega_v t} + \text{c} \cdot \text{c} \tag{10.12}$$

式中：$\mathcal{C}_{1,s}$、Q、$\omega_{1,s,v}$、$k_{1,s,v}$ 为基波、斯托克斯波以及振动波的振幅、频率及波矢量；$Q_v(z,t) = \sqrt{\rho} x(z,t)$；$x$ 为振动粒子的位移，ρ 为介质密度，应满足条件为 $\omega_1 = \omega_s + \omega_v(k_v)$，$k_1 = k_s + k_v$。偏振扩张中，$Q$ 的一阶近似慢波振幅的偏微分方程为

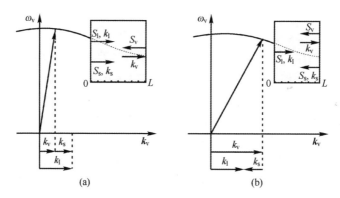

图 10.5   光学声子的负色散以及长短振动波的两种相位匹配
（插图：能量流和波矢量的相对方向）
（a）同向传播；（b）反向传播的基波（控制）和斯托克斯（信号）波。

$$\frac{\partial \mathcal{E}_1}{\partial z} + \frac{1}{v_1} \frac{\partial \mathcal{E}_1}{\partial t} = \mathrm{i} \frac{\pi \omega_1^2}{k_1 c^2} N \frac{\partial \alpha}{\partial Q} \mathcal{E}_s Q \tag{10.13}$$

$$\frac{\partial \mathcal{E}_s}{\partial z} + \frac{1}{v_s} \frac{\partial \mathcal{E}_s}{\partial t} = \mathrm{i} \frac{\pi \omega_s^2}{k_s c^2} N \frac{\partial \alpha}{\partial Q} \mathcal{E}_1 Q^* \tag{10.14}$$

$$\frac{\partial Q}{\partial z} - \frac{1}{v_v} \frac{\partial Q}{\partial t} - \frac{Q}{v_v \tau_v} = -\mathrm{i} \frac{1}{4 \omega_v v_v} N \frac{\partial \alpha}{\partial Q} \mathcal{E}_1 \mathcal{E}_s^* \tag{10.15}$$

式中：$v_{1,s}$ 和 $-v_v$ 为基波、斯托克斯波和振动波的群速度在 z 轴上的投影；N 为振动分子的数密度；α 为分子极化率；τ_v 为声子寿命。如图 10.5（a）所示，对同向传播的基波和斯托克斯波的相位匹配（振动波与斯托克斯波反向）进行描述的方程组（10.13）至式（10.15）与负折射率超材料中反向传播波的三波混频方程组相似。在连续波条件和忽略基波损耗的情况下，共振增强有可能发生，与图 10.1 所示相似。相反，在图 10.5（b）所示例子中，只存在标准的指数行为。图 10.6 展示了第一"几何"共振附近的相应透射系数。在共振时，$T_s^{++} \to \infty$，由恒定控制场近似引起。控制场转换成斯托克斯场和激发态分子振动将会导致控制场饱和，从而限定了斯托克斯波放大的最大值。波放大的最大值表明单向放大自激振荡的可能性，从而也有可能创造出性能极佳的无反射镜光学参量拉曼振荡器。图 10.6(a) 和图 10.6(b) 表明了在规定厚度的晶体中拟合其有效转换长度以及将生成的斯托克斯场集中在其输出平面附近的可能性。此类现成晶体具有的特殊性能，可能会带来各种突破性应用。然而，据预估，具有此类独特放大特性的基本场，其强度需接近于光击穿阈值[33]。因为声子衰减快速，且基本光束在高温中的相应能量转化率较高。

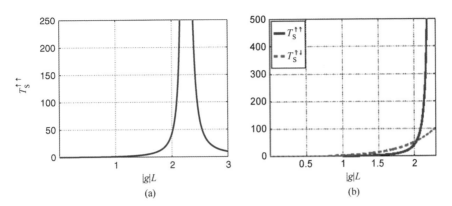

图 10.6 (a) 斯托克斯波 $T_s^{++}(z=L)$ 的透射(放大)和第一"几何"共振(同向传播
的 E_l 和 E_s 构成的几何结构,图 10.5(a))附近基本控制场强度的相对关系
($g=\sqrt{g_v^* g_s}$,L 为平板厚度。此类特殊共振出现的原因在于反向耦合振动波及
斯托克斯波与声子波的反向传播);(b) 斯托克斯波的输出强度与基波(控制波)
和信号波(斯托克斯波)(同向传播为蓝色实线,反向传播为红色虚线)构成的
控制场强度对比(图 10.5(a)、(b)分别展示了耦合几何结构)

接下来可看到,上述看似难以避免的困难其实可在短脉冲系统中进行解
决。为简单起见,以脉冲持续时间为 $\tau_P \ll \tau_V$ 的输入基波辐射的矩形脉冲模型
为例。假设初始的斯托克斯波为弱连续波。在与该脉冲相关的移动坐标系
中,且在此坐标系范围内,另外两个相互作用场的复杂振幅与时间无关。然
后,对于由转换导致的放大(在忽略对应泵浦损耗的情况下),可求出方程解
析解。对于相反的情况,也可得出数值解。在晶体中,其边界条件不能以介
质边界来界定,而应以基本脉冲边界为准。当产生的斯托克斯脉冲和振动脉
冲到达基本脉冲边界之后的一段时间,便可印证此点。在脉冲传播一段距离
$l>L^{max}$ 之后,此类近似方为真正的边界,其中 $L^{max}=\max\{L^s,L^v\}$,$L^s=l_p v_1/|v_s-v_1|$ 以
及 $L^{s,v}=l_p v_1/(v_1+v_v)$,$l_p=\tau_p v_1$ 为基本脉冲的长度。在下文中,如果斯托克斯波和基
波的坡印亭矢量同向(图 10.5(a)),且在相反情况下,二者为反向(图 10.5(b)),
则称之为波的同向传播。注意,反向传播斯托克斯波的 v_s 为负。

在恒定泵浦振幅近似及锁定泵浦脉冲的坐标系中,脉冲内产生的斯托克斯
波和反向振动波的方程为

$$\frac{dQ}{d\xi}\bigg| = -ig_v \mathcal{E}_s^* + \frac{QK_v}{l_v}, \quad \frac{d\mathcal{E}_s}{d\xi} = ig_s Q^* \qquad (10.16)$$

式中：$\xi=z-v_1^{\mathrm{gr}}t$；$g_v=K_v N(\mathrm{d}\alpha/\mathrm{d}Q)\mathcal{E}_1/(4\omega_v v_v)$；$l_v=\tau_v v_v$ 为声子的平均自由程；$K_v=v_v/(v_1+v_v)$；$g_s=K_s N(\mathrm{d}\alpha/\mathrm{d}Q)\mathcal{E}_1\pi\omega_s^2/(k_s c^2)$，$K_s=v_s/(v_s-v_1)$；$v_s$、$k_s>0$ 表示同向传播，v_s、$k_s<0$ 表示反向传播。由于斯托克斯频率小于基本频率，因此 $v_s>v_1$ 以及 $v_1\gg v_v$。

除去边界条件，式（10.16）和连续波三波混频的方程相似[33]。其准确描述了斯托克斯信号可能会产生大型放大，直到相对较小的部分强输入激光束被转换。对于同向的激光和斯托克斯波，其边界条件为

$$\mathcal{E}_s(\xi=0)=\mathcal{E}_s^0，\quad Q(\xi=l_p)=0 \tag{10.17}$$

在相反情况下，边界条件则为

$$\mathcal{E}_s(\xi=l_p)=\mathcal{E}_s^{l_p}，\quad Q(\xi=l_p)=0 \tag{10.18}$$

式（10.16）的解析解表明，在忽略基波损耗的给定近似值下，当脉冲能量接近对应的共振值 $gl_p=\pi/2$，其中 $g=\sqrt{g_v^* g_s}$ 时，共向信号趋近于无穷大。其表明，该方法可用于提高频率转换效率。各个基本场的强度 $I_{\min}^p$ 可由以下方程得出，即

$$I_{\min}^p=\frac{K_v}{K_s}\frac{cn_s\lambda_{s0}\omega_v}{16\pi^3 v_v\tau_v^2}\left| N\frac{\partial\alpha}{\partial Q}\right|^{-2} \tag{10.19}$$

式中：n_s 为 ω_v 处的折射率；λ_{s0} 为真空中的波长。与连续波系统[33]中对应的 $I_{\min}$ 值进行对比之后，即可得出结论。

$$\frac{I_{\min}^p}{I_{\min}}=\frac{K_v}{K_s}\approx\frac{v_v}{v_1}\frac{v_s-v_1}{v_s} \tag{10.20}$$

由具有方解石[34]和金刚石特性的[35-37]式（10.20）晶体参数，可得出 $I_{\min}^p/I_{\min}\approx10^{-11}$，因此，场强 $I_{\min}^p$ 递减至 $I_{\min}^p\sim10^7\mathrm{W/cm^2}$。其可通过商用飞秒激光器实现，并使基本场强低于大多数透明晶体的光击穿阈值。

从方程式（10.20）可看出，与连续波相比，在脉冲条件下 $I_{\min}^p$ 有两个因素导致了上述骤减。第一个因素就是声子与基本脉冲的群速度之比 v_v/v_1，近似于 10^{-8}。由于激光脉冲前端产生的声子朝着反方向传播，因此，其实际以光波的群速度瞬间离开基本脉冲区域，此为造成第一因素的原因。因此，有效声子平均自由程与基本脉冲长度相等。这减小了声子阻尼带来的不利影响。式（10.20）中的第二个因素决定了 $I_{\min}^p$ 的进一步减小，由晶体透明区域内的小范围色散导致。因此，斯托克斯脉冲缓慢地超过基本脉冲，显著增加了有效非线性光学耦合长度。

为了对显著的能量转化情况进行研究，可通过以下三步求出偏微分方程式（10.13）至式（10.15）的数值解，分别是拉曼平板入口附近、内部和出口附近的三波混频。在实验室参照系中模拟第一和第三间隔，边界条件以

平板相应边缘为准。而平板内部的传播过程则在移动参照系内进行,边界条件以脉冲边缘为准。此种方法可大大缩减计算时间。因为对于每个给定的时刻,只需要对通过基本脉冲内空间间隔而非整个介质的斯托克斯波的能量转换进行积分运算。我们选择的基本脉冲形状为类似于矩形的中心对称图形。

$$\mathcal{E}_1=\frac{1}{2}\mathcal{E}_1^0\left\{\tanh\left[\frac{(t_0+t_p-t)}{t_f}\right]-\tanh\left[\frac{(t_0-t)}{t_f}\right]\right\}$$

当斜率 $t_f=0.1$、半峰脉冲持续时间为 $t_p=1$ 时,其延迟时间 $t_0=0.6$ 按比例调整至基本脉冲宽度 τ_p。输入连续波斯托克斯信号的振幅选定为 $\mathcal{E}_s^0=10^{-5}\mathcal{C}_1^0$。我们对具有典型方解石[34]和金刚石[35-37]参数的模型进行了数值研究,发现波长 $\lambda_1=800\text{nm}$,脉冲持续时间 $\tau_p=60\text{fs}$,$\omega_v=1332/\text{cm}$,$\tau_v=7\text{ps}$,$v_1=1.228\cdot10^{10}\text{cm/s}$,$v_s=1.234\cdot10^{10}\text{cm/s}$,同向传播的波 $v_v=100\text{cm/s}$,反向传播的波 $v_v=2000\text{cm/s}$,$Nd\alpha/dQ=3.78\times10^7(\text{g/cm})^{1/2}$,晶体长度 $L=1\text{cm}$。

图 10.7(a) 中展示了同向传播($z=L$)的几何形波与反向传播($z=0$)的几何形波的输出量子转换效率 $\eta_q=(\omega_1/\omega_s)\cdot\oint_t I_s(z,t)dt/\oint_t I_1(z=0,t)dt$ 与输入脉冲强度的关系。由于反向波的影响,同向传播波中的转换效率大大提高。在转换成斯托克斯波的过程中,在 $I_1^0/I_{min}^p>7\times10^4$ 时,基本辐射的损耗可导致饱和。图 10.7(b) 展示了一个缩短的斯托克斯输出脉冲,其已超过损耗不均且已加宽的基本脉冲(已在插图中放大)。模拟实验结果还表明,输出斯托克斯脉冲以及基本脉冲的形状随着输入基波强度的变化而变化。图 10.8(a) 展示了由基本光束转换产生的较小损耗,可导致斯托克斯辐射输出脉冲放大 $T_s=|\mathcal{E}_s(L,t)/\delta_s^0|^2$。此处,基本脉冲的形状无变化。放大后的斯托克斯脉冲形状发生了改变,此乃由 $v_s>v_1$ 及斯托克斯脉冲超越基本脉冲所导致。相比之下,图 10.8(b)~(d) 中的量子转换便尤为重要。输出基本脉冲的相应损耗及形状变换都清晰可见。需要注意的是,在图 10.8(d) 的情况下,斯托克斯脉冲明显超过了泵浦脉冲。在后一种情况中,主要的转换过程发生于远离晶体边缘的内部,两个脉冲在无相互作用的情况下进行传播。可看出输出斯托克斯脉冲的脉宽随着基本脉冲能量的增加而变窄。此处,晶体 1cm 的长度与输入脉冲 $L/l_p=1357$ 的长度相匹配。脉冲持续时间为 60fs,以 5μJ 能量聚焦于直径 $D=100\mu\text{m}$ 的激光点,其阈值强度 $I_{min}^p=6\times10^6\text{W/cm}^2$。初始斯托克斯信号强度则定为 $I_s^0/I_1^0=10^{-10}$。

注意,以上所述非线性光学传播过程与其正群速度的对应传播过程[38,39]有显著差异,包括能量流与电磁波能量流反向的声波[40]。此处提及的概念与之前在文献[23]中提及的有所不同,也无需像文献[41](以及其涉及的参考文献)中所提及,在纳米尺度上对晶体二次非线性磁化率进行周期性极化。在反向波于微波范围内对非线性光学过程进行模拟的突破方面,上述可能性可作为其扩展补充[42,43]。

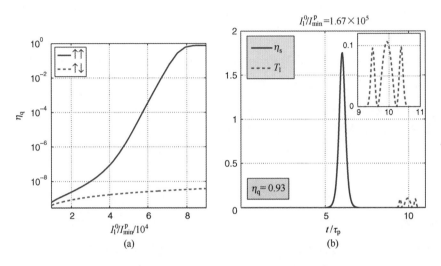

图 10.7　(a) 同向传播的几何形波(实线)与反向传播的几何形波(虚线)的量子转换效率与输入泵浦强度之间的关系;(b) 同向传播耦合的输出斯托克斯脉冲(实线)与基本脉冲(虚线)

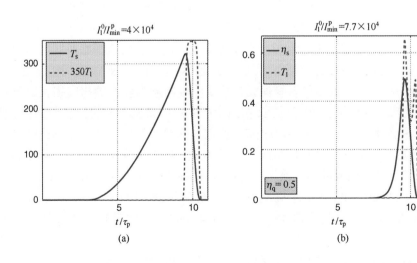

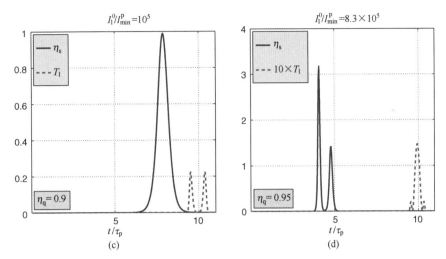

图 10.8　随着输入基本脉冲能量的增加,生成的斯托克斯(实线)与透射的基本输出
　　　　同向传播脉冲(虚线),其形状也随之改变(η_q 为相应的转换效率)
　　　　(a)基本脉冲细微损耗;(b)~(d)基本脉冲明显损耗。

10.5　结论

本章描述了双频域材料中的特殊非线性光学传播过程,包括同向与反向的相位速度与群速度。表明了通过可控共振增强透明度、光参量放大、反射率及频率转换,即可实现光操纵。特殊共振与基本(控制)辐射、非线性磁化率及材料平板厚度的乘积有关,此点已经证实。我们对反向传播的短脉冲之间的频率转换以及能量交换的特殊性质进行了详细描述。

本章提出了两种不同类型的新型光子材料:第一类是对其纳米构造空间色散进行特殊设计的超材料;第二类是支持负相位速度光学声子的晶体。上述两种材料都不依赖于具有负光磁性的纳米谐振器,从而成为制造负折射率超材料的主要原料。在连续波和短脉冲两种情况下,我们对上述材料相干变频过程的特殊性质进行了数值模拟。

作为色散设计的范例,提出了一种由直立碳纳米管制成的超材料,其可支持相位匹配的普通基波和反向传播的二次谐波电磁波的共存。短脉冲情况下,此种倍频超反射所表现出的特殊性质与普通材料中的二次谐波性质具有显著差异。

本章描述了以现有的拉曼有源晶体对等离子体负折射率超材料进行模拟

的可能性。此外,此种方法规避了由等离激元介原子造成的超强快速二次非线性光学响应设计所面临的挑战。此处,光学声子,即具有负速度的弹性波,通过受激拉曼散射代替了三波混频过程中的负折射电磁波。本章已证实在短脉冲系统中由快速声子阻尼造成严重不利影响可被消除。因此,与连续波系统相比,此系统中所需的最低基本辐射强度会大大降低至商用激光器的辐射强度。我们对单向脉冲过程中的特殊性质进行了数值模拟,并已证实可实现量子转换效率的大幅提高、持续时间的可调性及产生和透射基本脉冲的形成。

进一步阐述的范例则证实了制造一系列具有先进功能特性的独特光子设备的可能性,这类设备主要包括反射率可控性受频率制约的非线性光学反射镜、单向光学放大器、频率窄带滤波器、开关以及可用于光学传感的无腔光参量振荡器。目前我们拥有众多支持负群速度电磁波和弹性波的色散材料和现成的拉曼有源透明晶体,因此,其有望可用于特定用途。也许可对上述光子设备的特殊操作特性进行优化。

参 考 文 献

1. A. K. Popov, V. M. Shalaev, Negative-index metamaterials: second-harmonic generation, Manley Rowe relations and parametric amplification, Applied Physics, B: Lasers and Optics **84**, 131-137 (2006)

2. A. K. Popov, V. M. Shalaev, Compensating losses in negative-index metamaterials by optical parametric amplification, Optics Letters **31**, 2169-2171 (2006)

3. A. K. Popov, S. A. Myslivets, T. F. George, V. M. Shalaev, Four-wave mixing, quantum control, and compensating losses in doped negative-index photonic metamaterials, Optics Letters **32**, 3044-3046 (2007)

4. A. K. Popov, S. A. Myslivets, Transformable broad-band transparency and amplification in negative-index films, Applied Physics Letters **93**(19), 191117(3) (2008)

5. A. K. Popov, S. A. Myslivets, V. M. Shalaev, Resonant nonlinear optics of backward waves in negative-index metamaterials, Applied Physics, B: Lasers and Optics **96**, 315-323 (2009)

6. A. K. Popov, S. A. Myslivets, V. M. Shalaev, Microscopic mirrorless negative-index optical parametric oscillator, Optics Letters **34**(8), 1165-1167 (2009)

7. A. K. Popov, S. A. Myslivets, V. M. Shalaev, Plasmonics: nonlinear optics, negative phase and transformable transparency) (Invited Paper), S. Kawata, V. M. Shalaev, D. P. Tsaied., Plasmonics: Nanoimaging, Nanofabrication, and their Applications V, Proc. SPIE **7395**, 73950Z-1(12) (2009), DOI: 10. 1117/12. 824836

8. A. K. Popov, S. A. Myslivets, V. M. Shalaev, Coherent nonlinear optics and quantum control in negative-index metamaterials, Journal of Optics A: Pure and Applied Optics, Journal of Optics A: Pure and Applied Op-

tics **11**,114028(13) (2009)

9. A. K. Popov,S. A. Myslivets,Numerical simulations of negative-index nanocomposites and backward-wave photonic microdevices),*ICMS* 2010:*International Conference on Modeling and Simulation*,*Proceedings of WA-SET* **37**,International Science Index 4,No 1 pp. 1133-1147(2010). http://waset. org/publications/12065

10. A. K. Popov,T. F. George,Computational studies of tailored negative-index metamaterials and microdevices,ed. by T. F. George,D. Jelski,R. R. Letfullin,G. Zhang,*Computational Studies of New Materials II*: *From Ultrafast Processes and Nanostructures to Optoelectronics*,*Energy Storage and Nanomedicine*,World Scientific,Singapore (2011)

11. A. K. Popov,S. A. Myslivets,Applied Physics A:Materials Science and Processing **103**,725-729 (2011), DOI:10. 1007/s00339-010-6218-7

12. A. K. Popov,Nonlinear optics of backward waves and extraordinary features of plasmonic nonlinear-optical microdevices,European Physical Journal D **58**,263-274 (2010) (topical issue on Laser Dynamics and Nonlinear Photonics)

13. A. K. Popov,V. M. Shalaev,Merging nonlinear optics and negative-index metamaterials,Proc. SPIE **8093-06**,1-27 (2011),DOI:10. 1117/12. 824836

14. I. V. Shadrivov,A. A. Zharov,YuS Kivshar,Second-harmonic generation in nonlinear left-handed metamaterials,Journal of the Optical Society of America **23**,529-534 (2006)

15. M. Scalora,G. D'Aguanno,M. Bloemer,M. Centini,N. Mattiucci,D. de Ceglia,YuS Kivshar,Dynamics of short pulses and phase matched second harmonic generation in negative index materials,Optics Express **14**,4746-4756 (2006)

16. A. K. Popov,V. V. Slabko,V. M. Shalaev,Second harmonic generation in left-handed metamaterials,Laser Physics Letters **3**,293-296 (2006)

17. A. I. Maimistov,I. R. Gabitov,E. V. Kazantseva,Quadratic solitons in media with negative refractive index, Optics and Spectroscopy **102**,90-97 (2007)

18. A. I. Maimistov,I. R. Gabitov,Nonlinear optical effects in artificial materials,The European Physical Journal Special Topics **147**,265-286 (2007)

19. S. O. Elyutin,A. I. Maimistov,I. R. Gabitov,On the third harmonic generation in a medium with negative pump wave refraction,Journal of Experimental and Theoretical Physics **111**,157-169 (2010)

20. A. K. Popov,Frequency-tunable nonlinear-optical negative-index metamirror for sensing applications, Proc. SPIE) **8043**,Photonic Microdevices/Microstructures for Sensing III 80340L (2011),DOI: 10. 1117/12. 884127

21. A. K. Popov,M. I. Shalaev,S. A. Myslivets,V. V. Slabko,I. S. Nefedov,Enhancing coherent nonlinear-optical processes in nonmagnetic backward-wave materials,Applied Physics A:Materials Science and Processing **109**,835-840 (2012)

22. A. Yariv,Quantum electronics,2nd edn. (Wiley,New York,1975),Ch. 18

23. S. E. Harris,Proposed backward wave oscillations in the infrared,Applied Physics Letters) **9**,114-117 (1966)

24. K. I. Volyak,A. S. Gorshkov,Investigations of a reverse-wave parametric oscillator,Radiotechnics and Electronics **18**,2075-2082 (1973)

25. V. M. Agranovich,Y. R. Shen,R. H. Baughman,A. A. Zakhidov,Linear and nonlinear wave propagation in

negative refraction metamaterials, Physical Review B **69**, 165112 (2004)

26. V. M. Agranovich, Yu. N. Gartstein, Spatial dispersion and negative refraction of light, UFN **176**, 1051–1068(2006) (Eds C. M. Krowne, Y. Zhang) (Springer, 2007)

27. I. Nefedov, S. Tretyakov, Ultrabroadband electromagnetically indefinite medium formed by aligned carbon nanotubes, Physical Review B **84**, 113410–113414 (2011)

28. P. A. Belov, A. A. Orlov, A. V. Chebykin, Yu. S. Kivshar, Spatial dispersion in layered metamaterials, *Proceedings of the International Conference on Electrodynamics of complex Materials for Advanced Technologies*, PLASMETA'11, September 21–26, Samarkand, Uzbekistan, pp. 30–31

29. I. S. Nefedov, Electromagnetic waves propagating in a periodic array of parallel metallic carbon nanotubes, Physical Review B **82**, 155423(7) (2010)

30. I. S. Nefedov, S. A. Tretyakov, Effective medium model for two-dimensional periodic arrays of carbon nanotubes, Photonics and Nanostructures-Fundamentals and Applications **9**, 374–380 (2011) (TaCoNa-Photonics 2010)

31. P. A. Belov, R. Marques, S. I. Maslovski, I. S. Nefedov, M. Silveirinha, C. R. Simovski, S. A. Tretyakov, Strong spatial dispersion in wire media in the very large wavelength limit, Physical Review B **67**, 113103 (2003)

32. L. I. Mandelstam, Group velocity in a crystall lattice, Journal of Experimental and Theoretical Physics **15**, 475–478 (1945)

33. M. I. Shalaev, S. A. Myslivets, V. V. Slabko, A. K. Popov, Negative group velocity and three-wave mixing in dielectric crystals, Optics Letters **36**, 3861–3863 (2011)

34. R. R. Alfano, S. I. Shapiro, Optical phonon lifetime measured directly with picosecond pulses, Physical Review Letters **26**, 1247–1250 (1971)

35. V. S. Gorelik, *Contemporary problems of Raman spectroscopy*, Moscow, Nauka Publishing Co., 1978 (in Russian), pp. 28–47

36. E. Anastassakis, S. Iwasa, E. Burstein, Electric-field-induced infrared absorption in diamond, Physical Review Letters **17**, 1051–1054 (1966)

37. Y. Chen, J. D. Lee, Determining material constants in micromorphic theory through phonon dispersion relations, International Journal of Engineering Science **41**, 871–886 (2003)

38. Y. R. Shen, N. Bloembergen, Theory of stimulated brillouin and raman scattering, Physical Review **137**, A1787–A1805 (1965)

39. R. W. Boyd, Nonlinear Optics, 3rd edn. (Academic Press, Amsterdam, 2008)

40. D. L. Bobroff, Coupled-modes analysis of the phonon-photon parametric backward-wave oscillator, Journal of Applied Physics **36**, 1760–1769 (1965)

41. J. B. Khurgin, Mirrorless magic, Nature Photonics **1**, 446–448 (2007)

42. A. Rose, D. Huang, D. R. Smith, Controlling the second harmonic in a phase-matched negative-index metamaterial, Physical Review Letters **107**, 063902 (2011)

43. N. I. Zheludev, Y. S. Kivshar, From metamaterials to metadevices, Nature Materials **11**, 917–924 (2012)

第 11 章　电磁和弹性动力学耦合

摘要　超材料领域取得的最新进展极可能为线性和非线性光学带来颠覆性改变。超材料的特殊性能,包括负折射率、光学频率下的磁性、反平行相速度和能量速度,从根本上改变了许多非线性光与物质的相互作用。本章讨论了一些特殊的非线性光学性能和新型应用,如反相位匹配的二次谐波产生和四波混频,诸如等离极化激元孤子和扭结孤子的全新类型孤子、可重构非线性结构,如非线性隐形装置、聚光器、可调光超材料透镜、反射器和光束整形器。

11.1　引言

超材料代表一组合成材料,可利用超原子对所需性能进行结构设计。过去 10 年中,超材料一直是重点研究对象,我们由此观察到一些特殊材料性能,而这些性能是天然材料所不具备的[1,2]。纳米制造的最新发展为上述设计提供了更多灵活性,从而很大程度上使这些新性能的实现成为可能。在实验中首次发现负折射率[3]已明确证实纳米制造技术对超材料研究的影响,而韦谢拉戈在 30 多年前就对负折射率现象进行了预测[4]。此外,光学超材料的发展取得了极为惊人的进展,许多天然材料所不具备的新光学性能已被全面证实。例如,自 Narimanov 首次预测超透镜光聚焦能力已超衍射极限以来,许多研究团队[5-19]已对该能力进行了探索[20]。同样,隐形斗篷自从首次展示以来一直备受关注[21,22]。在非线性光学领域,超材料的出现需将许多(若非全部)基本过程考虑入内,如二次谐波产生(SHG)、孤子传播、四波混频、调制不稳定性和光学双稳态等[2,23,24]。究其原因,许多非线性效应依赖于相位匹配条件,该条件在超材料,特别是在负折射率材料(NIM)中,可得到显著改善。实际上,负折射率材料最重要且最有趣的性能之一在于,坡印亭矢量和波矢量方向相反,因此实现了反向相匹配机制。研究证明,结合这些超材料的强频率依赖性,反向相匹配有助于实现二次谐波产生和参量放大。在探讨上述性能之前,对非线性光学材料响应与由此产生的非线性光与物质相互作用背后的关键物理理论,我们来进行一下简要综述。

任何物质都可以视作带电粒子、电子和离子的集合。在导体中,当施加外部电场时,正电荷和负电荷会沿相反的方向移动。在电介质中,带电粒子被束缚在一起,因而电荷无法在外部电场下自由移动,而是在原来的位置上相互变动,由此形成了感应偶极矩。在线性光学系统中,电子振荡与光电场强度成相应比例。然而,非线性响应与电场作用下束缚电子的非简谐运动有关。电子的位置受制于振荡器方程,即

$$eE = m\left(\frac{d^2x}{dt}\right) + 2\Gamma\left(\frac{dx}{dt}\right) + \Omega^2 x - (\xi^{(3)}x^2 + \xi^{(3)}x^3 + \cdots) \tag{11.1}$$

式中:x 为相对于平均位置的位移;Ω 为共振频率;Γ 为阻尼常数。右侧的第三项表示由外加场作用形成在电子上的力,从而导致了受激振荡。

仅考虑谐波项,可得到 x 的等价方程为

$$\boldsymbol{E}(t) = E_0\cos(\omega t) = \frac{1}{2}E_0\left[e^{-i\omega t} + e^{i\omega t}\right] \tag{11.2}$$

$$x = -\frac{eE}{2m}\frac{e^{-i\omega t}}{\Omega^2 - 2i\Gamma\omega - \omega^2} + c\cdot c \tag{11.3}$$

如果 N 是单位体积的电偶极子数,则介质中引起的极化由 $\boldsymbol{P} = -Nex$ 给出。因此,基于 x,得出此系统的极化 $\boldsymbol{P}$ 为

$$\boldsymbol{P} = -\frac{\chi\varepsilon_0\boldsymbol{E}}{2}e^{-i\omega t} + c.c \tag{11.4}$$

式中:χ 为磁化率。

带电粒子在介电介质中的运动在 $\boldsymbol{E}$ 值的有限范围内呈线性。然而,随着强度增加,响应变为非线性,该非线性可用振荡器方程中的非简谐项表示[25]。因此,基于非谐波项,在此情况下极化 $\boldsymbol{P}$(或磁化强度 $\boldsymbol{M}$)可表示为

$$\boldsymbol{P} = \varepsilon_0(\chi^{(1)}\boldsymbol{E} + \chi^{(2)}\boldsymbol{E}^2 + \chi^{(3)}\boldsymbol{E}^3 + \cdots) \tag{11.5}$$

式中:$\chi^{(1)}$ 为线性磁化率,高阶项表示介质的非线性磁化率。

最近,在文献[26,27]中基于非线性振荡器模型的微扰解,提出了非线性超材料有效非线性磁化率的解析描述。加载变容二极管开环谐振器(VLSRR)介质对此方法的应用总结如下。图 11.1 展示了基于加载变容二极管开环谐振器的晶胞相对于入射场的方向及其作为有效 RLC 电路的等效表示。可用电容间隙中的电荷表示开环谐振器响应,并由以下非线性振荡器方程描述,即

$$\ddot{q} + \gamma\dot{q} + \omega_0^2 U_D(q) = -\omega_0^2 A\mu_0\dot{H}_y \tag{11.6}$$

式中:$q(t)$ 为归一化电荷;$U_D(q)$ 为有效电容中的电压;ω_0 为晶胞线性共振频率;

A 为电路面积;μ_0 为真空磁导率;$H_y(t)$ 为入射磁场。

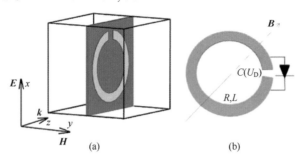

图 11.1　有效 RLC 电路的等效表示

(a) 晶胞结构;(b) 等效有效电路模型。[26]

根据 $U_D(q) = q + aq^2 + bq^3$,电压 U_D 的归一化电荷可展开成泰勒级数,其中泰勒系数 a 和 b 取决于特定的非线性机制。根据式(11.6)的微扰解可得出线性和二阶有效磁化率的以下表达式[26],即

$$\chi_y^{(1)}(\omega) = \frac{F\omega^2}{D(\omega)} \tag{11.7}$$

$$\chi_{yyy}^{(2)}(\omega_r; \omega_n, \omega_m) = -ia \frac{\omega_0^4(\omega_n + \omega_m)\omega_n\omega_m\mu_0 AF}{D(\omega_n)D(\omega_m)D(\omega_n + \omega_m)} \tag{11.8}$$

式中:$\omega_r \equiv \omega_n + \omega_m$,$n$ 和 m 取 $\pm\Lambda$ 之间的值。分母定义为 $D(\omega) \equiv \omega_0^2 - \omega^2 - i\gamma\omega$;$F \equiv \omega_0^2 NA^2 C_0\mu_0$ 为线性磁化率表达式中的振幅因素,而非线性磁化率的参数用传统符号表示,且第一项为后续参数的总和。

其次,单一内含物的微观运动方程式(11.6)转化为宏观有效介质极化运动方程,并结合了麦克斯韦方程对超材料进行了完整描述。对于稀薄介质,磁化强度可表示为 $M(t) = N_m(t)$,其中 N 为矩体积密度,$M(t)$ 为包围有效面积 S 有效电路的磁偶极矩。则磁化方程可表示为

$$\ddot{M}_y + \gamma\dot{M}_y + \omega_0^2 M_y = -F\ddot{H}_y - \alpha M_y \int M_y \mathrm{d}t \tag{11.9}$$

式中:$\alpha \equiv \dfrac{2\omega_0^2 a}{NAC_0}$,假设在 VD 展开中只包含二阶非线性响应。

一般来说,应注意的是式(11.5)中的 $\chi^{(1)}$ 为张量元素,而 $\chi^{(2)}$ 和 $\chi^{(3)}$ 项相对较小,因此在材料对光的光学响应方面,这些项的总体影响无足轻重。因此,在超快激光技术出现之前,这些项大多被忽略,因超快激光可产生光脉冲,其中可产生超强电场,因此这些项也变得十分重要。事实上,这些项在光学系统中有着显著影响。$\chi^{(2)}$ 为二阶非线性磁化率,仅出现在非中心对称晶体中,并可产生

众多非线性效应,包括二次谐波产生、光整流效应、和频及差频产生以及参量放大。三阶非线性磁化率$\chi^{(3)}$可引起自相位调制、空间孤子、交叉相位调制、光相位共轭、光学克尔效应自聚焦、三次谐波产生和时间孤子等现象。因此,利用超快脉冲激光,通过非线性光学技术便证明了显著的光学性能。此外,这些曾是科研课题的非线性光学过程,如今在日常设备中已十分普遍,如固态绿光和蓝光激光器、多光子显微镜、用于计量学的超连续谱光源等。

然而,截至目前,我们对天然材料中非线性光学过程的观测一直依赖于高强度激光束。曾有人试图通过操纵材料的结构来调整材料的响应。例如,二次谐波产生[28]中的准相位匹配使用分层结构,可通过校正相对相位有效增加相互作用长度。类似地,纳米结构光学超材料有可能通过改变材料结构来增强光与物质之间的相互作用以增加非线性响应。具体来说,即使激发强度相对较低,也可设计能够捕获和聚集光以产生超大电场的结构。事实上,这些材料用于非线性光学的前景已开始实现[29]。

具体而言,我们已出具了大量有关运用二阶非线性在超材料中进行光波混频的报告。一些团队已证明二次谐波产生的增强[30-35]。Husu 等最近的研究表明,二阶非线性响应可通过控制金属纳米粒子之间的相互作用以进行调节[36]。韦格纳团队已运用非线性光学光谱证明了开环中的基本开环共振可作为非线性源[37]。此外,新型传播动力学也已被证明。同时也已证明,负折射率超材料中的二次谐波产生可导致二次谐波光回传至光源的有趣现象[38-42]。史密斯团队已证明一种非线性光学反射镜,其中负折射率超材料中的二次谐波产生沿反向(即朝向光源的方向)发生[43]。此外,相干光放大也是研究兴趣所在[44]。

除二阶非线性外,三阶非线性的热度也一直居高不下。对左手材料中的四波混频也已进行了研究[45]。非线性和左手超材料中的孤子传播已证明新型传播动力学的存在[46-55]。Katko 等通过使用开环谐振器已证明相位共轭[56]。具有饱和非线性的结构中存在的调制不稳定性也已得到证明[57,58]。

本章将概述在超材料设计方面,此种能力运用的最新探索,其可通过增加材料的有效非线性系数或通过增强场局部化以增加场大小,从而增强非线性光学响应。我们将证明,超材料的潜力开始在非线性光学超材料中实现,这些超材料提高了非线性过程的效率,并进一步实现其在光学设备系统中的积分方式。具体来说,11.2 节将考虑运用一种通用的理论方法,对超材料中的非线性光波混频过程以及这些结构中的脉冲传播进行处理。11.3 节将侧重于非线性磁性超材料的介绍。最后,11.4 节将讨论非线性超材料中的孤子、双稳态和调制不稳定性。

11.2　非线性光波混频和脉冲传播

天然传统材料的非线性特性受其组成成分——原子和分子特性所限制。超材料领域的快速发展为克服这些限制创造了前所未有的机会。前述已表明,超材料的特殊光学特性,如光学频率的磁性、负折射率及其相关的反向传播波、强各向异性或手征性,在线性光学系统中形成了众多新型光与物质的相互作用。然而,近年来情况已显而易见,可通过设计得到超材料的非线性特性,这为现代非线性光学开辟了全新的前景,并赋予了设备全新的功能[59]。

非线性超材料的发展可能会同时对非线性光学和超材料领域产生影响,呈现出一种崭新的现象[60]。特别是,超材料领域带来的新型光学特性促使我们对众多非线性光与物质的相互作用予以重新考虑,包括二次谐波产生[39,41,61,62]、参量放大[63]、超短脉冲动力学[64-66]和孤子传播[67]。从应用角度来看,非线性超材料可创造出动态可调材料、光开关、滤波器、光束偏转器、聚焦/散焦反射器以及具有可控透明度、折射率和非线性响应的可重构结构。

一般来说,天然材料的非线性光学响应取决于电场强度,仅由介电常数的非线性特性来描述,而忽略非线性磁响应。通过精心设计的磁导率线性和非线性成分,超材料可以"开启"与电磁波中磁场的相互作用[68]。最近的研究表明,包含加载变容二极管开环谐振器(SRR)的超材料具有非线性磁响应,可构成具有光可控特性的非线性超材料。此方法提供了一系列新功能,如光的聚焦、散焦和偏转,最重要的是,能够以前所未有的速度控制和操纵材料的特性,并实现全光处理、可调谐透镜和波导以及可重构隐形装置等新方法的运用。

在超材料非线性过程的研究中,非线性光波混频研究当属第一[39,41,61-63,69-71]。尤其是在负折射率超材料中已预测到许多全新的非线性相互作用机制,包括反向相位匹配、非常规门雷-罗威关系式、空间分布非线性反馈和无腔光参量振荡。这些特殊性能也许可实现二次非线性反射镜和基于二次谐波产生的透镜等新功能。本书把二次谐波产生视作一个最基本的参量非线性过程。假定该材料在基本场(FF)频率 ω_1 处具有负折射率,在二次谐波(SH)频率 $\omega_2 = 2\omega_1$ 处具有正折射率。基本场和二次谐波的电场分别采用 $E_{1,2} = E_{1,2}\exp(ik_{1,2}z - i\omega_{1,2}t) + c.c.$ 表示。在文献[72]之后,可使用以下模型对连续波和脉冲传播及复杂光束传播(如具有横向场分布的光旋涡或孤子)的二次谐波产生过程进行全面研究:

$$\nabla^2_\perp E_1 + 2ik_1 \frac{\partial E_1}{\partial z} + \frac{2ik_1}{v_1^g} \frac{\partial E_1}{\partial z} - \frac{1}{c^2}\left(\frac{\omega_1\mu_1\alpha_1'}{2} + \gamma_1\alpha_1 + \frac{\gamma_1'\omega_1\varepsilon_1}{2}\right)\frac{\partial^2 E_1}{\partial t^2}$$

$$+ \frac{8\pi\omega_1^2\mu_r\chi^{(2)}E_1^*E_2 e^{i\Delta kz}}{c^2} = 0 \tag{11.10}$$

$$\nabla^2_\perp E_2 + 2ik_2 \frac{\partial E_2}{\partial z} + \frac{2ik_2}{v_2^g} \frac{\partial E_2}{\partial z} - \frac{1}{c^2}\left(\frac{\omega_2\mu_2\alpha_2'}{2} + \gamma_2\alpha_2 + \frac{\gamma_2'\omega_2\varepsilon_2}{2}\right)\frac{\partial^2 E_2}{\partial t^2}$$

$$+ \frac{4\pi\omega_2^2\mu_r\chi^{(2)}E_1^2 e^{-i\Delta kz}}{c^2} = 0 \tag{11.11}$$

式中：$\nabla^2_\perp$ 为横向拉普拉斯算子；式(11.11)为有效二阶非线性磁化率；$\alpha_{1,2} = \dfrac{\partial[\omega_{1,2}\varepsilon(\omega_{1,2})]}{\partial\omega}$；$\alpha_{1,2}' = \dfrac{\partial^2[\omega_{1,2}\varepsilon(\omega_{1,2})]}{\partial\omega^2}$；$\gamma_{1,2} = \dfrac{\partial[\omega_{1,2}\mu(\omega_{1,2})]}{\partial\omega}$；$\gamma_{1,2}' = \dfrac{\partial^2[\omega_{1,2}\mu(\omega_{1,2})]}{\partial\omega^2}$；$\varepsilon_{1,2}$ 和 $\mu_{1,2}$ 分别为基波和二次谐波的介电常数和磁导率；$v_{1,2}^g$ 为泵浦波和二次谐波的群速度；$\Delta k = k_2 - 2k_1$ 为相位失配；A 为自由空间中的光速。应注意，式(11.6)和式(11.7)描述了正、负折射率材料的二次谐波产生，但波矢量 $k_{1,2}$、磁导率 $\mu_{1,2}$、介电常数 $\varepsilon_{1,2}$ 和群速度 $v_{1,2}^g$ 的符号应根据相应频率下相位匹配的几何结构和材料性能来选择。为简单起见，此处假设磁导率和介电常数的色散可忽略不计，平面波具有完全相位匹配的稳态过程。对于有限长度为 L 的负折射率超材料板的二次谐波产生过程，将复振幅分解为实际振幅和相位，$E_{1,2} = E_{1,2} e^{i\phi_{1,2}}$，并应用边界条件 $E_1(z=0) = E_1^0$，$E_2(z=L) = 0$，可得出以下形式的解，即

$$E_1(z) = \frac{C}{\cos[Cg(L-z)]} \tag{11.12}$$

$$E_2(z) = C\tan[Cg(L-z)] \tag{11.13}$$

式中：$CgL = \arccos[C/E_1^0]$；$g = \dfrac{4\pi\omega^2\mu_2}{c_2 k_2}\chi^{(2)}$。

图 11.2(a)说明了超材料中基本场和二次谐波波矢量和坡印亭矢量的方向，其在基本场频率下具有负折射率超材料的特性，而在二次谐波频率下具有正折射率超材料的特性。此乃由正折射率超材料-负折射率超材料系统中的反向相位匹配造成，表明基本场和二次谐波的能量流彼此相反。图 11.2(b)显示了基本场和二次谐波的场分布。重要的是，该超材料板的每个点上能量流之间的差异是恒定的，而在常规材料中，能量流之和与传播距离无关。此外，从

式(11.4)可以得出,可根据板厚函数得出二次谐波产生的强度,因此足够长的无损超材料板可视作100%非线性反射镜。

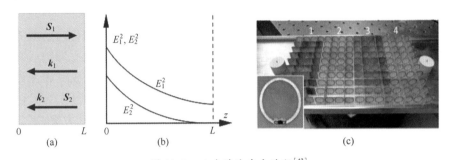

图 11.2　二次谐波产生过程[43]

(a) 相位匹配的几何结构;(b) 基本场和二次谐波强度分布;(c) 在负折射率
超材料中观察二次谐波产生的实验装置示意图。

利用图11.2(c)[43]所示的实验装置,可实现微波波长上二次谐波产生的传播。将加在变容二极管开环谐振器置于铝波导中,可得到非线性超材料。本书在三种结构中对二次谐波产生进行了研究,包括负折射率光谱范围内的反射二次谐波相位匹配、透射二次谐波准相位匹配以及零折射率光谱范围附近反射和透射二次谐波的同时准相位匹配。此外,微波频率下人工构造非线性磁性变晶中的三波和四波混频现象的实验测量也已经报道[73]。

彭德里曾预测开环谐振器将提供高达光频率的人造磁力,受其理论启发,对光波长上的二次和三次谐波产生进行了观测[74]。从本质上讲,光场可在环中感应循环电流,从而产生接近磁共振频率的大磁偶极矩。此外,据预测,由于共振效应和局部场增强的结合,由开环谐振器组成的超材料可增强非线性光学效应。韦格纳团队首次在由纳米金开环谐振器组成的非线性磁性超材料表面进行了二次和三次谐波产生的实验,结果表明,与纯电偶极共振相比,当磁偶极共振被激发时,检测到的信号更大[37,75-78]。

直到现在,我们仍假设负折射率超材料中存在连续波效应。然而,斯卡拉团队在脉冲二次谐波产生机制中发现了一些有趣现象[64-66]。尤其是与之前报告一致,他们预测非金属正折射率超材料中存在双峰二次谐波信号,其包括已预期的二次谐波频率群速度走离和传播的脉冲,以及被"捕获"并在泵浦脉冲下传播的二次脉冲。双峰结构的起源可用一种同时具有二次谐波特性、$\chi^{(3)}$过程和三次谐波特性的锁相机制来解释。任意小的泵浦强度都会导致相位锁定,因此,在二次谐波产生中,即使在材料相位失配的情况下,始终会产生相位匹配分量。但是,如果材料本身为相位匹配,则相位锁定和相位匹配不可区分,其转换过程同样有效。我们在负折射率超材料中也预测到了类似的锁相现象。对泵浦和产生的信号进行频谱分析后发现,尽管在二次谐波频率处的折射率为正,但锁相现象将导致正向运动的锁相二次谐波脉冲与泵浦脉冲具有相同的负折射率。进一步的分析表明,在界面处产生的反射二次谐波脉冲和正向运动的锁相脉冲似乎为最初在表面产生的同一脉冲的一部分,其中一部分立即被后向反射,而其余部分被泵浦脉冲束缚并拖住前行。因此,这些脉冲构成在界面处产生的双脉冲,具有相同的负波矢量,但传播方向相反。这些结构可作为大体积光学负折射率材料中非线性光学和等离激元现象实验实现的替代方案,因其存在吸收损耗,所以尤具挑战性。在锁相情况下,泵浦的色散特性将对其谐波产生影响,而只要材料对泵浦透明,就不存在吸收现象。

另外,非线性光波混频过程是光学参量放大(OPA),其在超材料中的重要性日益凸显。众所周知,光学超材料实际应用的主要障碍之一便是实际应用中普遍存在的显著损耗。损耗有多种成因,包括超材料磁性响应的共振性质、金属构成成分的固有吸收以及表面粗糙度引起的损耗。因此,发展有效的损耗补偿技术尤为重要。损耗补偿的有效方法之一便是基于三波混频过程的技术,此过程发生于具有二阶磁化率的非线性介质中,并会引起光学参量放大。光参量放大是指通过与非线性材料中的泵浦光混合来放大光信号的过程,其中信号波中的光子通量随着高频率强泵浦波中相干能量的转移而增长。入射泵浦激光器中的一个光子可分为两个独立的光子:一个为信号光;另一个则为闲频光。具有不同角频率和波数的泵浦场将产生差异信号和闲频光频率。光学参量放大过程需维持动量守恒和能量守恒。虽然,迄今为止大多数光学参量放大设备都实现于传统的正折射率超材料,但负折射率超材料中的光学参量放大过程具有许多优点,包括无腔光学参量振荡、设计及排列简洁性和简易性的实现。如同二次谐波产生的过程,基于正折射率超材料和基于负折射率超材料的光学参量放大之间的区别在于,波矢量和坡印亭矢量为反平行,即方向相反。因此,当三种波都具有共向波矢量时,具有反向能量流的光学参量放大即可实现。因此,如泵浦和闲频光的频率与正折射率超材料相对应,且信号波频率属负折射率超材料时,则信号波的能量流将与泵浦和闲频的能量流成反平行,从而形成一种无外部反射镜或光栅的有效反馈机制。此种光学参量放大可通过参量放大过程和能量从泵浦波转移至强吸收波的过程来对超材料的吸收进行补偿[62,63]。

此外,经过适当设计的光学超材料结构可用于实现光的强定位,从而增强非线性交互作用。我们对场局部化和增强的各种方法进行了研究,包括梯度折射率和近零折射率超材料、由正折射率超材料和负折射率超材料交替层组成的周期结构[79-81]。例如,D'Aguanno 等预测,由于负折射率超材料层的存在[80],二次谐波产生的转换效率可能显著提高。因此,即使在强吸收结构情况下,效率也相对较高。

11.3　磁性和可重构超材料

超材料特有的性能之一便是光学频率下的磁性。实际上,在某些频率下,超材料中与普通材料相同的相对磁导率可设计为正、负或甚至为零。

通过几种方法证明了微波频率范围内的非线性磁性超材料。在一种实现方式中,通过在每个晶胞的谐振器间隙内引入非线性电流–电压设备(如可变电容),改变了开环谐振器的特性[60],如图 11.2(a)所示。在每个双开环谐振器内部加入一个变容二极管,可引入非线性电流–电压相关性,并产生非线性磁偶极矩,因而磁共振最终取决于输入功率、在各种输入功率下测得的该超材料的透射率。图 11.2(b)展示了此类结构中与功率相关的显著转移。

近年来,一些基于几何构造变化的新型非线性超材料已被提出且已经证实。在其中一种实现方式中,涉及一种基于电磁引力和弹性斥力相互作用的非线性超材料性能[77]。图 11.3 展示了此种磁弹性超材料,其将磁性超材料与弹性介质相结合。超材料被电磁力压缩,而电磁力来自电流吸引且受制于弹性力(F_s)的平衡作用。电磁力和弹性力均取决于晶格距离 b。在此情况下,有效磁化强度随晶格距离和感应电流的变化而变化(图 11.4)。

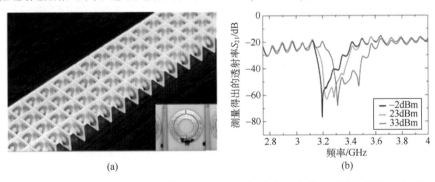

图 11.3　(a) 由每个变容二极管开环谐振器晶格产生的非线性磁性超材料示意图;
(b) 在不同输入功率[60]下测得的透射率参数 S_{21}

其整体结构由共振元件(如开环谐振器或容性负载环)的晶格构成。为了沿轴向对磁场为 H_0 的电磁波作出响应,此种超材料可表现出共振磁特性。谐振器中的电流不仅通过互感相互影响,而且当相邻电流处于同相时,谐振器之间会产生吸引力。因此,如果允许谐振器沿轴向移动,其将偏离原来的位置。上述位移会导致谐振器之间的互阻抗变化,进而改变电流振幅和相互作用力。平衡得以保持得益于恢复力,此恢复力则来源于主介质的弹性。测得的磁共振位移如图 11.5(a)和图 11.5(b)所示[82]。

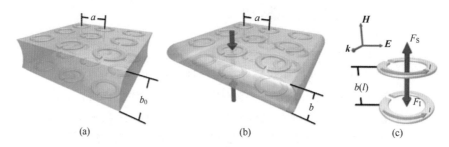

图 11.4　带有弹性介质的各向异性磁性超材料[82]

(a)未施加电磁场超材料;(b)施加电磁场超材料;(c)晶格尺寸 a、b_0 和 b
归一化为谐振器半径 r_0 超材料内环上作用力的示意图。

基于几何形状变化的可重构非线性磁性超材料结构的另一种实现方法是基于电磁力、弹性力和热膨胀的相互作用。图 11.5(c)展示了一种由螺旋构成的手性谐振器结构。在此情况下,注意到螺旋谐振器的共振频率取决于螺旋螺距 ξ 以及螺旋半径 r,由此便可了解非线性的成因。因此,当螺旋在两个圈之间的引力作用下压缩时,以及由于加热而产生热膨胀时,共振便会发生位移。此两种效应皆由感应电流引起。因而产生了强度相关现象,从而导致非线性特性,例如,感应磁化强度与入射磁场的关系。图 11.5(d)展示了由输入功率得出的实验测量及理论预测的磁共振位移[83]。

最近,许多非线性控制装置,包括非线性隐形装置[84]、可重构非线性聚光器[85]、超材料[86]中电磁波的光可调反射、成形和聚焦等已被提出,如图 11.3 所示。我们将对图 11.3 所示的光可调超材料进行具体介绍。微波光可调超材料反射镜由一系列宽边耦合的开环谐振器组成,每个开环谐振器都包含一对变容二极管,每个环中带有一个变容二极管,并通过光电二极管实现变容二极管的偏置。此装置可实现可重构反射镜或透镜,而在反射镜或透镜中可通过调整光照分布来实现聚焦或散焦之间的切换。此方法的优点包括对设备性能的快速和远程控制、更高维度的扩展以及在更高频率(至少在太赫兹范围内)下对此种设备的运用。

综上所述,我们已经对微波和光波波长下的非线性磁性超材料进行了讨论。在微波中,我们可改变电参数和几何结构来产生非线性磁响应。我们对光学磁性超材料中的克尔型介质进行了研究,其中,在磁共振中可产生二次谐波及三次谐波(图 11.6 和图 11.7)。

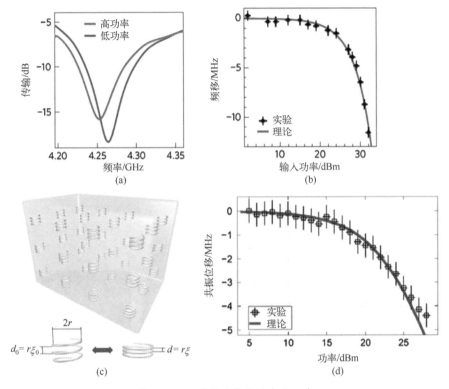

图 11.5　磁弹性非线性的实验观察

(a) 在低功率和高功率下测得的透射光谱;(b) 共振频率与入射功率之间的实验和
理论结果[85];(c) 由螺旋谐振器组成的磁性超材料示意图;
(d) 依据输入功率得出的频移其理论和实验之间的比较。

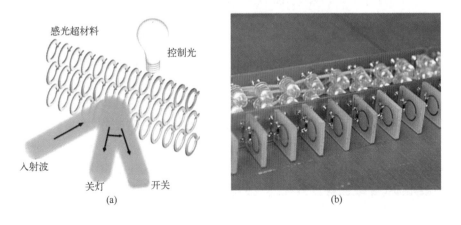

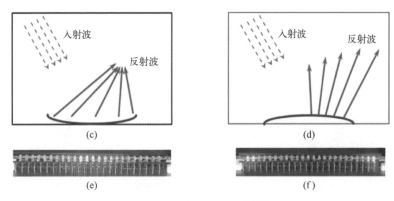

图 11.6　光可调超材料[68]

（a）根据使用 LED 阵列的控制光照明以不同角度反射入射电磁波；（b）由
宽边耦合开环谐振器阵列制成的微波光可调超材料反射镜示意图（每个开环谐振器
包含一对变容二极管，每个环中带有一个变容二极管，并通过光电二极管实现变容二极管
的偏置）；（c）聚焦反射镜；（d）和散焦反射镜；（e）聚焦反射镜性能；（f）散焦反射镜性能。

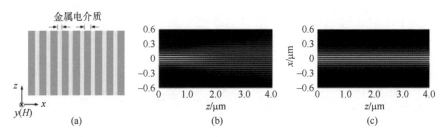

图 11.7　多层金属-介质结构示意图

（a）结构图；（b）传输 4μm 距离的线性模式；（c）传输 4μm 距离的非线性模式。

11.4　光学孤子、双稳态和调制不稳定性

　　孤子或孤波是一种显著的非线性现象，其依赖于非线性和色散（或衍射）效应的平衡，存在于光学、量子力学、粒子物理学及许多其他领域中。在光学中，孤子是指在不改变形状情况下进行传播的局部脉冲或光束。类孤子现象可发生于超材料这种新环境中。在各种超材料系统中，有许多理论和最近的实验研究孤子传播[87-100]。此处，我们仅对此现象的一些范例稍作探讨。例如，如图 11.3（a）所示，刘等人对由纳米级周期金属和非线性电介质板构成的非线性超材料中的亚波长离散孤子进行了相应研究[87-89]。这些结构中的亚波长表面等离激元孤子由表面等离激元模式的隧穿和非线性自陷之间的平衡所形成。

与传统的均匀非线性介质和非线性电介质波导阵列相比,周期性、非线性和表面等离极化激元之间的相互作用导致了完全不同的孤子动力学。图 11.3(b)和图 11.3(c)分别显示了线性和非线性金属电介质多层中的传播。在低强度下,表面等离激元极化子在相邻板之间隧穿,由此产生了初始波包的线性衍射。而在较高强度下,波包在传播过程中仍保持其初始形状。图 11.3(c)清楚地展示了自聚焦效应和晶格孤子的形成。

Rosanov 等最近预测了一种可在超材料中得到验证的全新孤子类别案例[90]。其预测由外部电磁场驱动的弱耦合开环谐振器晶格组成的非线性磁性超材料,可对所谓的扭结孤子进行验证支持,而这些扭结孤子是以闭合扭结链形式呈现的稳定自定位耗散结构。从生物学到统计力学和多组分超导体,许多科学领域中都存在此种扭结结构。Faddeev 和 Niemi[91,92]在非线性场中引入扭结孤子作为扭结线,且不存在自交叉嵌入三维空间的现象。数值实验证实了扭结孤子的存在作为非线性模型的平稳解[93]。

一种由弱耦合开环谐振器立方晶格(图 11.4(a))组成的非线性磁性超材料,之前已被真实存在各类非线性耗散现象,包括双稳态和调制不稳定性以及一维耗散孤子[94,95]。图 11.4(b)和图 11.4(c)展示了在此系统中建立相当复杂稳定扭结孤子的可能性。

综上所述,人们预测,孤子、双稳态和调制不稳定性以及众所周知的非线性光学将以全新的方式在非线性超材料中展现出来。随着超材料的不断发展,我们有望观测到上述新特性,从而可产生大量新应用(图 11.8)。

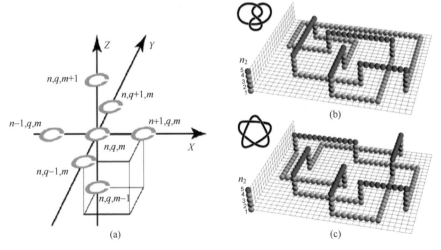

图 11.8　开环谐振器立方晶格的三维几何形状(a);具有 4 个和 5 个交叉点的
高阶扭结孤子的示例:八字形(b)和五瓣形(c)扭结[90、94]

参 考 文 献

1. N. M. Litchinitser, V. M. Shalaev, Metamaterials: transforming theory into reality, Journal of the Optical Society of America B **26**, B161–B169 (2009)

2. N. I. Zheludev, Y. S. Kivshar, From metamaterials to metadevices, Nature Materials **11**, 917–924 (2012)

3. R. A. Shelby, D. R. Smith, S. Schultz, Experimental verification of a negative index of refraction, Science **292**, 77–79 (2001)

4. V. G. Veselago, The electrodynamics of substances with simultaneously negative values of ε and μ, Soviet Physics Uspekhi **10**, 509–514 (1967)

5. Y. T. Wang et. al. , Gain-assisted hybrid-superlens hyperlens for nano imaging, Optics Express **20**, 22953–22960 (2012)

6. C. L. Cortes et. al. , Quantum nanophotonics using hyperbolic metamaterials, Journal of Optics **14**, 063001 (15) (2012)

7. H. Benisty, F. Goudail, Dark-field hyperlens exploiting a planar fan of tips, Journal of the Optical Society of America B **29**, 2595–2602 (2012)

8. A. Andryieuski, A. V. Lavrinenko, D. N. Chigrin, Graphene hyperlens for terahertz radiation, Physical Review B **86**, 121108(R)(5) (2012)

9. W. B. Zhang, H. S. Chen, H. O. Moser, Subwavelength imaging in a cylindrical hyperlens based on S-string resonators, Applied Physics Letters **98**, 073501(3) (2011)

10. X. J. Ni et. al. , Loss-compensated and active hyperbolic metamaterials, Optics Express **19**, 25242–25254 (2011)

11. Q. Q. Meng et. al. , Deep subwavelength focusing of light by a trumpet hyperlens, Journal of Optics **13**, 075102(4) (2011)

12. D. D. Li et. al. , Two-dimensional subwavelength imaging from a hemispherical hyperlens, Applied Optics **50**, G86–G90 (2011)

13. J. Rho et. al. , Spherical hyperlens for two-dimensional sub-diffractional imaging at visible frequencies, Nature Communications1148(5) (2010)

14. Y. Xiong, Z. W. Liu, X. Zhang, A simple design of flat hyperlens for lithography and imaging with half-pitch resolution down to 20nm, Applied Physics Letters **94**(20),3 (2009)

15. E. J. Smith et. al. , System investigation of a rolled-up metamaterial optical hyperlens structure, Applied Physics Letters **95**, 083104(3) (2009)(Applied Physics Letters) **96**, 019902(2) (2010)

16. A. V. Kildishev et. al. , Materializing a binary hyperlens design, Applied Physics Letters **94**, 071102(3) (2009)

17. Z. W. Liu et. al. , Far-field optical hyperlens magnifying sub-diffraction-limited objects, Science **315**, 1686–1686 (2007)

18. H. Lee et. al. ,Development of optical hyperlens for imaging below the diffraction limit,Optics Express **15**, 15886-15891（2007）

19. Z. Jacob, L. V. Alekseyev, E. Narimanov, Semiclassical theory of the hyperlens, Journal of the Optical Society of America A **24**,A54-A61（2007）

20. Z. Jacob,L. V. Alekseyev,E. Narimanov,Optical hyperlens:Far-field imaging beyond the diffraction limit, Optics Express **14**,8247-8256（2006）

21. D. Schurig et. al. , Metamaterial electromagnetic cloak at microwave frequencies,Science **314**,977-980 （2006）

22. J. B. Pendry,D. Schurig,D. R. Smith,Controlling electromagnetic fields,Science **312**,1780-1782（2006）

23. N. M. Litchinitser,V. M. Shalaev,Metamaterials loss as a route to transparency,Nature Photonics **3**,75-76 （2009）

24. C. M. Soukoulis,M. Wegener,Past achievements and future challenges in the development of three-dimensional photonic metamaterials,Nature Photonics **5**,523-530（2011）

25. R. W. Boyd,Nonlinear optics,2nd edn.（Academic Press:San Diego,CA,2003）

26. E. Poutrina,D. Huang,D. R. Smith,Analysis of nonlinear electromagnetic metamaterials,New Journal of Physics **12**,093010（2010）

27. E. Poutrina,D. Huang,Y. Urzhumov,D. R. Smith,Nonlinear oscillator metamaterial model:numerical and experimental verification,Optics Express **19**,8312-8319（2011）

28. P. A. Franken,J. F. Ward,Optical harmonics and nonlinear phenomena,Reviews of Modern Physics **35**,23-39（1963）

29. N. M. Litchinitser,V. M. Shalaev,Photonic metamaterials,Laser Physics Letters **5**,411-420（2008）

30. T. Kanazawa et. al. ,Enhancement of second harmonic generation in a doubly resonant metamaterial,Applied Physics Letters **99**,024101(3)（2011）

31. Z. Y. Wang et. al,Second-harmonic generation and spectrum modulation by an active nonlinear metamaterial,Applied Physics Letters **94**,134102(3)（2009）

32. N. I. Zheludev,V. I. Emel'yanov,Phase matched second harmonic generation from nanostructured metallic surfaces,Journal of Optics A **6**,26-28（2004）

33. H. Merbold,A. Bitzer,T. Feurer,Second harmonic generation based on strong field enhancement in nanostructured THz materials,Optics Express **19**,7262-7273(2011)

34. W. L. Schaich,Second harmonic generation by periodically-structured metal surfaces,Physical Review B **78**,8（2008）

35. M. W. Klein et. al,Second-harmonic generation from magnetic metamaterials,Science **313**,502-504 （2006）

36. H. Husu et. al,Metamaterials with Tailored Nonlinear Optical Response,Nano Letters **12**,673-677（2012）

37. F. B. P. Niesler et. al,Second-harmonic optical spectroscopy on split-ring-resonator arrays,Optics Letters **36**,1533-1535（2011）

38. L. Chen,C. H. Liang,X. J. Dang,Second-harmonic generation in nonlinear left-handed metamaterials, Acta Physica Sinica **56**,6398-6402（2007）

39. V. Roppo et. al,Second harmonic generation in a generic negative index medium,Journal of the Optical Society of America. B **27**,1671-1679（2010）

40. I. V. Shadrivov, A. A. Zharov, Y. S. Kivshar, Second-harmonic generation in nonlinear left-handed metamaterials, Journal of the Optical Society of America. B **23**(3), 529-534 (2006)

41. A. K. Popov, V. V. Slabko, V. M. Shalaev, Second harmonic generation in left-handed metamaterials, Laser Physics Letters **3**, 293-297 (2006)

42. D. de Ceglia et. al, Enhancement and inhibition of second-harmonic generation and absorption in a negative index cavity, Optics Letters **32**, 265-267 (2007)

43. A. Rose, D. Huang, D. R. Smith, Controlling the second harmonic in a phase-matched negative index metamaterials, Physical Review Letters **107**, 063902(4) (2011)

44. I. R. Gabitov, B. Kennedy, A. I. Maimistov, Coherent amplification of optical pulses in Metamaterials, IEEE Journal of Selected Topics in Quantum Electronics **16**, 401-409 (2010)

45. S. M. Gao, S. L. He, Four-wave mixing in left-handed materials, Journal of Nonlinear Optical Physics & Materials **16**, 485-496 (2007)

46. I. V. Shadrivov, Y. S. Kivshar, Spatial solitons in nonlinear left-handed metamaterials, Journal of Optics A: Pure and Applied Optics **7**, S68-S72 (2005)

47. A. B. Kozyrev, D. W. van der Weide, Nonlinear left-handed transmission line metamaterials, Journal of Physica D **41**, 173001(10) (2008)

48. X. Y. Dai et. al, Frequency characteristics of the dark and bright surface solitons at a nonlinear metamaterial interface, Optics Communication **283**, 1607-1612 (2010)

49. N. A. Zharova, I. V. Shadrivov, A. A. Zharov, Nonlinear transmission and spatiotemporal solitons in metamaterials with negative refraction, Optics Express **13**, 1291-1298 (2005)

50. W. N. Cui et. al, Self-induced gap solitons in nonlinear magnetic metamaterials, Phys, Physical Review E **80**, 036608(5) (2009)

51. M. Scalora et. al, Gap solitons in a nonlinear quadratic negative-index cavity, Physical Review E **75**(6), 066606 (2007)

52. N. N. Rosanov et. al, Knotted solitons in nonlinear magnetic metamaterials, Physical Review Letters **108**, 133902(4) (2012)

53. M. Marklund et. al, Solitons and decoherence in left-handed metamaterials, Appied Physics Letters **341**, 231-234 (2005)

54. R. Noskov, P. Belov, Y. Kivshar, Oscillons, solitons, and domain walls in arrays of nonlinear plasmonic nanoparticles, Scientific Reports **2**, 873(8) (2012)

55. Y. M. Liu et. al, Subwavelength discrete solitons in nonlinear metamaterials, Physical Review Letters **99**, 153901(4) (2007)

56. A. R. Katko et. al, Conjugation and negative refraction using nonlinear active metamaterials, Physical Review Letters **105**, 123905(4) (2010)

57. Y. J. Xiang et. al, Modulation instability in metamaterials with saturable nonlinearity, Journal of the Optical Society of America B **28**(4), 908-916 (2011)

58. Y. J. Xiang et. al, Modulation instability induced by nonlinear dispersion in nonlinear metamaterials, Journal of the Optical Society of America B **24**(12), 3058-3063 (2007)

59. A. I. Maimistov, I. R. Gabitov, Nonlinear optical effects in artificial materials, The European Physical Journal Special Topics **147**, 265-286 (2007)

60. I. V. Shadrivov et. al, Nonlinear magnetic metamaterials, Optics Express **16**, 20266 (2008)

61. I. V. Shadrivov et. al, Second-harmonic generation in nonlinear left-handed metamaterials, Journal of the Optical Society of America **23**, 529-534 (2006)

62. A. K. Popov, V. M. Shalaev, Negative-index metamaterials: second-harmonic generation, Manley-Rowe relations and parametric amplification, Applied Physics B **84**, 131-137 (2006)

63. A. K. Popov, V. M. Shalaev, Compensating losses in negative-index metamaterials by optical parametric amplification, Optics Letters **31**, 2169-2171 (2006)

64. V. Roppo et. al, Anomalous momentum states, non-specular reflections, and negative refraction of phase-locked, second-harmonic pulses Metamaterials, 2008 Congress 2, pp. 135-144

65. M. Scalora et. al, Dynamics of short pulses and phase matched second harmonic generation in negative index materials, Optics Express **14**, 4746-4756 (2006)

66. V. Roppo et. al, Role of phase matching in pulsed second-harmonic generation: Walk-off and phase-locked twin pulses in negative-index media, Physical Review A **76**, 033829 (2007)

67. P. Y. P. Chena, B. A. Malomed, Single-and multi-peak solitons in two-component models of metamaterials and photonic crystals, Optics Communication **283**, 1598-1606 (2010)

68. I. V. Shadrivov et. al, Metamaterials controlled with light, Physical Review Letters **109**, 187401 (2012)

69. A. K. Popov et. al, Four-wave mixing, quantum control, and compensating losses in doped negative-index photonic metamaterials, Optics Letters **32**, 3044-3046 (2007)

70. S. Gao, S. He, Four-wave mixing in left-handed materials, Journal of Nonlinear Optical Physics & Materials **16**, 485 (2007)

71. A. Rose et. al, Controlling the second harmonic in a phase-matched negative-Index metamaterial, Physical Review Letters **107**, 063902 (2011)

72. M. Scalora et al. , Generalized nonlinear Schrodinger equation for dispersive susceptibility and permeability: application to negative index materials, Physical Review Letters **95**, pp. 013902-013904(2005); (Erratum: Physical Review Letters **95**, 239902(E) (2005))

73. D. Huang et. al, Wave mixing in nonlinear magnetic metacrystal, Applied Physics Letters **98**, 204102 (2011)

74. J. B. Pendry et. al, Magnetism from conductors and enhanced nonlinear phenomena, IEEE Transactions on Microwave Theory and Techniques **47**, 2075-2084 (1999)

75. M. W. Klei et. al, Second-harmonic generation from magnetic metamaterials, Science **313**, 502 (2006)

76. M. W. Klein et. al, Experiments on second-and third-harmonic generation from magnetic metamaterials, Optics Express **15**, 5238-5247 (2007)

77. N. Feth et. al, Second-harmonic generation from complementary split-ring resonators, Optics Letters **33**, 1975-1977 (2008)

78. F. B. P. Niesler et. al, Second-harmonic generation from split-ring resonators on a GaAs substrate, Optics Letters **34**, 1997-1999 (2009)

79. D. de Ceglia et. al, Enhancement and inhibition of second-harmonic generation and absorption in a negative index cavity, Optics Letters **32**, 265-267 (2007)

80. G. D'Aguanno et. al, Second-harmonic generation at angular incidence in a negative-positive index photonic band-gap structure, Physical Review E **74**, 026608 (2006)

81. M. Scalora et. al, Gap solitons in a nonlinear quadratic negative-index cavity, Physical Review E **75**, 066606 (2007)

82. M. Lapine, Magnetoelastic metamaterials, Nature Materials **11**, 33012 (2012)

83. M. Lapine et. al, Metamaterials with conformational nonlinearity, Scientific Reports **1**, 138 (2011)

84. N. A. Zharova et. al, Nonlinear control of invisibility cloaking, Optics Express **20**, 14954-14959 (2012)

85. A. Pandey, N. M. Litchinitser, Nonlinear light concentrators, Optics Letters **37**, 5238-5240 (2012)

86. I. V. Shadrivov et. al, Metamaterials Controlled with Light, Physical Review Letters **109**, 083902(4) (2012)

87. E. Feigenbaum, M. Orenstein, Plasmon-Solitons, Optics Letters **32**, 674-676 (2007)

88. N. Zharova et. al, Nonlinear transmission and spatiotemporal solitons in metamaterials with negative refraction, Optics Express **13**, 1291 (2005)

89. Y. Liu et. al, Subwavelength discrete solitons in nonlinear metamaterials, Physical Review Letters **99**, 153901 (2007)

90. N. N. Rosanov et. al, Knotted solitons in nonlinear magnetic metamaterials, Physical Review Letters **108**, 133902 (2012)

91. L. D. Faddeev, A. J. Niemi, Stable knot-like structures in classical field theory, Nature **387**, 58 (1997)

92. L. D. Faddeev, A. J. Niemi, Magnetic geometry and the confinement of electrically conducting plasmas, Physical Review Letters **85**, 3966 (2000)

93. R. A. Battye, P. M. Sutcliffe, Knots as stable soliton solutions in a three-dimensional classical field theory, Physical Review Letters **81**, 4798-4801 (1998)

94. I. V. Shadrivov et. al, Nonlinear magnetoinductive waves and domain walls in composite metamaterials, Photonics and Nanostructures-Fundamentals and Applications **4**, 69 (2006)

95. N. N. Rosanov, Discrete dissipative localized modes in nonlinear magnetic metamaterials, Optics Express **19**, 26500-26506 (2011)

96. R. Hegde, H. Winful, Optical bistability in periodic nonlinear structures containing left handed materials, Microwave and Optical Technology Letters **46**, 6 (2006)

97. N. M. Litchinitser et. al, Optical bistability in a nonlinear optical coupler with a negative index channel, Physical Review Letters **99**, 113902 (2007)

98. G. Venugopal et. al, Asymmetric positive-negative index nonlinear waveguide couplers, IEEE Journal of Selected Topics in Quantum Electronics **18**, 2 (2012)

99. J. Peng et. al, Modulation instability in dissipative soliton fiber lasers and its application on cavity net dispersion measurement, IEEE Journal of Lightwave Technology **30**, 2707-2712 (2012)

100. Y. Xiang et. al, Modulation instability induced by nonlinear dispersion in nonlinear metamaterials, Journal of the Optical Society of America B **24**, 3058-3063 (2007)

第 12 章 液晶可调谐超材料

摘要 利用温度、外部电压、磁场及液晶参数的功率可调谐性等多种调谐策略,对向列相液晶对超材料进行渗透,是制备可调谐超材料的有效途径之一。复合超材料经渗透后会具有可调谐的电磁特性,该特性由外部电磁场和电磁辐射进行控制。本章综述了新一代可调谐微波超材料、太赫兹超材料以及光学超材料这些液晶渗透超材料结构的不同设计,其将超材料的优点与液晶的灵活性和较强的非线性响应特性相结合。

12.1 引言

超材料最大的优势在于通过对组装过程的调整可对其电磁性能进行控制和设计。然而,在最终排列中,超材料的结构十分稳健,因而其响应难以受到外部物理因素(如辐射或电场/磁场)影响而轻易改变。超材料的可调谐、空间调制,甚至是其性能可用性等特性的前景对光子应用、近场显微技术和成像领域极为有利。光子结构的许多重要应用也需要光学响应非线性变化所提供的全光可调性。

运用多种独特且全新的方式,液晶将结晶固体和液体的性能相结合,从而在科技和生物医学领域被广泛应用。由于化学成分的不同及诸如温度、压力、磁场和电场等外界因素的影响,液晶可处于不同液晶相,其性能和有序度也各不相同。向列相是最为常见的液晶相之一,其分子呈单轴定向排列,且无位置序。平均分子取向可用指向某一定点邻域内分子优先方向的指向矢进行有效描述。在缺乏外部电磁场或照明的情况下,指向矢的空间分布由边界条件决定,即液晶分子在界面上的锚定。值得注意的是,液晶分子会通过改变其平均分子取向,来对外加电场和磁场及充足照明做出响应,从而改变材料的指向矢分布和光学特性。电压驱动液晶和全光重排序液晶的共同特点在于其对液晶片的几何形状、电极位置、指向矢场分布、入射光的偏振和强度等的强烈依赖性。

获得可调谐超材料的一种非常普遍的方法就是将金属−电介质结构可靠的优点与液晶介质的灵活性相结合。一般来说，以下 3 个基本的前提条件确定了这种方法的可行性：①金属−电介质结构不同寻常的特性是强烈的频散以及在给定的信号频率下，相当小的结构调整也许会导致它的频率响应发生实质性的变化；②液晶的光学性质很容易受中等温度或者电场，以及光学或紫外线照射的影响而发生改变；③超材料结构中的金属成分除了可以用作电极，还能显著增强局部的电磁场。另一个值得注意的方法是，将金属纳米颗粒自组装浸入到液晶中，其内部结构的排列可以通过外部电磁场进一步调整。虽然在自然界中出现的材料，需要在超高强度的光照下或超高电压的作用下，才会表现出其非线性光学性质，但是等离激元和超材料结构中的显著电磁场集中分布和亚波长限制，使得可调谐线性或较强的液晶非线性响应可在更非严苛的作用下得以实现。

通过改变温度，施加外部电磁场及强非线性响应的全光系统等多种方法，液晶便可以实现超材料的可调谐性。重要的是，这些方法对微波超材料，太赫兹超材料以及光学超材料都行之有效，并且我们最近在所有频率范围内已取得了"概念验证"的初步重大结果。

本章将对可调谐和可重构液晶−超材料的最新进展进行综述。在 12.2 节中将对电可调导线超材料的一个特例进行探讨，并对液晶引起的可调谐性的所有关键机制进行描述。12.3 节对成功实现微波及太赫兹超材料液晶性可调性的实验进行总结。12.4 节对具有可调光学响应的纳米图案化超材料进行探讨。

12.2   超材料的液晶可调谐性

从手表和计算机的简单显示器到移动电话、计算机和电视的快速彩色显示器，很多影响我们生活的实际设备中都用到了液晶。基于液晶卓越的电灵敏度，其在工业上的各种应用也日益增多。在合成、加工和处理液晶物质方面积累的大量经验主要是针对电光元件几何平面结构中的液晶显示应用。然而，对于液晶在复杂的非标准化（如超材料）环境中可呈现的特性，其理解上还存在诸多偏差。因此，为了弥补上述差距并对液晶在新环境下的性能进行充分了解，复合液晶超材料的发展十分必要。

为了展示向列相液晶在超材料中的性能，并赋予其可调谐性，在本章节中，对文献[1]中提出的线栅超材料等离子体频率的变化进行了分析。对浸入向列相液晶的线栅结构施加超电压，超过一定阈值时，会导致液晶进行再取向。这种简单的超材料几何结构可应用半解析描述,同时可提供清晰的物理示意图。值得注意的是,上述效应是存在的,且从微波到肉眼可见的广泛频率范围内,其性质是相似的。

具有亚波长周期性平行导线的规则阵列,对正常传播到导线上并沿着导线被极化的电磁波,表现出类似于等离子体的介电常数(图 12.1 中 xy 入射平面和电场 z 极化)。有效介电常数的相关分量等于

$$\varepsilon_{zz}(\omega) = \varepsilon_{zz}^{(h)}(\omega) - \frac{\Omega^2}{\omega^2} \qquad (12.1)$$

式中:$\varepsilon_{zz}^{(h)}$ 为导线周围主介质的介电常数张量的 zz 分量;特征频率 Ω 由导线材料的直径 d 和晶格周期 a 决定。

由于线栅介电常数(式(12.1))在所谓的等离子体频率下 $\omega_0 = \Omega / (\varepsilon_{zt}^{(h)})^{1/2}$ 会改变其符号,栅格在高于 ω_0 的频率下呈现透明状态,在更低的频率下呈现反射性。

式(12.1)中的 $\varepsilon_{zz}^{(h)}$ 表明了一种通过改变主介质介电常数来调谐超材料的简单方法。向列相液晶则有助于实现此方法。

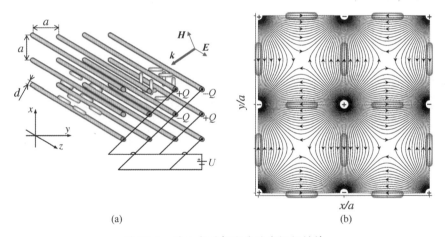

(a)   (b)

图 12.1 浸入向列相液晶的线栅超材料

(a) 沿着导线(左)取向和穿插于导线(右)取向的液晶分子(液晶分子的尺寸被放大);

(b) 备用充电线的电场线(导线直径设为晶格周期的 1/10)与液晶分子取向方向重叠。

向列相液晶表现出各向异性的张量介电常数,其轴向与向列相指向矢 $\boldsymbol{n}$ 的取向一致,有

$$\varepsilon_{ij}^{(h)}(\omega) = \varepsilon_{\perp}(\omega)\delta_{ij} + \varepsilon_{a}(\omega)n_i n_j \qquad (12.2)$$

拉伸的液晶分子通常沿着适当的表面进行取向。通过此种表面锚定在导线上

进行的相应液晶排列如图 12.1(a) 的左侧部分所示。在相邻导线中施加电压，可以使导线负载不同极性的电荷，从而在 xy 平面上产生静电场。后者将液晶分子重新取向，使其垂直于导线，如图 12.1(a) 右侧部分所示。结果，$\varepsilon_{zz}^{(h)}$ 从 $(\varepsilon_\perp + \varepsilon_a)$ 转换至 $\varepsilon_\perp$，转换 ω_0 的相对转换通过

$$\frac{\Delta\omega_0}{\omega_0} \simeq \frac{\varepsilon_a}{2\varepsilon_\perp} \tag{12.3}$$

对微波和光来说，液晶的介电各向异性至少约为几十个百分点[5,6]。因此，可通过上述设计对等离子体频率转换 $10\% \sim 20\%$。

沿着 $x=0$、$y=0$ 线进行拉伸的单一导线，加载单位长度的电荷 Q 即可产生电场势 $\varphi_1(\rho) = -Q/(2\pi\varepsilon_0\varepsilon_{st}) \cdot \log(2\rho/d)$，其中 $\rho = \sqrt{x^2+y^2}$，$\varepsilon_{st} = \varepsilon_\perp(0)$ 是液晶的静态介电常数，电势的零点就在导线表面。在备用充电线的无限二维晶格中，导线外的总电势为

$$\varphi(\mathbf{r}) = \sum_{n,m=-\infty}^{n,m=\infty} (-1)^{n+m} \varphi_1(\rho_{nm}) \tag{12.4}$$

式中：$\rho_{nm} = \sqrt{(x-na)^2+(y-ma)^2}$ 和坐标原点位于带正电的导线轴上。典型的计算电场分布如图 12.1(b) 所示。

对于电场对向列相液晶影响的分析，在各向异性分子沿着电场线排列时，可从忽略液晶弹性处着手。此时，指向矢 $\mathbf{n}$ 完全位于 xy 平面上，并且其转换状态良好（图 12.1(b)）。液晶的有限弹性破坏了这一理想化模型，且指向矢的弯曲模式与电场线模式有所不同。但是，这对于式(12.1)中涉及的分量 $\varepsilon_{zz}^{(h)}$ 来说无足轻重，因为指向矢仍然停留于 xy 平面中。

为了确保在切断电压时，液晶分子仍沿导线取向，液晶分子在导线上的锚定必须足够牢固。当电压接通时，表面锚定依旧促使相邻分子沿着 z 轴指向，且指向矢必须在一个瞬态层中旋转 $\pi/2$ 的角度。当此瞬态层薄于结构尺度（晶格常数）时，会导致有效转换，即强电场和薄瞬态层的限制实际上极为重要。在此种限制下，可忽略其他导线对指定导线表面附近电场产生的影响。在柱面坐标系中，唯一存在的电场 ρ 分量等于 $E_\rho(\rho) = \dfrac{Q}{2\pi\varepsilon_0\varepsilon_{st}}\rho^{-1}$，而向列相指向矢有两个分量，即 $n_\rho(\rho)$ 和 $n_z(\rho)$。在导线表面 $n_\rho(d/2) = 0$。液晶的自由能可表示为弹性变形能和介电能[5]之和，即 $F = F_K + F_E$，后者为

$$F_E = -\pi\varepsilon_0\varepsilon_a^{st} \int_{d/2}^{R} \rho\,\mathrm{d}\rho\,(E_\rho n_\rho)^2 \tag{12.5}$$

此处的上限 R 足够大，可确保 $n_z(R) = 0$，并且可趋近于无穷大。液晶弹性能最

简单的形式可由所谓的常数近似法得出,即

$$F_K = \frac{K}{2}\int dU\left[(\nabla \cdot \boldsymbol{n})^2 + (\nabla \times \boldsymbol{n})^2\right] \tag{12.6}$$

通过引入指向矢极角 θ 得到 $n_\rho = \sin\theta, n_z = \cos\theta$,可得出总能量的简洁表达式为

$$F = \pi K \int_{d/2}^{\infty} \rho\,d\rho\left[(\theta')^2 + (1 - v^2)\frac{\sin^2\theta}{\rho^2}\right] \tag{12.7}$$

式中,参数 $v^2 = U^2 c_1^2 \varepsilon_a^{st}/(4\pi^2 K\varepsilon_0)$ 描述了电压驱动液晶的相对贡献,其中 c_1 为单位长度真空中每对导线的电容。通过泛函极小化计算式(12.7),可得出求解 $\theta(\rho)$ 的微分方程为

$$\theta'' + \frac{1}{\rho}\theta' + (v^2 - 1)\frac{\sin 2\theta}{2\rho^2} = 0 \tag{12.8}$$

边界条件为 $\theta(d/2) = 0$ 和 $\theta(\infty) = \pi/2$。对于 $v^2 > 1$,精确解为

$$\theta(\rho) = \frac{\pi}{2} - 2\arctan\left[\left(\frac{d}{2\rho}\right)^{\sqrt{v^2-1}}\right] \tag{12.9}$$

介电张量式(12.2)zz 分量的空间变化受控于因素 $n_z^2(\rho) = \cos^2\theta(\rho)$。至于 $v^2 \geqslant 2$,层厚与导线直径相当。运用向列相液晶的弹性模量 $K \simeq 10^{-11}$ N、静态介电常数 $\varepsilon_{st} \simeq 10$ 和静态介电各向异性 $\varepsilon_a^{st} \simeq 1$ 来进行估算。同时,将导线直径设置为晶格常数的 $1/10$,得到 $c_1 \simeq 10^{-11}$ F/m,则标称电压可预估为

$$U = \frac{2\pi}{c_1}\sqrt{\frac{2K\varepsilon_0}{\varepsilon_a^{st}}} \simeq 8.4\text{V} \tag{12.10}$$

值得注意的是,此种标称电压与栅格大小无关,同样适用于微波和光学线栅超材料的转换估算。

12.3　可调谐微波及太赫兹超材料

尽管近几十年来对液晶的研究主要是集中于可视光和近红外波段领域,但众所周知,液晶在更低的太赫兹和微波频率下具有较低的损耗率和较高的介电各向异性。然而,通过光学类比直接实现微波操作,需要制备厚度大于操作波长的平板型液晶片,即高达几毫米甚至更厚。在运用特殊处理平面以排列液晶的传统技术方法中,液晶厚度受到严格限制:厚度不能超过几百微米,而在这种情况下液晶的转换速度已大大减慢且其结构渐趋不可靠[8]。因此,从 20 世纪 90 年代开始,液晶微波操作的发展都仅限于小体积液晶的使用设计,如液晶填

充谐振腔[9]或由许多薄液晶片组成更为复杂的多层堆叠结构[10]。

在过去 10 年中,超材料(或一般而言,含金属成分的亚波长结构)的出现证实可通过亚波长范围及厚度加深的结构来控制波传播的广阔前景。此为液晶在微波领域的应用开辟了新的发展道路,自 2005 年始,有关亚波长金属结构的新设计开始出现[6,7]。

当然,将多层微波超材料直接浸入液晶环境中,需要控制大量的液晶。光学几何图形的直接放大需要运用相当高的外部功率,才能达到明显的效果。事实上,由于液晶再取向所需的电场振幅通常约为几伏特/微米,而对于几厘米大小的微波超材料样本,大概就是几千伏的电压差。只有在这样的电压环境下,液晶再取向才足以引起超材料电磁特性的显著变化。如文献[11]所示,采用此种方法对几毫米大小分裂环组成的传统微波超材料液晶环境进行重新排列,从而可使超材料的相应共振位移从 10GHz 升至最高 200MHz。然而,人们可能认为,在此种几何结构中该特性的转换时间要远超微波器件应用所需的时间。

另一种方法是使用直流磁场。众所周知,直流磁场可产生大量的液晶-指向矢取向。在此种方法中,有效控制的液晶数量仅受限于技术能力,即是否能够创造一个具有强均匀磁场的空间。这是由于液晶磁化率的各向异性非常小,然而为了使传统液晶正确取向,必须使用 1000Gs 或更强的磁场,而强力磁铁的使用,降低了其实用价值。尽管如此,人们认为此种设计证明了液晶超材料系统作为一类微波操作工具所具有的一般价值。

而正是由于液晶分子的磁性再取向,使得文献[12]的作者们可以证明,对由毫米大小开环组成的超材料液晶环境进行重新调整,确实可以使微波透射率产生显著变化(图 12.2)。尽管观测到的透射率可调谐性在某种程度上低于模型预测透射率,但是与超材料磁共振相关的透射率急剧下降的显著位移,已证实良好前景的切实可行以及其他一些有价值的细节。显然,无磁场作用下,晶体似乎并不处于一种完全有序的状态。在超材料开环元件的水平和垂直方向施加磁场,可在宏观上对液晶指向矢进行校准,从而清晰观察到 10.9~11GHz 和 10.7GHz 频率下初始位置发生的共振位移。后来,一种由 Ω 形元件组成的微波超材料中也产生了同样效果。此种元件形状赋予了超材料确定的负折射率通带,在超材料平面的水平和垂直方向施加 500Gs 的直流磁场时,该通带可成功调谐约 0.5GHz。值得注意的是,这也显示出微波信号相位延迟对液晶取向具有很强的依赖性。当频率接近通带下边缘时,液晶环境可将输出信号相位调整高达 180°。

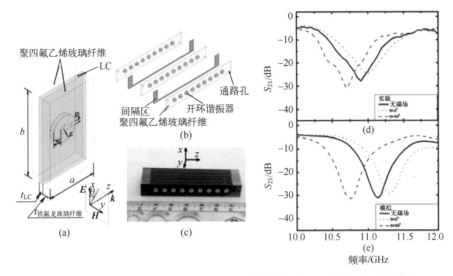

图 12.2　基于各向异性液晶的磁性可调谐宽边耦合开环谐振器超材料[12]

（a）基础晶胞示意图和液晶分子的再取向；（b）组装过程示意图；（c）开环谐振器
样品示意图；（d）磁性可调谐透射率的实验证实；（e）计算出的可调谐透射率。

　　从实际角度来看,液晶超材料的微波排列类型包括一对平面图案化的金属层,由相对较薄(数百微米)向列相液晶夹层分隔开来。液晶厚度的减少使驱动电压大幅下降至几十伏特,并使调谐响应时间下降至亚秒级。在此种情况下,图案化金属层的作用便是提供由本征共振和窄通带引起的不同透射率频散,以及在液晶层中传递驱动电压。

　　在 2007 年已有报告[14],此种方法已简单实现,其中,一对频率选择表面的亚太赫兹透射率(如图 12.3 所示,铜平面上的矩形槽阵列)已通过 130μm 薄向列相液晶夹层(图 12.3(b)和图 12.3(c))的再取向不断被调整。对 45° 角斜入射的横磁波(TM wave)而言,此图案化金属层的透射光谱具有相当尖锐的瑞利-伍德光栅衍射异常。通过在液晶夹层施加 10V 的中等偏置电压(5kHz,三角形脉冲形状),上述报告作者可将 130GHz 频率附近的连续频谱异常移动约 3%,如图 12.3(d)所示。当我们注意到衍射异常的光谱位置完全取决于使得某种程度的衍射消失(从传播波转变为隐失波)的频率时,此种现象的物理机制便显而易见了。对于电介质光栅,此种衍射截止条件直接取决于电介质中的辐射波长,或更准确地说,取决于平行于光栅平面的波折射率。施加于液晶的电压可使其主介电轴旋转,从而改变相关折射率,并不断改变衍射异常。

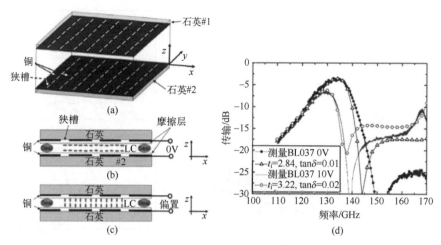

图 12.3   电可调谐微波频率选择表面[14]

(a) 双层可调谐频率选择表面示意图;(b) 无偏置状态下的液晶取向;

(c) 外加电压下的液晶取向;(d) 测量的和预测的可调谐频谱响应。

正如文献[15]中所证实,此种几何结构也可在 10GHz 左右的低频下使用。为了获取显著的可调谐性,此处必须使用更厚的液晶层(高至 0.5mm)。可使必要的驱动电压增至 60V,从而导致 340MHz 的通带位移,尽管透射光谱的相对变化仍然弱于报告中 130GHz 结构的变化[14]。同时,液晶再取向使得透射波相位产生了约 30° 的位移,其影响十分显著。此种高度灵敏性由槽光栅共振光谱异常周围的尖锐相位频散引起。因此,未来可在可调谐微波移相器中运用此种超材料液晶结构。

通过采用更为复杂的图案化金属片,可在 10GHz 左右的频率下实现更为有效的调谐作用。因此,两种带有矩形金属片且被就近放置的表面,可有效形成一层具有显著锐磁共振的短导线对超材料。通过用向列相液晶对平面之间的孔隙进行填充,并对液晶上金属片施加电压以控制其排列,文献[16]的作者们已可对共振频率进行高达 5% 的调整。值得注意的是,此处共振锐度使得透射能量在共振附近产生了高至 10 倍的显著变化。在施加 100V 左右电压的情况下,透射波的相位位移可高达 90°。同样值得注意的是,文献[16]中提及的 0.6mm 厚液晶夹层的响应时间已短至 300ms。

用金属反射镜代替图案化金属平面,可在反射几何结构中得到十分相似的微波效应。因此,实验已证明,在 100GHz~3THz 频率范围内,利用液晶可使亚波长金属光栅的反射率进行转换[17]。在此实验中,一个 200nm 薄、300μm 周期的一维光栅被置于金属反射镜之上 100μm 的位置,且在光栅和反射镜之间的空间内布满了均匀排列的向列相液晶(图 12.4(a))。此结构本身就具有显著的反射率共振,其与腔内驻波的形成有关,该腔则由光栅条与反射镜平面形成。在液晶层上施加电压,可产生足够的液晶再取向,从而导致反射光谱的显著变化。在某些亚太赫兹频率下,可发现光栅反射率从 30%左右大幅下降至几乎为0,而在其他频率下,反射率只有 5%~10%的适度变化,接近于整数。此处,20V的偏置电压足以导致此种有效转变(图 12.4(b))。

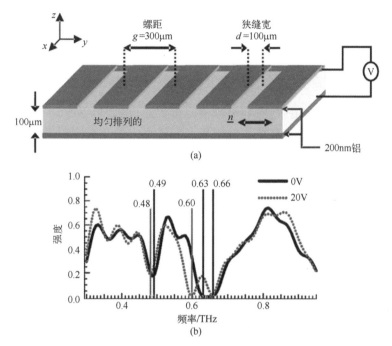

图 12.4　具有电可调谐性的光栅结构对太赫兹辐射的共振吸收[17]

(a) 均匀排列的 E7 向列相液晶的结构示意图;(b) 在 10kHz 频率下,施加 0V 及 20V
的峰间电压时,对垂直于狭缝的极化太赫兹脉冲,测量到的反射强度
(任意单位)与频率之间的关系。

为了进一步减小尺寸和降低驱动电压,需要使用更复杂的反射结构。正如文献[18]所示,在金属片和反射镜平面之间建立一个完整的液晶夹层实无必要。看起来,图案化金属条下此空间的实质部分可完全被一种固体透明电介质填满(例如聚合物),且只有当填充了几十微米结构缝隙的向列相液晶进行再取向时,可调谐性才会产生。此提高了调谐灵敏度,并且也可通过几伏的电压来改变反射率,如常见的光学液晶片电压。吸收共振频率从 2.62THz 持续下降至2.5THz,而由于共振锐度,在 2.62THz 的频率下,吸收率可从 0.85%下降

至 0.55%。

总之,液晶辅助下的可调谐性概念为设计可调谐和可调整超材料开辟了广阔的前景,并可将微波和太赫兹应用于各种新型设备,如可调谐移相器和调制器、可调谐吸收器和反射镜等。虽然光学几何结构的简单缩放可导致显著的转换,大量需要被控制的液晶则大大增加了必要的驱动功率,降低了液晶结构的可靠性和转换速度。同时,由两个平行的图案化金属平面或者反射镜上方的单个图案化平面组成的特殊排列,能够有效、快速地控制微波和太赫兹辐射的传播。

12.4 可调谐光学超材料

在大多数电流应用中,向列相分子的再取向,例如折射率调节,可由激光束的电场导致,类似于外部施加的电压。跃迁之上的折射率变化所带来的光反馈,导致了所谓的巨型光学非线性响应。该非线性响应的强度取决于液晶再取向的程度。此种取向型非线性比传统的克尔型非线性[19]强几十倍。分子取向的局部变化会导致光偏振变化,因为光会穿过跃迁之上的再取向液晶。

在近红外和光环境下实现超材料的液晶可调谐性是一项艰巨的任务,但是,由热和紫外线辐射导致的光学超材料的可调谐性已在之前的实验[20,21]中进行了演示。在之前的实验中,通过控制环境温度,或者以相位变化来改变液晶的折射率,可对超材料的磁响应波长进行有效调整。将环境温度从 20℃ 提高至 50℃,磁响应波长则从 650nm 转变至 632nm(图 12.5)。由于液晶的相变可使其在整个光学波长光谱甚至在微波范围的折射率都受到影响,因此在整个光学范围内对超材料的磁响应进行调整[22,23]。

对液晶渗透渔网结构超材料的全光控制实验研究是最近才开始的[24]。在实验中,作者使用金和氟化镁作为沉积于玻璃基板上的金属和电介质层来制造渔网结构(图 12.6(a))。为了制成金属电介质层的纳米结构,他们采用聚焦离子束加工技术,由此制造出一种典型的渔网结构,如图 12.6(b)中扫描电子显微镜所示。然后,用向列相液晶 E7(来自默克)对此样本进行渗透以确保液晶完全填满了渔网结构的孔。通过透射测量证实了在此结构内部液晶是存在的,在透射测量中可观察到渔网孔模式的变化,此乃由渗透引起。此外,可以在铟锡氧化物电极顶部与金膜之间施加偏置电场,对液晶分子排列进行电控(图 12.6(c))。

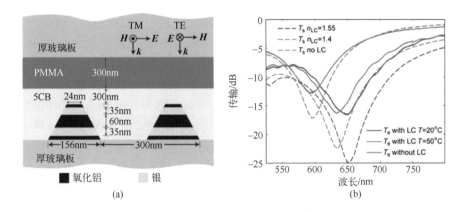

图 12.5　光学超材料可调谐实验

（a）耦合纳米带阵列的截面示意图；（b）超材料中热可调谐磁响应的展示。（实线表示实验数据，虚线表示没有液晶的模拟实验结果（蓝线），及有液晶时 20℃（黑线）和 50℃（红线）时的结果）

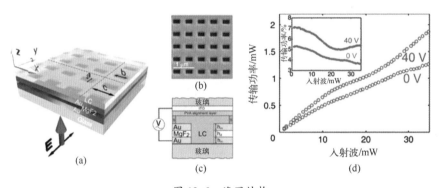

图 12.6　渔网结构

（a）液晶渗透渔网结构超材料示意图；（b）制造的渔网结构超材料的扫描电子显微镜示意图（俯视图）；（c）液晶片的侧视图：S 为 $100\mu m$ 厚的塑料垫片制造的铜-氟化镁-铜渔网的参数为 $h_d = h_m = 50$，$a = 190nm$，$b = 350nm$，以及 $c = 600nm$；（d）两种偏置电压 0V 和 40V 在 1550nm 处测量出的传输功率与输入功率（虚曲线——线性关系。插图：归一化传输功率与入射激光功率）。

　　为了测试光传输对光强度的依赖性，他们使用一束电信波长为 1550nm 的激光束从基板一侧对渗透结构进行照射。如果将渔网结构放入激光束中，随着入射激光的功率增强，传输会大大下降。随着功率增加，传输量约减少 30%（图 12.6（d））。Minovich 等人[24] 还观察到传输量的下降很大程度上取决于施加的偏置电场，再次表明渔网结构孔内液晶分子强烈再取向现象。此种引发液晶再取向的光学和偏置电场之间的相互作用，证实了电控光学非线性在超材料中为一种重要机制。

另一项有趣的研究则关于被向列相液晶[25]覆盖的开环谐振器(SRRs)晶格所形成的超材料表面的光学响应。液晶超材料电池如图12.7所示,由一组晶格间距为300nm的金制开环谐振器组成,其位于一层玻璃基板上,该玻璃基板则被标准电子束刻工艺(EBL)制成的5nm铟锡氧化物(ITO)覆盖。每个开环谐振器超原子的横向尺寸为$l_x \approx 138nm, l_y \approx 124$,线宽为$w \approx 45nm$。开环谐振器的厚度为25nm。透明导电的铟锡氧化物层可防止标准电子束刻工艺过程中电荷的聚集,也可作为向液晶片施加电势所需要的两个电极之一。第二个被铟锡氧化物覆盖的玻璃基板可作为液晶电池的顶部电极。为了对顶部电极上的液晶进行确定的预校准,我们在铟锡氧化物层的上层额外旋转涂抹了一层200nm厚的聚乙烯醇(PVA),并且采用力学刷涂,以获得液晶预校准的择优方向(图12.7(a)的黄色箭头)。超表面上并无使用液晶预校准层。最后,通过在超材料基底和聚乙烯醇涂层的第二个电极之间放置一块31μm的塑料垫片即可组装成液晶电池。在向列相液晶E7(来自默克)渗透后,在温度为90℃的情况下,把液晶片安装于一个自制的白光透射装置上,连接至一个可调信号发射器上,其带有1kHz频率的正弦交流电压。

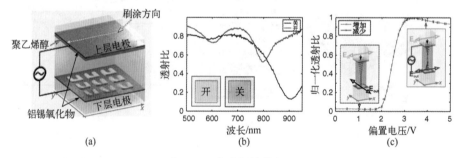

图12.7　液晶超材料电池

(a)液晶片的艺术视图(底部电极的上层为开环谐振器超材料,而顶部电极则覆盖着一层力学旋涂的聚乙烯醇校准层。交流电源连接至导电的铟锡氧化物薄膜上(用深灰色标出));(b)不施加电压时(关闭状态,黑色)和施加6V电压时(开启状态,红色)液晶片的实验透射光谱(插图:电压关闭和打开状态下超材料区域的CCD图像);(c)开关过程中增加(蓝色)和连续降低(红色)的电压值(左图为"关闭"状态下的(螺旋)液晶分布,右图为"开启"状态下的(无螺旋)液晶分布。入射光和输出光偏振分别用绿色和红色/黑色箭头表示)。

图12.7(b)显示了对x偏振入射光有无施加偏置电压情况下的实验结果。在此配置中,电共振在$\lambda_{e0} \approx 900nm$时被激发为"关闭"状态。当把"关闭"状态变成"开启"状态时,可观察到透射光谱中的变化以及在$\lambda_{m1} \approx 800nm$和$\lambda_{m2} \approx 600nm$时的磁性共振。将电压从"开启"转变为"关闭"状态,即可恢复原始光

谱。值得注意的是,谐振器超材料电共振和磁共振之间的动态切换在毫秒时间范围内实现。此效应由偏置电场下液晶分子再取向导致对 y 偏振入射光的观察中出现了相反效应。在此种结构中,电压"关闭"状态下可出现 x 偏振出射光,未观测到 y 偏振输出光,而在电压"开启"状态下,可检测到全波段光谱。接着,在整个光谱范围内对与电压相关的透射率取平均值。显然,在 2~3V 的电压范围内对所施加的电压值不断地进行增加(蓝线)和降低(红色虚线)转换,此过程中并没有出现迟滞现象(图 12.7(c))。当施加电压高于 5V 时,透射率饱和,因此,在此种情况下,电场对液晶分子进行了完全再取向。

这些结果对液晶光学超材料具有十分重要的意义,因为这些实验关键依赖于在负折射率光谱范围内,金属结构近场中液晶分子的再取向能力。此外,上述方法为电和磁超表面之间的快速转换开辟了新道路,同时也实现了光反射的动态控制。

当多个粒子浸入液晶时,这些粒子通过液晶的各向异性取向弹性产生一种独特的相互作用,从而使这些粒子相互影响[26,27]。根据粒子间的相互作用,通过施加额外的外部场可对胶体结构进行显著的改进和调制[28,29]。在多粒子结构中,液晶的取向弹性导致粒子与兼具排斥和吸引特性的分量之间产生了长范围的各向异性相互作用。粒子形状的改变可导致其弹性相互作用对称性的显著变化[30]。有人建议将此概念用于可重构光学超材料的创建,如色散于液晶中的金纳米棒的无聚合弹性自校准[31]。在对各种形式胶体粒子的定位、取向和组装进行稳健控制方面取得的最新发展,成功创建了新型结构化复合材料[32,33]。

尤其是,近期有人建议将核壳纳米粒子浸入染料掺杂向列相液晶中,此方法同样可带来光学增益[34]。在向列相和胆甾醇液晶介质中,有几种用于激光振荡的染料可提供相当部分的光学增益。因此,其可有效减少超材料的损耗,同时实现所需的可调双折射。图 12.8 显示了核壳纳米粒子嵌入染料掺杂向列相液晶的有效折射率实部和虚部,在共振频率为 $\chi_{max}=0$、-0.13、-0.26 时,染料分子跃迁磁化率的虚部具有 3 种代表值。此清楚表明,可在保持负折射率 $Re[n_{eff}]$ 的同时大大降低损耗 $Im[n_{eff}]$。值得注意的是,随着增益介质($\chi_{max}=-0.26$)的进一步发展,折射率的实部 $Re[n_{eff}]$ 也可进一步降低。同时也可实现液晶[35]相对较快的亚微秒级响应。

可调谐光学超材料最有前途的应用之一是一种理想的由光驱动的可重构等离子体吸收器。最近,有人提出了两种基于不对称纳圆盘[36]和超材料元件[37]的液晶涂层阵列设计方案。在前一种方案中,不同尺寸的纳米盘以特定的方式排列,对入射电磁波几乎可完全吸收。结果表明,利用光学效应改变相邻液晶层的介电常数,可有效调节非对称金纳米盘阵列的吸收带,其可调范围为25nm[36]。在第二种方案中,实验证明了在2.62THz频率下,专门设计的光学超材料的吸收可发生30%的改变,以及在带宽[37]上的共振吸收的可调谐性可发生4%以上的改变[37]。

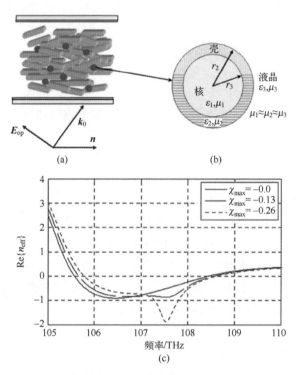

图12.8 (a)线性偏振光入射示意图(其可视作含核壳纳米颗粒的向列相液晶排列平面上的异常波。右边的图显示了核壳纳米球的部件分解图);纳米色散颜料掺杂向列相液晶折射率的(b)实部和(c)虚部(展示了增强的负折射率增强和降低的损耗(虚折射率变小))

致谢 M. V. G 感谢俄罗斯基础研究基金会(编号 13-02-12151 ofi_m 计划)的支持。A. M. E 和 Y. S. K 感谢澳大利亚研究委员会的支持。作者非常感谢众多同事的通力合作,尤其是 M. Osipov、D. Neshev、I. Shadrivov、M. Lapine、A. Minovich 和 M. Decker。

参 考 文 献

1. M. V. Gorkunov, M. A. Osipov, Journal of Applied Physics **103**, 036101(2008)

2. J. B. Pendry, A. J. Holden, W. J. Stewart, I. Youngs, Physical Review Letters **76**, 4773(1996)

3. P. A. Belov, R. Marques, S. I. Maslovski, I. S. Nefedov, M. Silveirinha, C. R. Simovski, S. A. Tretyakov, Physical Review B **67**, 113103(2003)

4. M. G. Silveirinha, Physical Review E **73**, 046612(2006)

5. W. H. de Jeu, *Physical Properties of Liquid Crystalline Materials*)(GordonandBreach, London, 1980)

6. J. R. Sambles, R. Kelly, F. Yang, Philosophical Transactions of the Royal Society A **364**, 2733(2006)

7. T. S. Kasirga, Y. Nuri Ertas, M. Bayindir, Applied Physics Letters **95**, 214102(2009)

8. M. Tanaka, T. Nose, S. Sato, Journal of Applied Physics **39**, 6393(2000)

9. K. C. Lim, J. D. Margerum, A. M. Lackner, Physics Letters **62**, 1065(1993)

10. M. Tanaka, S. Sato, Japanese Journal of Applied Physics **40**, L1123(2001)

11. Applied Physics Letter **90**, 011112(2007)

12. F. Zhang, Q. Zhao, L. Kang, D. P. Gaillot, Z. Zhao, J. Zhou, D. Lippens, Physics Letters **92**, 193104 (2008)

13. F. Zhang, L. Kang, Q. Zhao, J. Zhou, X. Zhao, D. Lippens, Optics Express **17**, 4360(2009)

14. W. Hu, R. Dickie, R. Cahill, H. Gamble, Y. Ismail, V. Fusco, D. Linton, N. Grant, S. Rea, IEEE Microwave and Wireless Components Letters **17**, 667(2007)

15. F. Zhang, W. Zhang, Q. Zhao, J. Sun, K. Qiu, J. Zhou, D. Lippens, Optics Express **19**, 1563(2011)

16. F. Zhang, Q. Zhao, W. Zhang, J. Sun, J. Zhou, D. Lippens, Applied Physics Letters **97**, 134103 (2010)

17. S. A. Jewell, E. Hendry, J. R. Sambles, Molecular Crystals and Liquid Crystals **494**, 320(2008)

18. D. Shrekenhamer, W. Chen, W. J. Padilla, arXiv: 1206. 4214v1(2012)

19. N. V. Tabiryan, A. V. Sukhov, B. Ya. Zeldovich, Molecular Crystals and Liquid Crystals **136**, 1(1986)

20. S. Xiao, U. K. Chettiar, A. V. Kildishev, V. Drachev, I. C. Khoo, V. M. Shalaev, Applied Physics Letters **95**, 033115(2009)

21. B. Kang, J. H. Woo, E. Choi, H. -H. Lee, E. S. Kim, J. Kim, T. -J. Hwang, Y. -S. Park, D. H. Kim, J. W. Wu, Optics Express **18**, 16492(2010)

22. D. H. Werner, D. -H. Kwon, I. -C. Khoo, A. V. Kildishev, V. M. Shalaev, Optics Express **15**, 3342 (2007)

23. X. Wang, D. -H. Kwon, D. H. Werner, I. -C. Khoo, A. V. Kildishev, V. M. Shalaev, Applied Physics Letters **91**, 143122(2007)

24. A. Minovich, J. Farnell, D. N. Neshev, I. McKerracher, F. Karouta, J. Tian, D. A. Powell, I. V. Shadrivov, H. Hoe Tan, C. Jagadish, Yu. S. Kivshar, Applied Physics Letters **100**, 121113 (2012)

25. M. Decker, C. Kremers, A. Minovich, I. Staude, A. E. Miroshnichenko, D. Chigrin, D. N. Neshev, C. Ja-

gadish, Y. S. Kivshar, Optics Express **21**, 8879 (2013)

26. I. Musevic, M. Skarabot, U. Tkalec, M. Ravnik, S. Zumer, Science **313**, 954(2006)

27. O. D. Lavrentovich, Proceedings of the National Academy of Sciences of the United States of America **108**, 5143(2011)

28. A. B. Golovin, O. D. Lavrentovich, Applied Physics Letters **95**, 254104(2009)

29. M. V. Gorkunov, M. A. Osipov, Soft Matter **7**, 4348(2011)

30. C. Lapointe, T. Mason, I. I. Smalyukh, Science **326**, 1083(2009)

31. S. Khatua, W. -S. Chang, P. Swanglap, J. Olson, S. Link, Nano Letters **11**, 3797(2011)

32. R. Pratibha, K. Park, I. I. Smalyukh, W. Park, Optics Express **17**, 19459(2009)

33. Q. Liu, Y. Cui, D. Gardner, X. Li, S. He, I. I. Smalyukh, Nano Letters **10**, 1347(2010)

34. I. C. Khoo, A. Diaz, M. V. Stinger, J. Huang, Y. Ma, IEEE Journal of Selected Topics in Quantum Electronics **16**, 410(2010)

35. I. -C. Khoo, J. Liou, M. V. Stinger, S. Zhao, Molecular Crystals and Liquid Crystals **543**, 151(2011)

36. Y. Zhao, Q. Hao, Y. Ma, M. Lu, B. Zhang, M. Lapsley, I. C. Khoo, T. J. Huang, Applied Physics Letters **100**, 053119(2012)

37. D. Shrekenhamer, W. -C. Chen, W. J. Padilla, Physical Review Letters **110**, 177403(2013)

第 13 章 超导量子超材料

摘要 量子超材料是一种将传统超材料与固态量子相结合的材料。它们是一种人工合成的介质,由具有量子相干性、经专门设计的单位元件(如量子比特)构成,从而对这些元件的量子态进行外部控制,并且在电磁信号传播经过的特定时间和范围内,量子系统仍可保持其量子相干性。本章将着重介绍基于超导量子比特发展的量子超材料。伴随着过去 10 年来理论发展和实验制造技术的进步,超导量子比特的发展让量子超材料的面世成为可能。

13.1 引言

作为传统超材料的逻辑延伸,"量子超材料"这一概念在文献[1,2]中在完全不同的背景下被首次分别提及。在文献[1]中,其被应用于二维层的等离子体,每一层都足够薄,使得电子在正常方向上的运动可完全量子化。因此,从单电子层面出发,必须对"物质波"加以考虑,然而量子系统中并未显现量子相干性问题。与之相反,在文献[2]中明确提及,由人造原子(量子比特)构成的量子系统需在电磁脉冲传播经过的特定时间和范围内仍保持其量子相干性,并至少对其中一些量子比特的量子态进行控制,原因在于量子比特的量子相干动力学决定了此系统的"光学"性能。目前,"量子超材料"这一概念在以上两种领域均有应用(参见文献[3-8])。在此,从更为严谨的角度出发,将量子超材料定义为人工合成(广义而言)的光学介质[6]。

① 由具有量子相干性、具备特定(设计)参数的单位元件组成。

② 这些元素的量子态可被直接控制。

③ 在相关电磁信号传播通过的时间内,仍可保持量子相干性。

(量子超材料的"介质"定义实则反映出对系统晶胞的尺寸要求,即该尺寸需远小于相关电磁信号的波长(在实际过程中至少低于 1/2))①至③条特征相结合(简言之就是可控的宏观量子相干性)从性质上便决定了量子超材料的与众不同,其拥有多种特殊性能与应用。传统超材料可用有效的宏观参数进行描述,如折射率。从微观角度来看,这些参数源自单个构件平均量子态的作用。对于量子超材料来说,其可直接控制这些量子态并在相关时空范围内保持相位相干性。例如,一个量子系统可以处在不同折射率量子态的叠加态上。我们观测到的此类量子双折射现象正是对"薛定谔的猫"理论的直接体现。由此,可以推翻经典的双缝实验:在探测屏上的狭缝处于"开"和"闭"的叠加态时,从探测屏上射出的应是电磁波而非量子粒子。此类实验将有助于量子−经典过渡的直接研究。对于某些新技术来说(如双焦超透镜[4]、量子相敏天线[9])同样是不可多得的机遇。

至此,这些潜力巨大的可能性很大程度上还停留在理论预测层面。尽管如此,我们依然拥有充分的间接证据支持这些预测。过去 10 年间,为推动量子计算发展,在超导量子比特发展方面取得的进展(参见文献[10,11])则实现了超大量子比特阵列,而这些阵列至少具有部分量子相干性和量子态控制能力[12]。受一维量子超材料设想的启发[2,24],进行了在传输线中置入超导量子比特的一系列实验,证实了此种人工合成的原子可以与电磁波相互作用,其在定量层面与理论相一致。因此,我们坚信在不久的将来,超导量子超材料实验终将会成功。

13.2   超导量子电路

首先对超导量子电路的物理学性质及其数学描述进行简要的概括。① 此电路主要结构为约瑟夫逊结(Josephson junction)[17],它是目前唯一已知的非线性、无耗散电路结构。约瑟夫逊结由两块中间夹有超薄势垒层的超导体所构成,该势垒层可通过抑制电子通过上述两块超导体的概率(例如:隧穿势垒、缩颈或非超导电层)。

无耗散平衡超导电流(超电流)中负载着电子库珀对的玻色−爱因斯坦凝聚态。此凝聚态的特征为超导序参量,有

$$\Delta(\boldsymbol{r},t) \equiv |\Delta(\boldsymbol{r},t)|\exp[\mathrm{i}\phi(\boldsymbol{r},t)] \tag{13.1}$$

式中:$|\Delta|^2$ 为振幅平方,与凝聚态中电子的平均密度 n_s 成相应比例,且超导相 ϕ 与超流体速度 v_s 和超导电流密度 j_s 密切相关,公式为(m_e 为电子质量)

$$v_s = \frac{\hbar}{2m_e}\nabla\phi; \quad j_s = n_s e v_s \tag{13.2}$$

量子比特的操作温度(为 10~50mK)远低于其制造时所用超导体的临界温

---

① 更详细的介绍,请参见文献[10]及其涉及的参考文献。

度(铝和铌)1K 和 10K。此做法可有效抑制热波动引起的光相干效应。

在约瑟夫逊结中,由于势垒层的超薄度,有序参量在两个超导体中都是恒定不变的,超导电流(约瑟夫逊电流)是由两个超导体之间的超导相位差决定的,即

$$I_J = I_c \sin(\phi_1 - \phi_2) \tag{13.3}$$

式中:I_c 为临界电流,由超导体和超薄势垒层的性能决定(如其取决于上述物质的温度和磁场)①。式(13.3)描述了直流约瑟夫逊效应:电子通过两块超导体中的超薄势垒层时可形成平衡(如零电压)无耗散电流。如果通过该隧道结的电流超出其临界值 I_c,那么除约瑟夫逊电流外,还会出现准粒子电流 I_{qp}。这是一种常见的不平衡电流,伴有电压降低和耗散的现象。类似地,其可通过约瑟夫逊结在普通状态下(如高于超导相变临界温度 T_c)的电阻 R_N 来表示,即

$$I_{qp} = \frac{U}{R_N} \tag{13.4}$$

由此引出广泛应用的约瑟夫逊结电阻分流结模型(图 13.1)。约瑟夫逊结上的电压与通过它时产生的超导相位差有关,公式为

$$U = \frac{\hbar}{2e} \frac{d(\phi_1 - \phi_2)}{dt} \tag{13.5}$$

(交流约瑟夫逊效应)。

由此,式(13.3)和式(13.5)所示的基本关系及式(13.4)所示的近似关系揭示了接下来将要涉及的约瑟夫逊结的所有性能。

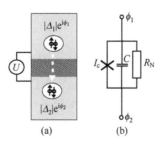

图 13.1　约瑟夫逊结电阻分流结模型

(a) 隧穿约瑟夫逊结模型;(b) 电阻分流结模型。

---

① 式(13.3)的正弦公式是隧道结的典型代表。一般来说,根据势垒层的性能,它可用不同的奇函数来代替[17]。

注意,作为一种电路元件,约瑟夫逊结可视作一种可调谐非线性电感装置。事实上,从式(13.5)及电感定义来看,$U = L\dot{I}/c$,可得知①

$$L_J(\phi) = \frac{c^2 U(\phi)}{\dot{I}(\phi)} = \frac{\hbar c^2}{2eI_c\cos\phi} \tag{13.6}$$

我们可根据相应的状态变量对适当的热力学势加以区分,从而直接获得平衡电流。

$$I_J = c\frac{\partial U}{\partial \Phi} \tag{13.7}$$

式中:变量 $\Phi = \Phi_0(\phi/2\pi)$ 具有磁通量维度,且 $\Phi_0 = hc/2e$ 为超导磁通量量子。约瑟夫逊效应为

$$U = \frac{1}{c}\int d\Phi I_J = -\frac{I_c\Phi_0}{2\pi c}\cos\phi \equiv -E_J\cos\phi \equiv -E_J\cos\left(2\pi\frac{\Phi}{\Phi_0}\right) \tag{13.8}$$

如约瑟夫逊结中的电流为偏置电流,即当一股恒定超导电流 I_b 流经时,式(13.8)就需进行改动,即

$$U(\phi;I_b) = -E_J\cos\phi - I_b\Phi \equiv -\frac{I_c\Phi_0}{2\pi c}\cos\phi - \frac{I_b\Phi_0}{2\pi c}\phi \tag{13.9}$$

以求出平衡值 $I_J(\phi) = I_b$(当 $\partial U/\partial\phi = 0$)。

根据 $U(\phi;I_b)$,约瑟夫逊结电容 C 的静电能为

$$K(U) = \frac{CU^2}{2} = \frac{C}{2}\left(\frac{\hbar}{2e}\right)^2\left(\frac{d\phi}{dt}\right)^2 \tag{13.10}$$

类似动能,如 ϕ 为坐标,可得出系统能量为

$$E(\phi,\dot{\phi};I_b) = \frac{C}{2}\left(\frac{\hbar}{2e}\right)^2\dot{\phi}^2 + U(\phi;I_b) \tag{13.11}$$

在形式上它等同于搓板势中的粒子所产生的能量。目前考虑使用 $U(\phi;I_b)$ 的局部最小值,用立方势进行近似化并使系统量子化(见文献[18],第38部分)。非线性振荡器的基态和第一激发态可看作量子比特的两种状态(即所谓的相位量子比特;见文献[10])。在进行此操作前,将优先使用标准方法,此方法适用于普通和量子状态下的任意电路。

电路可用等效的集总参数电路来表示,然后可直接应用拉格朗日公式(见文献[19]),接着应用哈密顿图和正则量子化[20,21]。我们选择"节点通量"(或与之成比例的"节点相位")作为坐标,其与给定电路节点的电压相关,此关系在

---

① 为使公式更简洁明了,通篇我们将使用高斯单位制。

形式上等同于式(13.5),有

$$\Phi_j(t) \equiv \Phi_0 \frac{\phi_j(t)}{2\pi} = c \int^t U_j(t')\,\mathrm{d}t' \qquad (13.12)$$

如该电路相应部分具有超导性,则其相位 $\phi_j(t)$ 同样具有超导性;否则它只是一种形式上的无量纲变量。

节点 j 和 k 之间的电流取决于

$$\frac{\mathrm{d}}{\mathrm{d}t}I_{jk}(t) = -\frac{c(U_j - U_k)}{L_{jk}} \qquad (13.13)$$

如果它们由电感器相连接,则

$$I_{jk}(t) = C_{jk}\frac{\mathrm{d}(U_j - U_k)}{\mathrm{d}t} \qquad (13.14)$$

如果它们由电容器相连接。[1] 将这些方程式与式(13.12)相比,可分别得出

$$\begin{cases} I_{jk} = \dfrac{c(\Phi_j - \Phi_k)}{L_{jk}} \\[2mm] I_{jk} = \dfrac{C_{jk}(\ddot{\Phi}_j - \ddot{\Phi}_k)}{c} \end{cases} \qquad (13.15)$$

相应的"势"能与"动"能[2]为

$$\mathcal{U}_{jk} = \frac{L_{jk}I_{jk}^2}{2c^2} = \frac{(\Phi_j - \Phi_k)^2}{2L_{jk}} \qquad (13.16)$$

$$\mathcal{T}_{jk} = \frac{C_{jk}(U_j - U_k)^2}{2} = \frac{C_{jk}(\dot{\Phi}_j - \dot{\Phi}_k)^2}{2} \qquad (13.17)$$

且该系统的拉格朗日理论为

$$\mathcal{L} = \sum_{jk}\left[\mathcal{T}_{jk} - \mathcal{U}_{jk}\right] \qquad (13.18)$$

我们认为拉格朗日数学理论的形成主要得益于闭合回路(由电感器形成)中通过的外部通量 $\widetilde{\Phi}$,而非感应器本身,有

$$\widetilde{u}_{jk} = \frac{(\Phi_j - \Phi_k + \widetilde{\Phi})^2}{2L_{jk}} \qquad (13.19)$$

而外部偏置电流 $\widetilde{I}$ 及栅极电压 $\widetilde{u}$,则对相应节点理论作出了贡献,公式为

———————

[1]　此处所涉及的电路不包含电阻元件。一般情况下,可运用耗散函数来进行处理(参见文献[10]及其涉及的参考文献)。

[2]　此处纯粹为概念区别——如其本质为电流而非节点通量。由式(13.15)可知,我们选择与电压 U_j 成比例的节点电荷作为坐标,双方的作用将反转。

$$\frac{\Phi_j \tilde{I}}{c}, \frac{C_j (\dot{\Phi}_j - c\tilde{U})^2}{2c^2} \tag{13.20}$$

最终,将两个节点相连接的约瑟夫逊结则形成了以下拉格朗日公式,即

$$\frac{C_{J,jk}(\dot{\Phi}_j - \dot{\Phi}_k)^2}{2c^2} + E_{J,jk}\cos\left[2\pi\frac{\Phi_j - \Phi_k}{\Phi_0}\right] \tag{13.21}$$

以下拉格朗日方程式描述了经典极限中的电路特性,即

$$\frac{\mathrm{d}}{\mathrm{d}t}\frac{\partial \mathcal{L}}{\partial \dot{\Phi}_j} - \frac{\partial \mathcal{L}}{\partial \Phi} = 0 \tag{13.22}$$

该电流的量子化十分简单。首先介绍一下正则动量和哈密顿函数,即

$$\Pi_j = \frac{\partial \mathcal{L}}{\partial \dot{\Phi}}, \quad \mathcal{H}(\Phi, \Pi) = \sum_j \Pi_j \dot{\Phi}_j - \mathcal{L}(\Phi, \dot{\Phi}) \tag{13.23}$$

然后用运算符代替 Φ_j 和 Π_j,因此 $[\hat{\Phi}_j, \hat{\Pi}_k] = \mathrm{i}\hbar\delta_{jk}$。直接使用玻色子产生算符或玻色子湮灭算符即可表达,即

$$\hat{\Phi}_j = \frac{a_j + a_j^\dagger}{2}\Lambda, \quad \hat{\Pi}_j = \frac{a_j - a_j^\dagger}{\mathrm{i}\Lambda}, \quad [a_j, a_k^\dagger] = \delta_{jk} \tag{13.24}$$

式中:Λ 为实常数。

　　将此公式套用于电流偏置的约瑟夫逊结。可由左手传输线和右手传输线中得出

$$\mathcal{L} = \frac{C\dot{\Phi}^2}{2c^2} + E_J\cos\left[2\pi\frac{\Phi}{\Phi_0}\right] + \frac{I_{\mathrm{b}}\Phi}{c} \tag{13.25}$$

正则动量为 $\Pi = C\dot{\Phi}/c^2 \equiv (\hbar/2e)Q$,其中 $Q = CU$ 为结上的电荷,而哈密顿函数为

$$\mathcal{H} = \frac{c^2\Pi^2}{2C} - E_J\cos\left[2\pi\frac{\Phi}{\Phi_0}\right] - \frac{I_{\mathrm{b}}\Phi}{c} \tag{13.26}$$

则与式(13.11)的表达式相一致。忽略非简谐效应,得出了近似局部最小值,即

$$\hat{H} = \hbar\omega_J\left(a^\dagger a + \frac{1}{2}\right) \tag{13.27}$$

其中偏置约瑟夫逊等离子体频率为

$$\omega_J = \left[\frac{E_J}{C\left(\frac{\hbar}{2e}\right)^2}\right]^{1/2}\left[1 - \left(\frac{I_{\mathrm{b}}}{I_{\mathrm{c}}}\right)^2\right]^{1/4} \tag{13.28}$$

将局部最小值从连续系统中分离出来的势垒 ΔU，即

$$\Delta U = \frac{2}{3} E_J \frac{\left[1 - \left(\dfrac{I_b}{I_c}\right)^2\right]^{3/2}}{\left(\dfrac{I_b}{I_c}\right)^2} \tag{13.29}$$

而非简谐效应，$\kappa = (\omega_{01} - \omega_{12})/\omega_{01}$，其阶为 $0.1 \cdot (\hbar\omega_J/\Delta U)$。通常情况下其作用非常强大，相关步骤只可在此系统基态和第一激发态的跨区子空间中进行（即将其视作量子比特）。在典型的相量子比特中[22] $\hbar\omega_J/\Delta U \approx 0.25$，非简谐效应 $\kappa \approx 0.03$，而 $\omega_J/2\pi \approx 9 \text{GHz}$。

有时只可对某些 $\boldsymbol{\Phi}'s$ 进行量子化，即那些对量子比特进行描述的部分。这便是（准）经典电磁波在量子系统中的传播情形。然后，针对之后要进行量化的变量[10]，只需进行部分勒让德变换，并不需要完全转换成哈密顿图。由此，可得出劳思函数为

$$\mathcal{R}(\Phi_j, \Pi_j; \Phi_k, \dot{\Psi}_k) = \sum \Pi_j \dot{\Phi}_j - \mathcal{L}(\Phi_j, \dot{\Phi}_j; \Phi_k, \dot{\Phi}_k) \tag{13.30}$$

其满足拉格朗日方程集 $[\Phi_k, \phi_k]$ 和哈密顿函数集 $\{\Phi_k, \Pi_k\}$。量子化后，对易算符变为 $\{\hat{\Phi}_k, \hat{\Pi}_k\}$，可由哈密顿函数得出海森堡运动方程，而从拉格朗日方程中得出超过系统量子态的期望值，即

$$\left\langle \psi \left| \frac{\mathrm{d}}{\mathrm{d}t} \frac{\partial \hat{\mathcal{R}}}{\partial \dot{\Phi}_j} \right| \psi \right\rangle - \left\langle \psi \left| \frac{\partial \hat{\mathcal{R}}}{\partial \Phi_j} \right| \psi \right\rangle = 0 \tag{13.31}$$

$$\mathrm{i}\hbar \frac{\mathrm{d}}{\mathrm{d}t} \hat{\Pi}_k = [\hat{\Pi}_k, \hat{\mathcal{R}}] ; \quad \mathrm{i}\hbar \frac{\mathrm{d}}{\mathrm{d}t} \hat{\Phi}_k = [\hat{\Phi}_k, \hat{\mathcal{R}}] \tag{13.32}$$

13.3　一维量子超材料

最简单的量子超材料实例为沿传输线排列的一维量子比特阵列（图 13.2）。用集总参数电路模拟传输线，带有自感 ΔL 和电容 ΔC（为简单起见，假设它们性质完全相同）。不将量子比特考虑在内，传输线中的相位速度为

$$\begin{cases} s = \Omega d \\ \Omega = \dfrac{c}{\sqrt{\Delta L \Delta C}} \end{cases} \tag{13.33}$$

式中：d 为单个元素的截面长度。

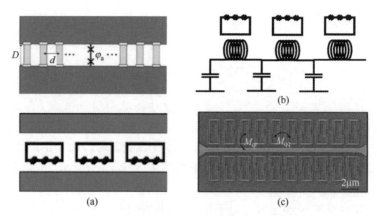

图 13.2　一维量子超材料：传输线中的一组量子比特[25]

(a) 电荷（上）和通量（下）量子比特（文献[2,24]后）；(b) 一维量子超材料（基于通量量子比特）的集总参数电路；(c) 一维量子超材料（基于通量量子比特）的实验原型（由耶拿物理高技术研究所 E. Il' ichev 提供）。

13.3.1　通量量子比特量子超材料

首先介绍通量量子比特。通量量子比特是由 3 个或 3 个以上约瑟夫逊结相连形成的超导回路（通常约为 $10\mu m$ 制程），近似 $\Phi_0/2$[10,23] 的外部磁通量则从其中穿过。其基态和第一激发态分别近似于 $(|0\rangle+|1\rangle)/\sqrt{2}$ 和 $(|0\rangle-|1\rangle)/\sqrt{2}$，其中 $|0\rangle$（$|1\rangle$）为超导电流顺时针（逆时针）方向流过回路的状态。由通量量子比特数 m 在线路相邻区产生的磁通量算符为

$$\widetilde{\Phi}_m = \frac{1}{c} M_m \hat{J}_m \qquad (13.34)$$

式中：M_m 为互感系数；$\hat{J}_m$ 为环状电流运算符，此运算符最终用超导回路中的节点通量算符表示，但在大多数情况下，用常数乘以泡利矩阵进行表示即可，$\hat{J}_m = J_m \sigma_m^z$，从而明确使用了标准的量子比特"自旋 1/2"近似描述。

通过引用图 13.2(b)所示的节点通量 Φ_m，并运用上节内容所提及的公式，可得出式(13.31)的以下形式，即

$$\ddot{\Phi}_m - \Omega^2(\Phi_{m+1} - 2\Phi_m + \Phi_{m-1}) = \Phi^2 \frac{M}{c} \langle \psi | \hat{J}_m - \hat{J}_{m-1} | \psi \rangle \qquad (13.35)$$

当然，右边所列矩阵元素，并不取决于是否运用海森堡表示或薛定谔表示。其时间进化取决于通量量子比特的哈密顿函数。不考虑量子比特-量子比特直接耦合的情况，其可表述为

$$\hat{H}_m = -\frac{1}{2}\left[\varepsilon_m \sigma_m^z + \Delta_m \sigma_m^x\right] + \frac{MJ_m}{\Delta L}(\Phi_m - \Phi_{m-1})\sigma_m^z \qquad (13.36)$$

此处偏置 ε_m 及隧穿分裂 Δ_m 为参数,描述了通量量子比特 m_{th} 的特征。

下面做一些简化。假设将量子比特系统的量子态因式分解,即(在薛定谔绘景中)

$$|\psi(t)\rangle = \cdots \otimes |\psi_{m-1}(t)\rangle \otimes |\psi_m(t)\rangle \otimes |\psi_{m+1}(t)\rangle \otimes \cdots \qquad (13.37)$$

该系统的量子态可用一个位置相关的"波函数" $\Psi(x) = a(x)|0\rangle + b(x)|1\rangle$ 来描述,与超导体的"宏观波函数"相似。此处 $x = md$ 为 m_{th} 晶胞的坐标,且 $|0\rangle$、$|1\rangle$ 为算符 σ^z 的本征态。差分方程式(13.35)现在缩减为偏微分方程

$$\ddot{\Phi}(x,t) - s^2 \frac{\partial^2}{\partial x^2}\Phi(x,t) = s\Omega \frac{M}{c} \frac{\partial}{\partial x}\langle \Psi(x)|\hat{J}(x)|\Psi(x)\rangle \qquad (13.38)$$

只要系统中电磁信号的波长大大超过单位尺寸 d(阶为量子比特尺寸),此类近似即为合理。式(13.36)和式(13.38)的求解将决定一维量子超材料中(准)经典电磁波的传播①。

我们对包含 20 个通量量子比特的量子超材料原型在微波谐振器中进行了首次实验研究,发现尽管单个通量量子比特的参数预期分散较大,但可以从出现的各种集体模式中清晰观察到这些通量量子比特对电磁场的集体耦合。这表明,量子超材料的特性对单位元件的缺陷较不敏感,而且后续事实证明,我们目前关于相同量子比特可作为第一近似的假设是正确的。

13.3.2 电荷量子比特量子超材料

现在假设一维量子超材料由超导传输线内的一连串电荷量子比特组成(图13.2(a))。这些超导小岛的电容量极小,其不同状态由单个库珀对拥有的不同静电能决定[10,26]。用类似的方法可以得出[2]

$$\frac{\partial^2}{\partial \tau^2}\alpha(\xi,\tau) - \beta^2 \frac{\partial^2}{\partial \xi^2}\alpha(\xi,\tau) + \langle \Psi(\xi,\tau)|\cos\phi(\xi,\tau)|\Psi(\xi,\tau)\rangle = 0 \qquad (13.39)$$

式中:ξ 为沿传输线位置的无量纲单位;$\tau = \omega_J t$ 为无量纲化时间;$\omega_J = [eI_c/hC]^{1/2}$ 为电荷量子比特约瑟夫逊结中之一的约瑟夫逊等离子体频率;$\alpha(\xi,\tau)$ 为线中电磁场的无量纲矢量势,即

---

① 经因式分解的波函数,其近似过程相当简洁,因其已排除以下宏观量子叠加态($\cdots \otimes |0\rangle \otimes |0\rangle \otimes |0\rangle \otimes \cdots$) $\pm$ ($\cdots \otimes |1\rangle \otimes |1\rangle \otimes |1\rangle \otimes \cdots$)。此种类似千兆赫的状态是实现量子双折射的必要条件。然而,即使经因式分解的状态会产生惊人的量子效应,但它们的理论研究和实验实现都已大大简化。

$$\alpha(\xi=m)=2\pi\frac{DA_z(\xi=m)}{\Phi_0} \tag{13.40}$$

(在近似过程中,矢量势 A_z 在每个($d\times D$)晶胞内都是恒定的);$\beta=(\Phi_0/2\pi)$ $[8\pi dDE_J]^{-1/2}$ 为线中信号的无量纲相速度(振荡周期内,在波中通过的晶胞数量)$E_J=I_c\Phi_0/2\pi c$;在时间点 τ 及位置 ξ 上,量子比特岛上的超导相为 $\phi(\xi,\tau)$。对于带状线谐振器[27]中的典型电荷量子比特来说(与我们认为的排列方式相似),约瑟夫逊效应 $E_J/h\sim 6\mathrm{GHz}$,远远超出量子比特的退相干速率 $\sim 5\mathrm{MHz}$ 及谐振器泄漏率 $\sim 0.5\mathrm{MHz}$。这就证明了对系统中的退相干和耗散作忽略处理是合理的。此外,对于晶胞尺寸 $d\times D$ 为 $\sim 100\mu\mathrm{m}^2$ 来说,在式(13.38)和式(13.39)中,参数 $\beta\sim 30\gg 1$ 验证了量子超材料可用作光学媒体的有效性(在微波范畴内)。

在典型弱电磁场沿直线传播的限制条件下,$|\alpha|\ll 1$,在位置 ξ 处,无量纲哈密顿函数电荷量子比特为[2,10]

$$\hat{H}(\xi)=-\frac{\partial^2}{\partial\phi(\xi)^2}+\alpha(\xi)^2\cos[\phi(\xi)] \tag{13.41}$$

此为磁场调制势下非谐振荡器的哈密顿函数,可由 13.2 节的内容推测得出。现在用微扰法来求解式(13.39)和式(13.41)。对"波函数"进行展开,即

$$|\Psi(\xi,\tau)\rangle=C_g(\xi,\tau)\mathrm{e}^{i\varepsilon\tau/2}|g_\xi\rangle+C_e(\xi,\tau)\mathrm{e}^{-i\varepsilon\tau/2}|e_\xi\rangle \tag{13.42}$$

式中:ε 为在位置 ξ、$|g_\xi\rangle$、$|e_\xi\rangle$ 处量子比特的基态和激发态之间的层间距(以 $\hbar\omega_J$ 为单位),得出最低估计[2]为

$$\frac{\partial^2}{\partial\tau^2}\alpha^{(0)}-\frac{\partial^2}{\partial\xi^2}\alpha^{(0)}+V^{(0)}\alpha^{(0)}=0 \tag{13.43}$$

系数 $V^{(0)}$ 则取决于量子比特的量子初态,即

$$V^{(0)}(\xi,\tau)=|C_g^{(0)}(\xi)|^2 V_{gg}(\xi,\tau)+|C_e^{(0)}(\xi)|^2 V_{ee}(\xi,\tau)$$
$$+[C_g^{(0)}(\xi)C_e^{(0)*}(\xi)\mathrm{e}^{i\varepsilon\tau}V_{ge}(\xi,\tau)+厄米共轭] \tag{13.44}$$

$$V_{eg}(\xi,\tau)\equiv\langle e_\xi|\cos\phi(\xi,\tau)|g_\xi\rangle\mathrm{etc.} \tag{13.45}$$

因此,从式(13.43)得到的色散定律取决于量子比特的量子初态。例如,当量子比特最初处于基态(激发态)或对称叠加态时,可得出

$$\begin{cases} k_g(\omega)=\dfrac{1}{\beta}\sqrt{\omega^2-V_{gg}} \\[2mm] k_e(\omega)=\dfrac{1}{\beta}\sqrt{\omega^2-V_{ee}} \\[2mm] k_s(\omega)=\dfrac{1}{\beta}\sqrt{\omega^2-\dfrac{\{V_{ee}+V_{gg}+2|V_{eg}|\cos[\varepsilon(\tau-\tau_0)]\}}{4}} \end{cases} \tag{13.46}$$

从下面的公式可观察得出色散定律中出现的量子差拍现象 $\varepsilon\omega_J$。

如该系统的量子初态为空间周期性(如 $|\Psi(\xi)\rangle$ 与 $|\Psi_A\rangle$ 或 $|\Psi_B\rangle$ 相等),其透射谱中的能带隙将打开,与在传统光子晶体中的情况一致。若其初态为量子叠加态,如式(13.46)所示,可得到一种"呼吸型"光子晶体(图13.3)。

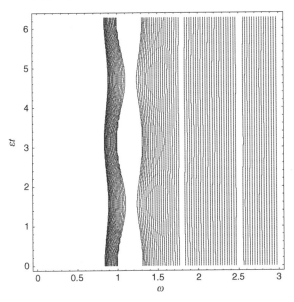

图 13.3　"呼吸型"量子光子晶体:在具有空间周期性量子比特量子态的一维量子

超材料中,其时间能带隙结构为: $|\Psi_A\rangle=|g\rangle$, $|\Psi_B\rangle=(|g\rangle+|g\rangle)/\sqrt{2}$ 。

经 Rakhmanov 等作者同意转载[2],(C) 2008 美国物理学会

13.3.3　可调谐、量子双折射及复合左右手量子超材料

另一个有趣的可能性则为偏置的约瑟夫逊结可同时作为可调电感器(式(13.6))和相位量子比特(式(13.11)和式(13.29))运行。将标准的传输线("右手"传输线)和"左手"传输线(图13.4)进行对比,即见分晓。运用标准公式即可得到节点通量

$$\begin{cases} \ddot{\Phi}_n - \Omega^2(\Phi_{n+1}+\Phi_{n-1}-2\Phi_n)=0 \\ \Phi_n - \dfrac{1}{\Omega^2}(\ddot{\Phi}_{n+1}+\ddot{\Phi}_{n-1}-2\ddot{\Phi}_n)=0 \end{cases} \qquad (13.47)$$

的相应运动方程。将此处的 $\Phi_n(t)=F\exp[ikdn-i\omega t]$ 进行替换,则可得出色散关系,即

$$\begin{cases} \omega_{(R)}(k) = 2\Omega \left| \sin\left(\frac{kd}{2}\right) \right| \\ \omega_{(L)}(k) = \Omega \left| 2\sin\left(\frac{kd}{2}\right) \right|^{-1} \end{cases} \tag{13.48}$$

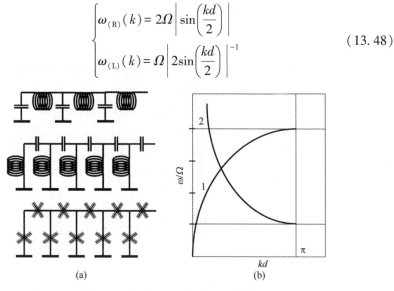

图 13.4   复合左、右手量子超材料

（a）右手传输线、左手传输线及复合左右手传输线；（b）右手及左手色散关系量子超材料示意图。

至此，"右手"传输线和"左手"传输线的性质均已得到验证；在"左手"传输线中，群速度为负，即其反平行于波矢量，符合其在左手传输介质中应具备的性质[28]。

如用约瑟夫逊结（其可用作与电容平行的非线性电感，见图 13.1b）替代所有电感器和电容器，可得出以下色散关系[10]，即

$$\omega^2(k) = \frac{2L_x^{-1}(1-\cos kd) + L_y^{-1}}{2\left(\dfrac{C_x}{c^2}\right)(1-\cos kd) + \dfrac{C_y}{c^2}} \tag{13.49}$$

其与式（13.48）形成插补。如果（L_y/L_x）<（C_x/C_y），那么该系统则为左手传输线；否则即为右手传输线。通过对约瑟夫逊结"水平"和"垂直"方向的调整，可在此两种状态之间随意进行传输线切换。①

更为有趣的是，偏置的约瑟夫逊结可由其基态和激发态的叠加态进行替代[10,22]。其中的超导相位降低期望值有所不同[6]，即

$$\langle\phi\rangle_e - \langle\phi\rangle_g = \frac{I_b}{2I_c}\left[\frac{2e^2}{CE_J}\right]^{1/2} \tag{13.50}$$

---

①   在文献[29]中提及一种可调谐典型传输线超材料，然而在最近的实验中，一种可调谐左手传输线超材料已实现应用[30]。以上两种传输线皆包含约瑟夫逊结。

可产生不同的有效电感(式(13.6)),因此色散关系也有所区别于式(13.49)。如果将一组量子比特置于 GHz 型宏观量子叠加态中,|ggggggg…⟩+|eeeeee…⟩,那么此系统则为量子双折射系统,即其处于具备不同光学性能的叠加态中。利用"水平"和"垂直"量子比特的基态和激发态之间进行转换的方式选择约瑟夫逊结参数,可将其从右手色散定律转换至左手色散定律,由此可得到复合左右手量子超材料。

如有效电感中的相应转换分别 $L_x^{-1} \rightarrow L_x^{-1} + \delta L_x^{-1}$, $L_y^{-1} \rightarrow \overline{L}_y^{-1} + \delta L_y^{-1}$,则波矢量 $\boldsymbol{k}_c$[10] 为

$$2(1-\cos\boldsymbol{k}_c d)\delta L_x^{-1} = -L_y^{-1} \tag{13.51}$$

其可同时在左、右手传输线中进行传输。

13.3.4　量子光子晶体初始化

对量子超材料中(在 13.1 节中提及的第(2)项内容)每个量子比特的量子态进行控制是一项十分艰巨的任务:每一条额外电路都使系统无法与环境完全隔离,同时还需将温度维持在 10~50mK(开氏温标),且其自身也有增加噪声的可能。幸运的是,有一种方法可以达到此要求,可通过实际需求来限制访问次数,从而达到量子超材料的特定性能。

例如,一维量子超材料中量子比特量子态的绝对值空间周期性调制,在不直接对量子位比特进行访问的情况下也可实现[31]。相反,将两条适当"塑形"的电磁脉冲在系统中以相反的方向进行传导即可实现,其干扰会产生所需的空间形态。

如需了解其工作原理,可在传输线中插入限定数量的量子超材料(图 13.5)。此情况与 13.3.2 节(电荷量子比特的量子超材料)的情况相同,但其结果进行必要的修改后可应用于一般情况。得出的无量纲场幅度,其与式(13.39)相似,即

$$\frac{\partial^2}{\partial \tau^2}\alpha(\xi,\tau) - \beta^2 \frac{\partial^2}{\partial \xi^2}\alpha(\xi,\tau) + \langle \Psi(\xi,\tau) \mid \cos\phi(\xi,\tau) \mid \Psi(\xi,\tau)\rangle \alpha(\xi,\tau) = 0 \tag{13.52}$$

在超材料中,有

$$\frac{\partial^2}{\partial \tau^2}\alpha(\xi,\tau) - \widetilde{\beta}^2 \frac{\partial^2}{\partial \xi^2}\alpha(\xi,\tau) = 0 \tag{13.53}$$

在无量子比特的传输线中这两部分中信号传输速度的差距,β 和 $\widetilde{\beta}$,可针对传输线的"有源"和"无源"部分选择不同的参数进行消除。

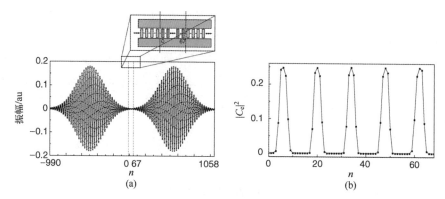

图 13.5　在一维量子超材料中形成空间周期性模式[31]

（a）依据站点数可得出传输线中"启动"脉冲对左、右手量子超材料的初始振幅（任意单位）量子超材料
（见插图）位于中间位置，由平行虚线表示。在模拟中，超材料部分的长度 $68d$，而系统总长度 $\widetilde{L}=2048d$。
脉冲参数 $\widetilde{\beta}=\beta,\omega=\varepsilon/2,\Delta=0.18\varepsilon,kd=2\pi/25$；脉冲宽度 $l=240d$，振幅 $A=0.18$a. u.。矩阵元素
$d_{gg}=0.4\varepsilon,d_{ee}=3.6\varepsilon,d_{ge}=0.2\varepsilon$；（b）启动脉冲经传递后，激发态量子比特的周期性调制平均数。

正如上述，我们假设系统的波函数已经因式分解，且该系统中带有弱电磁
场。我们将在共振近似

$$\mathrm{i}\frac{\partial}{\partial\tau}C_a=\alpha^2(\xi,\tau)\sum_b d_{ab}C_b\mathrm{e}^{\mathrm{i}(\omega_a-\omega_b)\tau},\quad \{a,b\}=\{g,e\} \qquad (13.54)$$

（$\omega=\varepsilon/2$）中以微扰法求解（式（13.52）、式（13.53））和"超材料波函数"方程
（式（13.42））。可由左手传输线和右手传输线中得出，即

$$\alpha^{(1)}(\xi,\tau)=\mathrm{e}^{-[(\xi-\omega\tau/k)^2]}(A\mathrm{e}^{\mathrm{i}(k\xi-\omega\tau)}+\mathrm{c.c}) \qquad (13.55)$$

$$\alpha^{(2)}(\xi,\tau)=\mathrm{e}^{-[(\xi+\omega\tau/k)^2]}(A\mathrm{e}^{\mathrm{i}(k\xi-\omega\tau+\zeta_0)}+\mathrm{c.c}) \qquad (13.56)$$

"启动脉冲"。如果量子比特的量子初态为基态，$C_g(\xi,0)=1,C_e(\xi,0)=0$，那
么，有

$$|C_e(\xi,\tau)|=\frac{|\Omega_R(\xi)|\sin\left[\tau\left(|\Omega_R(\xi)|^2+\left(\frac{1}{4}\right)\gamma(\xi)^2\right)^{1/2}\right]}{\left(|\Omega_R(\xi)|^2+\left(\frac{1}{4}\right)\gamma(\xi)^2\right)^{1/2}} \qquad (13.57)$$

其中，

$$\gamma(\xi)=\Delta+4A^2(d_{gg}-d_{ee})[\cos(2k\xi+\zeta_0)+1] \qquad (13.58)$$

$\Delta=2\omega-\varepsilon$ 为共振失谐，而 $\Omega_R(\xi)$ 为拉比频率，即

$$|\Omega_R(\xi)|=2d_{ge}A^2[\cos(2k\xi+\zeta_0)+1] \qquad (13.59)$$

因此，在不单独对每个量子比特的量子态进行访问的情况下，即可完成
$|C_e(\xi)|$ 的周期性调制。此方法可用于某些量子超材料原型的设计简化

（图 13.2(c)）。

数值模拟的结果可验证这一结论,如图 13.5(b)所示。此处,直接求解差分方程(类似于式(13.35)),而不是式(13.52)和式(13.53),其在连续极限范围内可归纳为式(13.52)和式(13.53)[31]。

13.4　初始数据:传输线中的单个超导人造原子

虽然首个超导超材料原型仍在测试中,但详细的实验数据目前可适用于相对简单的"原理论证"系统。该系统由位于一维传输线上的单个"人造原子"组成;此原子主要通过通量量子比特(图 13.6)[13-15]或超导电荷量子比特(另一种超导量比特)来发挥作用[16]。由于传输线中只有一个量子比特,且其大小约为 $10\mu m$,与信号波长(mm)相比可忽略不计。也可对方法稍作简化。借鉴文献[13],将量子比置于原点,得出电流的电报方程,传输线中的电压 $x \neq 0$

$$\begin{cases} \dfrac{\partial U(x,t)}{\partial x} = \dfrac{\widetilde{L}}{c^2}\dfrac{\partial I(x,t)}{\partial t} \\ \dfrac{\partial I(x,t)}{\partial t} = \widetilde{C}\dfrac{\partial U(x,t)}{\partial x} \end{cases} \tag{13.60}$$

式中 $\widetilde{L}$、$\widetilde{C}$ 为传输线中每单位长度的电感和电容。当 $x=0$ 时,匹配其解来衡量量子比特的影响。换言之这些方程式仅仅描述了因时间依赖磁通量而导致的电压降,其由传输线中的量子比特当前运算符 $\hat{J}_q(t)$ 引起。为求出稳态解,运用跃迁振幅和反射振幅,得出传输线中的电流及量子比特电流的期望值,有

$$\begin{cases} U(+0,t) = U(-0,t) - \dfrac{M}{c}\dfrac{\partial}{\partial t}\langle \hat{J}_q(t)\rangle \\ I(+0,t) = I(-0,t) \end{cases} \tag{13.61}$$

$$I(x<0,t) = \mathrm{Re}\big[I_0 \mathrm{e}^{\mathrm{i}kx-\mathrm{i}\omega t} - r I_0 \mathrm{e}^{-\mathrm{i}kx-\mathrm{i}\omega t} \big] \tag{13.62}$$

$$I(x>0,t) = \mathrm{Re}\big[t I_0 \mathrm{e}^{\mathrm{i}kx-\mathrm{i}\omega t} \big] \tag{13.63}$$

$$\langle \hat{J}_q(t)\rangle \equiv \mathrm{Re}\big[\overline{J_{q,\omega}} \big]\cos\omega t + \mathrm{Im}\big[\overline{J_{q,\omega}} \big]\sin\omega t \tag{13.64}$$

由此可从式(13.60)和式(13.61)得出

$$t + r = 1; \quad r = \frac{\mathrm{i}\omega M \overline{J_{q,\omega}}}{2c^2 Z I_0} \tag{13.65}$$

式中:$Z = [\widetilde{L}/\widetilde{C}c^2]^{1/2}$ 为传输线阻抗。

运用弛豫速率和消相干速率 Γ_1 和 Γ_2(见文献[10],第 6 章),求解量子比特密度矩阵主方程,由此可得出量子比特平均电流的平稳值 $\langle \hat{J}_q(t)\rangle$。把量子

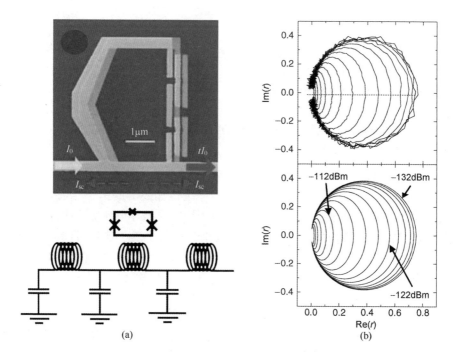

图 13.6   通量量子比特及其特性[13]

(a) 与传输线耦合的通量量子比特；(b) 反射振幅:实验数据(上)和理论(13.68)(下)

(不同的曲线对应步骤 2dBm 中的激励功率,变化范围为−132~−102dBm)。

比特调至其简并点,因此其基于能量的哈密顿函数为

$$\hat{H} = -\frac{\hbar\Delta}{2}\sigma^z - \frac{MI_p I_0}{c^2}\sigma^x \cos\omega t \equiv -\frac{\hbar\Delta}{2}\sigma^z - \hbar\eta\sigma^x \cos\omega t \qquad (13.66)$$

式中:I_p 为量子比特回路中的超电流振幅。在旋转波近似中,可以得出

$$\langle \hat{J}_q(t) \rangle = \frac{\dfrac{I_p \eta}{\Gamma_2}}{1 + \dfrac{\eta^2}{\Gamma_1 \Gamma_2} + \dfrac{(\omega-\Delta)^2}{\Gamma_2^2}}\left[\frac{\omega-\Delta}{\Gamma_2}\cos\omega t - \sin\omega t\right] \qquad (13.67)$$

最后[13](图 13.6(b)),有

$$r = \frac{\Gamma_1}{2\Gamma_2}\frac{\dfrac{1 + \mathrm{i}(\omega-\Delta)}{\Gamma_2}}{\dfrac{1+(\omega-\Delta)^2}{\Gamma_2^2} + \dfrac{\eta^2}{\Gamma_1 \Gamma_2}} \qquad (13.68)$$

实验数据可以用式(13.68)完美描述。注意,当入射电流 $I_0(x=0)$ 时,在表

达式中用 tI_0 替代 η,自洽解则与实验完全不符。此乃预料之中,因为在此情况下,量子比特确实可作为类单点量子散射体。

传输线中的量子比特证明了标准的量子光学效应,如 Mollow 三重态[13],即在频率 $\omega \pm \Omega_R$ 时,光谱中会出现边峰散射光,其中 Ω_R 为原子偶极矩在散射波场中的拉比频率(见文献[32],第 10 章)。相较于自然原子,其优势在于巨大的偶极矩及相应耦合强度,且一维传输线中的场集中较三维空间更大。在光学范围内,三维腔量子电动力学耦合强度 g/ω 为 3×10^{-7},在微波范围内为 10^{-7};而在一维传输线中,电荷量子比特耦合强度为 5×10^{-3},通量量子比特为 0.012,超导电荷量子比特为 0.022(都在微波范围内,见文献[10],表 4.1 及其涉及的参考文献)。此为人造原子设备的使用提供了新的机遇,如拥有少量量子比特的高效量子交换机。更准确地说,在这样的应用中,需用到超导量子比特的 3 项(而非两项)最低能级(作为"三态粒子"操作)。以频率 ω_{12} 和振幅 η_c(与式(13.66)相比)的控制信号对设备进行照明,可在频率 ω_{01} 时控制弱试探信号的传输幅度,即

$$t(\eta_c) = 1 - \frac{\Gamma_{10}}{2\gamma_{10} + \dfrac{\eta_c^2}{2\gamma_{20}}} \tag{13.69}$$

式中:γ_{jk} 为消相干速率;Γ_{jk} 为相应能级之间的弛豫速率(基态为 $|0\rangle$)[15]。在磁通量子比特实验中,改变控制信号振幅达到的试探信号衰减度为 96%[15],而两个不同的超导电荷量子比特样本,其衰减度分别为 90% 和 99.6%[16]。

13.5　未来展望

实现此类系统最贴切但并不是唯一的方法即以传输线为基础的一维超导量子超材料。另一种可能更灵活的方法则是利用各类传输线(图 13.7)。超材料由电流偏置的约瑟夫逊结(作为相位量子比特)上的一维链组成,彼此电容耦合。该一维链的二维层可用来生成三维量子超材料。

在一维情况下,量子比特态的周期性模式可形成一种带有状态依赖型能带隙的光子晶体。将参数正确的器件设为千兆赫状态,$|gggg\cdots\rangle + |eeee\cdots\rangle$,可在狭缝处于"开"与"闭"的叠加态时实现宏观"探测屏",从而实现标准双缝实验的反转,用另一种方法来研究量子-经典过渡。

二维或三维量子超材料的另一种可能用途是作为量子限制性传感器阵列。鉴于此,与微弱的远程信号具有相同频率的局部噪声问题必须予以解决。其可

通过信号的波前感应进行解决:到达传感器阵列不同元素的信号具有固定相位差,而局部噪声在空间上则相互隔离。

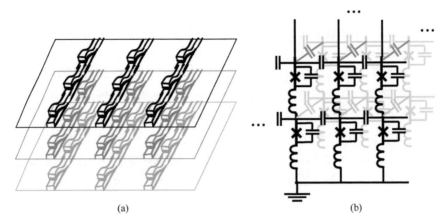

图 13.7 基于相量子比特及其集总参数方案的二维和三维超导量子超材料的实现[6]

(a) 相量子比特;(b) 集总参数方案。

最简单的例子便是复合计数器。然而,如信号极其微弱以至于平均每次只有一个光子到达传感器,那么此方案似乎不可行:一个光子只能被探测一次!

然而,有人提出,量子超材料传感器及其量子非破坏性读出器相结合可解决此难题[9]。此方法目的在于让入射光子通过量子比特的量子凝聚集,然后测量其总磁矩(或相关变量)。光子本身不会被任何量子比特吸收,但其与自有电磁场的相互作用会导致量子态发生相干相位转移,从而产生读数。噪声效应,因其局部性,反而可相互抵消。随着阵列中量子比特数目的增加,信噪比中的理论预期增益为 $\sim\sqrt{N}$。传统的量子比特系统量子非破坏性读出方式,即所谓的阻抗测量技术(IMT)[10,33],主要在于将量子比特电感耦合成优质谐振电路(振荡电路),并计算出其对弱共振信号的振荡回应。我们可较容易地观察到该振荡电路共振频率中的转移,其由量子比特产生的量子态依赖型磁通量所导致。

具体而言,可假设一组量子超材料阵列由 N 个量子比特构成,其皆耦合到两条谐振电路:(A)代表输入模式,(B)则代表读出模式(图 13.8)。该系统可用哈密顿函数表述为

$$H=H_a+U_a+H_{qb}+U_b+H_b+H_{\text{noise}} \tag{13.70}$$

其中,

$$H_a=\omega_a\left(a^{\dagger}a+\frac{1}{2}\right)+f(t)(a^{\dagger}+a) \tag{13.71}$$

对被输入场激发的输入电路进行描述,即

$$H_{qb} = \left(-\frac{1}{2}\right) \sum_{j=1}^{N} \left(\Delta_j \sigma_j^x + \varepsilon_j \sigma_j^z\right) \tag{13.72}$$

为量子比特的哈密顿函数。

$$H_b = \omega_b \left(b^\dagger b + \frac{1}{2}\right) + h(t)(b^\dagger + b) \tag{13.73}$$

为输出电路的哈密顿函数,该电路带有探测磁场,可用于量子比特非破坏性读出。

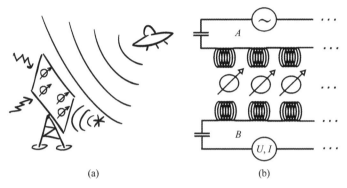

图 13.8　单个光子的波前观察[9]

(a) 因与光子的相互作用,量子超材料传感器阵列经历的空间相位相干量子演变。局部噪声效应在空间
上相互隔离;(b) 光子探测器系统示意图(由 N 个量子比特构成的光子入射至量子超材料传感器阵
列上。为对其集合变量进行量子非破坏性测量,量子超材料阵列将与振荡电路读出进行耦合)。

$$\begin{cases} U_a = \sum_j g_j^a (a^\dagger + a) \sigma_j^x \\ U_b = \sum_j g_j^b (b^\dagger + b) \sigma_j^x \end{cases} \tag{13.74}$$

描述了量子超材料阵列与输入、输出电路间的耦合;最后,有

$$H_{\text{noise}} = \sum_j \left(\xi_j(t)\sigma_j^x + \eta_j(t)\sigma_j^z\right) \tag{13.75}$$

需考虑到环境噪声源 $\langle \xi_j(t)\xi_k(t')\rangle \propto \delta_{jk}$;$\langle \xi_j(t)\delta\eta_k(t')\rangle = 0$。

为了将信号光子被量子比特吸收的风险降至最低,以避免实验失败,应在
色散区内进行。例如,量子比特与入射光子的共振频率不一致,$\delta\Omega_j = $ _x0007_
$\left|\omega_a - \sqrt{\Delta_j^2 + \varepsilon_j^2}\right| \gg g_j^a$。由此可运用施里弗-沃尔夫变换,如 $\Delta = 0$,则式(13.70)中
的相互作用项 U_a 转化为[10,34]

$$\widetilde{U}_a = \left(\sum_j \frac{(g_j^a)^2}{\delta\Omega_j}\sigma_j^z\right) a^\dagger a \tag{13.76}$$

现在,探测器量子比特的输入场效应为额外相位增益,其与入射光子数目

成比例,可运用量子非破坏性技术进行读出。

除式(13.76)外,通过振荡器的真空模式在量子比特间进行了有效耦合,假设量子比特完全相同且耦合参数为

$$\widetilde{H}_{\text{eff}} = \frac{(g^a)^2}{2\delta\Omega} \sum_{jk} \sigma_j^x \sigma_k^x \tag{13.77}$$

如 $N \gg 1$,该理论可用每一量子比特的有效隧穿理论来近似,有

$$\Delta_{\text{eff}}(t)\sigma_j^x = \left(\sum_t \sigma_k^x\right)\sigma_j^x$$

用共振场对输入电路进行激发,$f(t) = f_e(t)\exp[-i\omega_a t] + \text{c.c.}$,通过低速实包络函数 $f_e(t)$,可得出其波函数为

$$i\frac{\mathrm{d}}{\mathrm{d}t}|\psi_a(t)\rangle \approx f_e(t)(a + a^\dagger)|\psi_a(t)\rangle \tag{13.78}$$

以及

$$|\psi_a(t)\rangle \approx e^{-i\left[\int_0^t \mathrm{d}t' f_e(t')\right](a+a^\dagger)}|\psi_a(0)\rangle \tag{13.79}$$

此为平均光子数的相干态,即

$$\langle a^\dagger a\rangle_t \approx \langle\psi_a(t)|a^\dagger a|\psi_a(t)\rangle \approx \langle\alpha(t)|a^\dagger a|\alpha(t)\rangle = |\alpha(t)|^2 = \left[\int_0^t \mathrm{d}t' f_e(t')\right]^2 \tag{13.80}$$

对哈密顿函数式(13.70)中的 H_a 和 U_a 进行替换

$$h(t) = \left(\sum_j \frac{(g_j^a)^2}{\delta\Omega_j}\sigma_j^z\right)|\alpha(t)|^2 \equiv \left(\sum_j \gamma_j\sigma_j^z\right)|\alpha(t)|^2 \tag{13.81}$$

求出量子比特阵列总磁矩的期望值,$S^z(t) = \left\langle\sum_{j=1}^N \sigma_j^z(t)\right\rangle$(如初始本征态为 σ^x,$t=0$)有以下表达式,即

$$S^z(t) \equiv \sum_{j=1}^N s_j^z(t) \approx -2\gamma\Delta_{\text{eff}}s^x(0)N\left[\int_0^t\int_0^{t'}|\alpha(t'')|^2\mathrm{d}t'\mathrm{d}t'' + \int_0^t\int_0^{t'}\frac{1}{N}\sum_{j=1}^N\eta_j(t'')\mathrm{d}t'\mathrm{d}t''\right] \tag{13.82}$$

与相干信号相比,其确实可对噪声标准 $\sim\sqrt{N}$ 抑制进行预测。

图 13.9 中的可靠数值计算为这些探索式假设提供了有力支持。其中运用了量子态传播公式[35]及密度矩阵主方程。正如所见,即使在单光子水平上,信号也是可识别的。在增加量子数目并对其进行耦合之后(如使系统更完善、受局部波动的影响更小),信噪比也会增加。这些预期是否能通过实验来实现还有待观察。

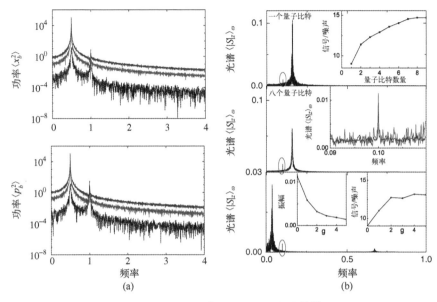

图 13.9　量子传感器阵列的数值计算[9]

(a) 在 0(底部曲线)、1(中间曲线)、5(顶部曲线)个信号光子条件下,与两个噪声量子比特进行耦合
的振荡电路的模拟读出功率谱(其显示了读出场位置的功率谱$(x_b^2)_\omega$以及此情况下的动量正交
$(p_b^2)_\omega$,其中 $\omega_a/\varepsilon=\omega_b/\varepsilon=0.5$);(b)(顶图)在噪声和驱动条件下,一个量子比特中总探测器"自旋"
S_z的谱线密度。共振噪声响应左侧的细小峰为驱动条件下的信号。插图:信噪比为量子比特数
函数。(中图)8 个量子比特中的情况类似。插图:信号感应特征的放大图与单个量子比特中的
情况相比(红色线),8 个量子比特中(蓝色线)的噪声已被抑制。(底图)两个耦合量子比特
中的 S_z谱线密度。需注意,系统共振频率的显著变化(噪声感应特征的位置)。
插图:信号响应幅度(左)及信噪比(右)的耦合强度函数。

　　无论量子超材料在新型技术应用上的前景如何,都不应忽视其主价值:即
利用量子超材料来研究量子力学适用性限制的可能性。关于物理领域究竟有
多浩大,在其剔除量子相干性之前,并没有特定的理论限制。此外,至今为止在
固态量子计算领域所取得的实验成果可证明这样的限制也许根本不存在,只要
系统与环境的相互作用得到控制,系统即可保持相干性。从定义上来看,量子
超材料是具有量子相干性、可控、可扩展的宏观系统,可与电磁信号相互作
用。因此,其将成为研究量子-经典过渡的天然试验场(观察"薛定谔的猫"
式跳跃)。

　　致谢　非常感谢 O. Astafiev、M. Everitt、E. Il' ichev、F. Nori、A. L. Rakhmanov、
J. H. Samson、S. Saveliev 及 R. D. Wilson 等在促进此领域发展方面的友好合作及
深刻探讨。感谢约翰·坦普尔顿基金会的资助。

参 考 文 献

1. J. Plumridge et al. ,Solid State Comm. **146**,406(2008)

2. A. Rakhmanov et al. ,Phys. Rev. B **77**,144507(2008)

3. N. I. Zheludev,Science **328**,582(2010)

4. J. Q. Quach et al. ,Opt. Express **19**,11018(2011)

5. D. Felbacq,M. Antezza,SPIE Newsroom 2012,doi:10. 1117/2. 1201206. 004296

6. A. M. Zagoskin,J. Opt. **14**,114011(2012)

7. V. Savinov et al. ,Sci. Rep. **2**,450(2012)

8. N. I. Zheludev,Y. S. Kivshar,Nat. Mater. **11**,917(2012)

9. A. M. Zagoskin et al. , arXiv: 1211. 4182 (2012) ; extended version: A. M. Zagoskin et al. , Scientific Reports**3**,3464(2013)

10. A. M. Zagoskin,*Quantum Engineering*: *Theory and Design of Quantum Coherent Structures*(Cambridge University Press,Cambridge,2011)

11. G. Wendin, V. S. Shumeiko, *Superconducting Quantum Circuits*, *Qubits and Compuing*), ed. by M. Rieth, W. Schommers,Handbook of Theoretical and Computational Nanotechnology,vol. 3(American Scientific Publishers,Los Angeles,2005)

12. M. W. Johnson et al. ,Nature **473**,194(2011)

13. O. Astafiev et al. ,Science **327**,840(2010)

14. O. Astafiev et al. ,Physical Review Letters **104**,183603(2010)

15. A. A. Abdumalikov et al. ,Physical Review Letters **104**,193601(2010)

16. I. −C. Hoi et al. ,Physical Review Letters **107**,073601(2011)

17. A. Barone,G. Paterno,*Physics and Applications of the Josephson Effect*(Wiley,New York,1982)

18. L. D. Landau,E. M. Lifshitz,*Quantum Mechanics*(*Non−relativistic Theory*)),3rd edn. (Butterworth−Hrinemann,Oxford,2003)

19. D. A. Wells,*Schaum's Outline of Theory and Problems of Lagrangian Dynamics*(McGraw−Hill,New York,1967)

20. M. H. Devoret,*Les Houches Session LXIII*)1995,ed. by S. Reynaud, E. Giacobino, J. Zinn−Justin,Quantum Fluctuations in Electrical Circuits(Elsevier Science B. V. ,Amsterdam,1997)

21. G. Burkard,Theory of solid state quantum information processing. In:Handbook of Theoretical and Computational Nanotechnology, vol. 2, eds. M. Rieth, W. Schommers (American Scientific Publishers, Los Angeles, 2005)

22. J. Martiniset. al. ,Physical Review Letters **89**,117901(2002)

23. J. E. Mooij et al. ,Science **285**,1036(1999)

24. A. M. Zagoskin et al. ,Physics Status Solidi B **246**,955(2009)

25. P. Macha et al. ,arXiv:1309. 5268(2013)

26. Y. Nakamura, Y. A. Pashkin, J. S. Tsai, Nature **398**,786(1999)

27. J. Gambetta et al. ,Phys. Rev. A 74,042318(2006)

28. B. E. A. Saleh, M. C. Teich, *Fundamentals of Photonics* 2nd edn. (Wiley, New York, 2007)

29. C. Hutter et al. ,Physical Review B **83**,014511(2011)

30. E. A. Ovchinnikova 等, arXiv:1309. 7557(2013)

31. A. Shvetsov et al. ,Physical Review B **87**,235410(2013)

32. M. O. Scully, M. S. Zubairy, Quantum Optics(Cambridge University Press, Cambridge, 1997)

33. Y. S. Greenberg et al. ,Physical Review B **66**,214525(2002)

34. A. Blaiset al. ,《物理评论 B 辑》(Physical Review B)**69**,062320(2004)

35. I. Percival, Quantum State Diffusion(Cambridge University Press, Cambridge, 2008)

第14章 超材料中的非线性定位

摘要 超材料,即由弱耦合离散元构成的人工构建("人造")介质,具备各类特殊性能,在超分辨光学成像、隐身、超透镜和光学变换等新兴应用领域拥有广阔前景。而非线性则使超材料的设计更灵活广泛,其拥有可调谐性、多稳定性等性能,可提供全新功能及电磁特性。由于光的减速离散性与非线性的结合,可导致超材料(金属的、基于超导量子干涉器及 PT 对称性的)中离散呼吸子的本征局部化。回顾最近的研究结果,发现这些系统中普遍存在呼吸子激发,其由于本征损耗和输入功率之间的功率平衡导致,或通过适当初始化,或通过纯动力学过程。我们对每个特定系统的呼吸子性能进行了验证及讨论。在低损耗、有源超导超材料制造方面取得的最新进展,在原则上使得运用所提出的动力学方法对呼吸子进行实验观察成为可能。本章对近年来超导量子干涉器超材料中由本征非线性引起的动力学现象实验结果进行了简要总结。

14.1 引言

理论和纳米制造技术的发展为研究人员创造具有特定几何排列特性的人工构建介质提供了前所未有的新机遇。众所周知的例子便是超材料,涵盖对实数介电常数-磁导率平面的所有象限,具有负折射率、光磁性和其他出众特性[1-4]。其独特性能尤其适用于新型设备,如超透镜[5]和光学隐身斗篷[6],同时,其可为具有调音和切换功能的其他功能设备提供物质基础[7,8]。构造超材料的关键因素通常在于开环谐振器(SRR),其为一种亚波长共振"粒子",实为一种人造"磁性原子"[9]。开环谐振器在空间中的周期性排列可形成具有高频磁性和负磁导率的磁性超材料[10]。在一些应用中,超材料有效参数的实时可调谐性为一种理想性能,可通过非线性来实现[11-13]。

由金属元素组成的超材料在接近其作业区频率时会受到损耗,严重限制了其性能,阻碍了其在设备中的应用。目前有两种不同方式可减少损耗:"被动"方式,用超导元素代替金属元素[14];"主动"方式,在金属超材料中添加适当成分,可通过外部能源提供增益。最近,后者已验证为一种有效手段[15]。因超导态对外部外加场极为灵敏,所以超导超材料可显著降低损耗,且具有本征非线性[16-20]。以电介质氧化物填充窄缝的超导开环谐振器的制造则运用了约瑟夫逊效应[21]。超薄绝缘势垒层会形成一个约瑟夫逊结(JJ),而环路中的电流则取决于约瑟夫逊效应[21]。因此,约瑟夫逊结将超导环变成射频超导量子干涉器[22,23],是一种在约瑟夫逊领域存在已久的装置。几年前提出的将金属或带有射频超导量子干涉器的超导开环谐振器进行替换,可减少超材料(基于超导量子干涉器)的损耗,并获取源自约瑟夫逊结的另一种非线性来源。近年来,我们已证实了构建超导量子干涉器超材料的可行性,并对其可调谐性及动态多稳定性等性能进行了探讨[26-29]。

我们可将高导开环谐振器与非线性电子元件进行适当结合,从而构建非线性金属超材料;且在此方面已成功运用了几种类型的二极管[11-13]。然而,在非线性及有源超材料的构建中,如隧道(江崎)二极管[30]之类的增益型电子元件必不可少。其在伏安特性中具有负电阻性,因而可在传统超材料中提供增益性和非线性。隧道二极管也可用于构建得失平衡的 $\mathcal{PT}$ 对称性超材料,其方式类似于电子电路的构造[31]。$\mathcal{PT}$ 对称性系统并不单独遵循奇偶(P)对称和时间(T)对称,而是 $\mathcal{PT}$ 联合对称。$\mathcal{PT}$ 对称性系统的概念源自非厄米量子力学[32],但最近其已扩展至动态晶格法,尤指光学领域[33,34]。最近,在 $\mathcal{PT}$ 耦合光学系统中发现了自发 $\mathcal{PT}$ 对称破坏及功率振荡现象[35]。受此启发,提出一种带有交替增益及等量损耗性能的 $\mathcal{PT}$ 超材料概念[36,37]。

传统(金属)超导量子干涉器超材料与 $\mathcal{PT}$ 超材料存在一些共性。它们都可由磁力和/或电力弱耦合的离散元件构成[38-41],而在大多数情况下,元件间的耦合可能仅限于最近邻之间。超导量子干涉器通过磁性进行耦合,且对于传统超材料中开环谐振器狭缝的特定互向来说,无论是有源还是无源,磁耦合都占主导地位。这些磁感应系统适用于一种带有光学窄带频率新型波。在非线性条件下,以离散呼吸子(DB)形式呈现的本征局部化在确定性动力学机制的完全作用下可能普遍存在。离散呼吸子是空间局域及时间周期的激发模式,其性能在过去已被广泛研究[42];严格的数学论证已证明能量守恒和耗散晶格性能的存在[43,44]。此外,我们已在各类物理系统中(包括超导系统在内)发现了其存在[45,46]。尤其是耗散离散呼吸子,可能由输入功率和内部损耗之间的功率平衡而导致[47]。输入功率可能来自外加交变磁场,或在 $\mathcal{PT}$ 超材料中,通过增益机制来自外部源。尽管我们已在金属开环谐振器[48-52]超材料和超导量子干涉器超材料[25,53,54]中用数值证明了耗散离散呼吸子的存在,但仍缺乏对它的实验观察。在金属超材料中,损耗是阻碍呼吸子形成的主要成因;离散呼吸子频率位于线性频带之外,但十分靠近线性频带,该频带的高损耗会破坏自聚焦。然而,原则上可在超导量子干涉器超材料中或增益机制可对损耗进行补偿的超材料中观测到离散呼吸子。在交替增益的 $\mathcal{PT}$ 超材料中,原则上净损耗量十分低。我们同样可观测到新型增益驱动型离散呼吸子,它的存在已由数值证明[36,37]。

　　本章主要讨论如何在耗散驱动型金属超材料和超导量子干涉器超材料中生成稳定或至少持久存在的离散呼吸子,及如何在赖以得失平衡的 $\mathcal{PT}$ 超材料中生成新型增益型离散呼吸子。为了清晰展示,这里只呈现一维离散呼吸子,其时空依赖性在单图中即可清晰展现。然而,通过相应的二维模型计算,结果表明,这些离散呼吸子不受维度影响,且在中度各向异性的耦合系数情况下也可能存在[25,49]。14.2 节和 14.3 节分别介绍了金属超材料和超导量子干涉器超材料的离散模型方程和耗散离散呼吸子,以及相应线性化系统的频率色散。而且,在 14.3 节中,对超导量子干涉器超材料[26-29,55]的最新实验成果进行了简要回顾。14.4 节则介绍了一维交替得失型 $\mathcal{PT}$ 超材料的模型方程及相应的频率色散。在此情况下得出了超材料处于 $\mathcal{PT}$ 相的条件。同时介绍了通过适当初始化或纯粹动力学机制得到的增益型离散呼吸子。在 14.5 节将对研究结果进行简要概括。

14.2　基于开环谐振器的金属超材料

　　假设一维中 N 个非线性、相同金属开环谐振器呈周期排列(图 14.1),根据其在阵列中的相互方向,其可处于两种不同布局形式,即平面和轴向。假设开环谐振器可当作电阻-电感-电容(RLC)振荡器,具有欧姆电阻 R、自感 L 和电容 C,其状态可用电容器中的电荷 Q 和适当极化交变磁场引起的电流 I 来描述。假设开环谐振器狭缝的相互方向为磁相互作用大于电相互作用时,电相互作用可忽略不计。磁耦合强度 λ 可量化为单个开环谐振器自感和相邻开环谐振器之间的 M 互感比,如,$\lambda = M/L$。注意,λ 在平面(轴向)结构的开环谐振器间为负(正)。二维中最常见的结构为(未显示)平面布局,其中所有开环谐振器回路都处于同一平面,或者是平面-轴向布局,其中开环谐振器在一个方向上为平面布局,而在另一个方向上则为轴向布局[49,51]。在正方形晶格上的二维超材料中,有两种耦合系数,即 $\lambda_x = M_x/L$ 和 $\lambda_y = M_y/L$,分别沿 x 轴和 y 轴方向进行耦合,M_x 和 M_y 则为相应的互感系数。二维超材料中每个开环谐振器的状态变量

(归一化)动力学方程为[48,56]

图 14.1　平面几何图(上)中开环谐振器一维阵列示意图(下)
轴向几何图磁场与环平面垂直。

$$\ddot{q}_{n,m}+\lambda_x(\ddot{q}_{n-1,m}+\ddot{q}_{n+1,m})+\lambda_y(\ddot{q}_{n,m-1}+\ddot{q}_{n,m+1})+\gamma\dot{q}_{n,m}+f(q_{n,m})=\varepsilon(\tau) \quad (14.1)$$

式中:$q_{n,m}$ 为 n、m 个开环谐振器电容器的电荷;τ 为归一化时间变量;$\varepsilon(\tau)=\varepsilon_0\sin(\Omega\tau)$ 为感生电动势;$\gamma=RC_\ell\omega_\ell$ 为损耗系数;C_ℓ 和 $\omega_\ell=1/\sqrt{LC_\ell}$ 则分别为线性电容和共振频率,为归一化驱动频率;顶部两点符号表示 τ 的分化,而感应电流 $i_{n,m}=\mathrm{d}q_{n,m}/\mathrm{d}\tau\equiv\dot{q}_{n,m}$;函数 $f(q_{n,m})$ 表达的现场非线性,可由克尔电介质填充开环谐振器狭缝[57]或每个开环谐振器狭缝安装二极管[58]引起,近似为 $f(q_{n,m})\simeq q_{n,m}-\chi q_{n,m}^3$,其中 χ 为非线性系数。天然变量可由归一化变量通过 $t=\tau/\omega_\ell$、$\omega=\omega_\ell\Omega$ 转变,即

$$\begin{cases} Q_{n,m}=Q_c q_{n,m} \\ \delta=U_c\varepsilon \\ I_{n,m}=I_c i_{n,m} \end{cases}$$

其中,$\begin{cases} I_c=U_c\omega_\ell C_\ell \\ Q_c=C_\ell U_c \end{cases}$

其为电压特性。则将 $q_{n,m}=A\cos(\kappa_x n+\kappa_y m-\Omega\tau)$ 代入式(14.1),可得出线性激发的频谱,其中设定 $\chi=0$ 及 $\varepsilon_0=0$。因此,得出

$$\Omega_\kappa=\left[1+2\lambda_x\cos(\kappa_x)+2\lambda_y\cos(\kappa_y)\right]^{-1/2} \quad (14.2)$$

式中:$\kappa=(\kappa_x,\kappa_y)$ 为二维中的归一化波矢量。

方程式(14.1)适用于损耗相对较低的耗散离散呼吸子,其可通过基本演算法算出[47,59]。此处的关键在于对单个开环谐振器的两种不同但同时存在的稳定解进行识别。可以用 $q_h(q_\ell)$ 来表示高(低)振幅解。然后,将超材料中特定开环谐振器振荡器的振幅设定为 q_h,而其他振荡器的振幅设定为 q_ℓ,则可构造一种简单的耗散离散呼吸子。相应电流 $\mathrm{d}q_{n,m}/\mathrm{d}\tau\equiv i_{n,m}$ 均设为 0。将此离散呼吸子结构作为初始条件,在耦合系数进行绝热转换后,对动力学方程进行积分。

结果表明,简单离散呼吸子可继续进行非零耦合,从而形成耗散离散呼吸子[48,49,51,52]。图 14.2 展示了一维中典型单位点耗散离散呼吸子在大约两个振荡周期内的时空演化。中心离散呼吸子位点和背景都以不同振幅但相同频率 $\Omega_b = 2\pi/T_b$ 进行振荡,与驱动器情况相同($\Omega_b = \Omega$)。重要的是,高幅值和低幅值电流振荡反相发生,这表明了其外加场的响应差异,该外加场已经过磁化局部调整[48]。以频率为基准,离散呼吸子的调整不仅包括大小,而且包括从顺磁到反磁甚至极端反磁的超材料响应性质,后者则与负磁导率 μ 一致。运用适当的简单呼吸子作为初始条件,可构建不同类型的离散呼吸子。振荡畴壁形式的耗散离散呼吸子,可将一维超材料中具有不同磁化强度的区域分隔开,见图 14.3。

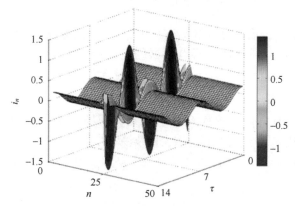

图 14.2   单位点耗散电流呼吸子的时空演化(其中 $T_b = 6.82, \lambda = -0.02, \gamma = 0.01,$
$\varepsilon_0 = 0.04, \chi = 0.16$ 及 $N = 50$。背景和中心呼吸子位点均以频率 $\Omega_b = 2\pi/T_b$
进行振荡。高、低电流振荡相位差大约为 π)

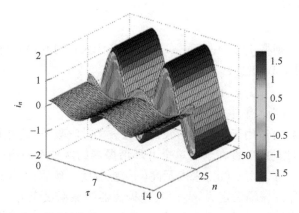

图 14.3   畴壁耗散呼吸子的时空演化(其中 $T_b = 6.82, \lambda = -0.02, \gamma = 0.01, \varepsilon_0 = 0.04, \chi = 0.16$
及 $N = 50$。此类特殊呼吸子将超材料中具有不同磁化强度的区域分隔开)

耗散离散呼吸子也可在具有二元结构的磁性超材料中自发生成[60-62]，通过一种纯动力学过程实现，该过程依赖于由频率调谐驱动场引发的调制不稳定性。该方法尤其适用于实验条件下生成离散呼吸子，且其已成功应用于微力学悬臂梁式振荡器阵列中[63]。

14.3　射频超导量子干涉器超材料

14.3.1　动力学方程及耗散呼吸子

超导量子干涉器超材料可由传统超材料生成，将金属元件替换成射频超导量子干涉器即可[24,25]。如图 14.4(a)所示，最简单的射频超导量子干涉器由一条包含单个约瑟夫逊结的超导线路构成；它对非线性金属开环谐振器进行了直接超导模拟，该谐振器在超导量子干涉器超材料中可发挥"磁性原子"的作用。为了对超导量子干涉器进行真实描述，本书对约瑟夫逊结采用了电阻电容分流(RCSJ)模型[22,23]。根据此模型，实际的约瑟夫逊结由理想的约瑟夫逊结分流而成，临界电流为 I_c、电阻为 R 及电容为 C。通过将带有电感 L 和通量来源 Φ_{ext} 的实际约瑟夫逊结串联，可在电磁场中得出射频超导量子干涉器的等效集总电路模型(图 14.4(b))，然后直接应用基尔霍夫定律得出单个超导量子干涉器的动力学方程。一维及二维超导量子干涉器超材料可由图 14.4(a)所示的晶胞重复生成[64]。邻近超导量子干涉器之间的非线性、离散性及相互弱耦合也可在该系统中生成呼吸子[25,53,54]。由于光的减速超导量子干涉器超材料中的相应动力学变量为磁通量 $\phi_{n,m}$，其从超导量子干涉器穿流而过，且其时间演化可由(归一化)方程进行描述，即

$$\ddot{\phi}_{n,m} + \gamma\dot{\phi}_{n,m} + \phi_{n,m} + \beta\sin(2\pi\phi_{n,m}) - \lambda_x(\phi_{n-1,m} + \phi_{n+1,m}) - \lambda_y(\phi_{n,m-1} + \phi_{n,m+1}) = \phi_{eff}$$

(14.3)

式中：$\lambda_x = M_x/L$ 和 $\lambda_y = M_y/L$ 为 x 轴和 y 轴方向上相邻超导量子干涉器之间的磁通量耦合系数；M_x 和 M_y 为互感系数(在平面几何图中为负)；顶部两点符号表示归一化时间 τ 的分化；$\beta = LI_c/\Phi_0 = \beta_L/(2\pi)$ 为超导量子干涉器参数；$\gamma = \sqrt{L/C}/R$ 为每单个超导量子干涉器的损耗系数；Φ_0 为磁通量子。在特定频率 $\omega_{SQ} = \omega_{LC}\sqrt{1+\beta_L}$，射频超导量子干涉器对交变磁场具有强烈的共振响应，$\omega_{LC} = 1/\sqrt{LC}$ 为相应的电感-电容频率。在式(14.3)中，通量归一化为 Φ_0，而 τ 则归一化为 ω_{LC}^{-1}。式(14.3)的右手项为有效外部通量 $\phi_{eff} = [1-2(\lambda_x + \lambda_y)]\phi_{ext}$，其中 $\phi_{ext} = \phi_{dc} + \phi_{ac}\cos(\Omega\tau)$ 为由空间均匀的外加磁场生成的通量。后者可能同时含

有恒定(直流电)和交流电,分别由带有归一化频率 Ω 的恒定磁场和交变磁场生成。

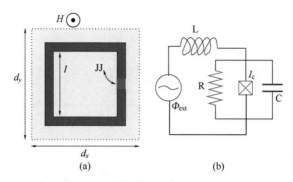

图 14.4   超导量子干涉器晶胞及其等效电路模型

(a) 超导量子干涉器超材料(每一晶胞带有一个超导量子干涉器)晶胞示意图(外加磁场 $\boldsymbol{H}(t)$ 与超导量子干涉器平面相垂直);(b) 通量驱动射频超导量子干涉器的等效电路模型 Φ_{ext}

通过对 $(\gamma=0,\phi_{ext}=0)$ 式(14.3)进行线性化及对试探解 $\phi_{n,m}=A\exp[\mathrm{i}(\kappa_x n+\kappa_y m-\Omega_\kappa\tau)]$ 进行替换,可得出

$$\Omega_\kappa=\sqrt{1+\beta_L-2(\lambda_x\cos\kappa_x+\lambda_y\cos\kappa_y)} \tag{14.4}$$

式中:Ω_κ 为波矢量 $\boldsymbol{\kappa}=(\kappa_x,\kappa_y)$ 的本征频率,该元件将分别在 x 轴和 y 轴方向上的邻近超导量子干涉器间归一化为中心距。方程式(14.4)对磁感应通量波的频率色散进行了描述,该波的典型形式如图 14.5 所示[25],其与二维金属超材料的状况非常相似[65]。在无损耗($\gamma=0$)及交流通量 $\phi_{ac}=0$ 时,由式(14.3)可从哈密顿函数得出

$$\frac{H}{E_J}=\sum_{n,m}\left\{\frac{\pi}{\beta}\dot{\phi}_{n,m}^2+u_{n,m}\right\}$$
$$-\frac{2\pi}{\beta}\sum_{n,m}\{\lambda_x(\phi_{n,m}-\phi_{dc})(\phi_{n-1,m}-\phi_{dc})+\lambda_y(\phi_{n,m}-\phi_{dc})(\phi_{n,m-1}-\phi_{dc})\}$$
$$\tag{14.5}$$

式中:$E_j=I_c\Phi_0/(2\pi)$ 为约瑟夫逊效应。

$$u_{n,m}=\frac{\pi}{\beta}(\phi_{n,m}-\phi_{dc})^2-\cos(2\pi\phi_{n,m}) \tag{14.6}$$

为在位势。二维超导量子干涉器超材料的通量平衡关系,用与动力学方程相同的近似阶数表示,即

$$\phi_{n,m}^{loc}=\phi_{eff}+\beta i_{n,m}$$

其中,$\phi_{n,m}^{loc}=\phi_{n,m}-\lambda_x(\phi_{n-1,m}+\phi_{n+1,m})-\lambda_x(\phi_{n,m-1}+\phi_{n,m+1})$

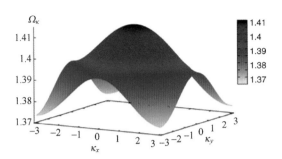

图 14.5　二维超导量子干涉器超材料的频率色散 Ω_κ（可由 κ_x 和 κ_y 得出，其中 $\Lambda_x = \lambda_y = -0.014$ 及 $\beta = 0.15$。频带由 $\Omega_{\min} = 1.374$ 扩展至 $\Omega_{\min} = 1.414$）

在晶格格位 (n,m) 上，$i_{n,m}$ 则分别为局部通量和电流（归一化为 I_c）。

为了在超导量子干涉器超材料中生成耗散离散呼吸子，采用了两种方法：首先，采用了 14.2 节中运用的相同算法；其次，在超导量子干涉器参数 β 中引入弱无序。根据现有数据[64] $|\lambda_{x,y}| \simeq 0.014$，对超导量子干涉器之间的耦合强度进行预估，该数据与弱耦合近似值一致。该数值也与金属超材料的相应数值相一致。然而，有时会使用更高的耦合系数数值，以此证明呼吸子的生成并不仅仅为边际效应。式（14.6）中给出的超导量子干涉器势 $u_{n,m}$ 可生成多种类型的呼吸子。

我们可用参数 β 或实时通量 ϕ_{dc} 直流电来控制 $u_{n,m}$ 最小值的个数和位置。当 $\beta_L < 1$ 时，只有一个最小值；当 $\beta_L > 1$ 时，则有多个最小值，其个数随着 β_L 的增加而增加。另外，直流电通量可能会产生新的最小值，并将其位置移至不同的通量值。例如，$\phi_{dc} = 0.5$（$\beta_L < 1$）时，势为对称性双阱。其次，简单离散呼吸子的构建过程具有显著性；我们可选择具有高通量和低通量振幅的通量状态，该振幅与势的最小值相对应。接着，将其中一个超导量子干涉器设置为高振幅状态，而其余干涉器则设置为低振幅状态。图 14.6 所示为该类型的一种典型离散呼吸子；在金属超材料中不存在此种呼吸子，因其在位势只具有一个最小值。在超强非线性影响下，即使为低功率，离散呼吸子的时间演化明显偏离正弦曲线；此为 $u_{n,m}$ 形式导致的另一特性。在此情况下，所有超导量子干涉器几乎同步振荡，只是电流振荡幅度稍有不同。

超导量子干涉器中的超强非线性体现在同时存在多个稳定解。超导量子干涉器状态的多稳定性意味着离散呼吸子结构的多稳定性。事实上，将两个或多个同时稳定的单个超导量子干涉器状态进行结合，可生成同时稳定的离散呼吸子[25]。图 14.7 所示为该类型的典型离散呼吸子，其特性与金属超材料中的离散呼吸子特性相似（图 14.2），并局部改变了超导量子干涉器超材料中的磁响应性质。在大部分情况下，离散呼吸子频率与驱动器频率相同。然而，多周

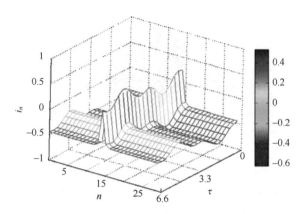

图 14.6　超导量子干涉器超材料一个振荡周期内单位点耗散呼吸子的时空演化
（其中 $\beta = 1.27, \gamma = 0.001, N = 30, \lambda = -0.1, T_b = 6.6, \phi_{dc} = 0.5, \phi_{ac} = 0.2$。
注意振荡的相位相干性和非正弦时间依赖性）

期性离散呼吸子也有可能出现,其周期 T_b 是驱动器周期 $T = 2\pi/\Omega$ 的整数倍。图 14.8 所示为周期三耗散离散呼吸子, $T_b = 3T^{[25]}$。中心离散呼吸子位点轨道线与背景位点轨道线(图中未显示)相反,其庞加莱映像证实了所观测到的多周期性。尽管目前已介绍的大部分都为单位点、"亮"离散呼吸子,而选择合适的简单呼吸子也可生成多位点、"暗"离散呼吸子[49,52,54]。耗散离散呼吸子的线性稳定性可通过弗洛凯矩阵(弗洛凯乘数)的特征值来描述。在复平面中,当所有弗洛凯乘数都位于半径为 $Re = \exp(-\gamma T_b/2)$ 的圆上时,耗散离散呼吸子表现出线性稳定[47]。此处提及的呼吸子皆为线性稳定。而且,它们都已历经长时间 $t(>10^5 T_b)$ 的演化形状并无任何显著变化。

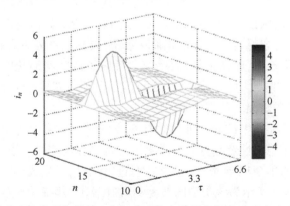

图 14.7　超导量子干涉器超材料一个振荡周期内单位点耗散呼吸子的时空演化(其中 $\beta = 1.27, \gamma = 0.001, N = 30, \lambda = 0.1, T_b = 6.6, \phi_{dc} = 0$, 及 $\phi_{ac} = 0.6$)

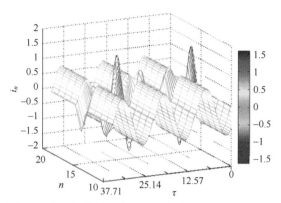

图 14.8　超导量子干涉器超材料 3 个驱动周期内周期三耗散呼吸子的时空演化
（其中 $\phi_{dc}=0,\phi_{ac}=1.2,\gamma=0.001,\beta=1.27$ 及 $T_b=12.57$）

　　上面使用的算法需要对具有"简单呼吸子"结构的系统进行初始化,这在实验中不易实现。然而,在超导量子干涉器超材料中,由于制作过程中精确度有限,存在弱无序性,从而促进了离散呼吸子的自发生成。在射频超导量子干涉器超材料的一种特殊生成过程中,其元件无法完全相同,但参数值则在平均值附近波动。约瑟夫逊结的临界电流 I_c 对制造过程中存在的缺陷更为敏感,因其在指数方面依赖于绝缘介质的厚度。其次,I_c 的波动导致 β 的波动。我们对一维超导量子干涉器超材料进行了数值计算,β 可在其平均值上下±1%范围内随机变化。接着,对一些不同的无序结构进行积分(式(14.3)),在大部分情况下,可得到自发生成的耗散离散呼吸子。为使此方法行之有效,超导量子干涉器之间的耦合强度需十分微弱。如图 14.9 所示,为无序超导量子干涉器超材

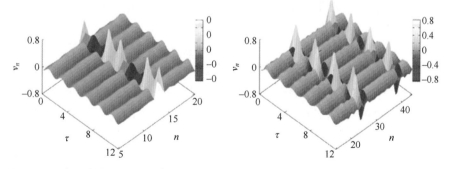

图 14.9　6 个周期内一维弱无序射频超导量子干涉器超材料耗散呼吸子自发激发的时空演化(第 n 个超导量子干涉器约瑟夫逊结中电压振幅 $v_n=d\phi/d\tau$ 位于 τ-n 平面,其中
$\phi_{dc}=0,\phi_{ac}=0.03,\beta=1.27,\gamma=0.001,\lambda=-0.0014,\omega=3.11$ 及 $N=50$。
左图和右图分别对应无序的不同结构或交流电场)

料中自发生成离散呼吸子的时空演化典型结果,其中瞬时电压 $u_n = \dfrac{\mathrm{d}\phi_n}{\mathrm{d}t}$ 位于 $n-\tau$ 平面上。左右两图分别对应两种不同的无序结构,其他所有参数都固定不变。两种不同结构生成的离散呼吸子个数是不同的(分别为 1 和 3),其离散呼吸子中心位点位于不同位置。左图中,中心离散呼吸子位点中的电压振荡周期为驱动器的两倍,因而其实际为周期二呼吸子。

14.3.2　超导量子干涉器超材料最新实验成果

超导量子干涉器对外加磁场十分敏感,无论是直流电还是交流电(即射频超导量子干涉器),尤其是直流电场,可在宽频带上对超导量子干涉器共振进行周期性调谐[26,27,29,66]。这些由外加直流电场引起的共振位移也可由超导量子干涉器模型方程进行数值复制[25,54]。宽频带可调谐性的显著特性被转化为超导量子干涉器超材料的整体特性。因而,在超导量子干涉器超材料中,线性通量波带(式(14.4))可通过外加直流电场在宽频范围内进行调谐。最近有关用低临界温度超导体(如铌)创造准二维和二维超导量子干涉器超材料的实验清楚地揭示了线性频带的可调谐性,根据外加直流通量对频率依赖型复杂微波传输 $|S_{21}|(\omega)$ 进行测量即可实现[27-29]。此种位移受直流电通量影响具有周期性,其周期与单个通量量子 Φ_0 一致。有效电磁参数,如有效磁导率 μ_{eff} 可从根据频率和外加直流电通量得出的实测数据中提取。值得注意的是,μ_{eff} 的实数部分在特定的频率间隔内将变为负值,该频率间隔可能随直流电通量的变化而变化[27]。在这些实验中,应特别注意杂散场的最小化,其可能破坏可调谐模式[28]。测量装置的磁性组件及超导膜中所捕获的阿布里科索夫涡旋均有可能产生此类磁场。此外,单个超导量子干涉器和超导量子干涉器超材料的温度可调谐性均已经得到证明[29]。然而,射频超导量子干涉器的超原子对温度变化则表现出不同寻常的响应。共振频率的增加或减少,取决于其外加直流电通量。射频功率可对射频超导量子干涉器的共振频率进行调谐[29]。在此情况下,共振响应的强度随射频功率的变化而变化,而温度的变化对其强度则无影响。射频功率的调谐也可对共振频率的大小产生影响,取决于外加直流电通量。尽管上述提及的超导量子干涉器超材料的显著可调谐特性由约瑟夫逊非线性导致,但作为准线性感应元件,其激发功率不足以形成约瑟夫逊结。然而,随着功率的增加,超导量子干涉器超材料开始显现出更多复杂性,实验中也对其进行了探索[55]。该复杂性主要体现于超导量子干涉器超材料中存在的动态多稳定性,该超材料由中等功率水平的无滞后($\beta_L < 1$)单个约瑟夫逊结射频超导

量子干涉器构成[26]。我们所观察到的这种多稳定性也已进行过数值研究[67]，它是一种纯动力学现象，与滞后超导量子干涉器中的多稳定性无关。对于特定的参数选择来说，多稳定性主要体现在少数同时稳定的状态，每种状态分别对应一种不同的磁通量磁化率价值 χ_ϕ。因此，根据超材料的当前状态，其或为磁性透明，或传输显著减慢。对于此种情况下的超导量子干涉器超材料，根据输入功率得出的传输 $|S_{21}|$ 强度表现出一种大型磁滞回路；文献[55]中图 3 所示即为典型范例，其中运用了纳秒长度的微波脉冲在该磁滞回路的不同分支回路中对一维超导量子干涉器超材料进行激发。不同于其他可转换超材料的转换过程，此转换过程运用了每个射频超导量子干涉器中约瑟夫逊结的本征非线性，从而使其成为快速转换的超原子。

14.4　$\mathcal{PT}$ 对称性超材料

假设有一个二聚体一维阵列，每个二聚体由两个非线性开环谐振器构成；一个带有损耗，另一个带有等量增益。这些二聚体可排列于等间距开环谐振器阵列中（图 14.10 上图）或开环谐振器间距可依据二进制模式进行调制的阵列中（图 14.10 下图）。因每个二聚体中的损耗和增益达到平衡，其结构都遵循一种联合 $\mathcal{PT}$-对称。构建 $\mathcal{PT}$-对称超材料也许可解决损耗问题，且可以展现更多全新的特殊性能。这些系统从特定相位 $\mathcal{PT}$ 开始进行自发对称破坏，在该相位中，所有本征频率皆为实数；其破缺至 $\mathcal{PT}$ 相位，而在该相位中，至少有一对本征频率为复数随着控制（增益或损耗）参数的变化而变化。当增益/损耗参数处于低数值时，$\mathcal{PT}$-对称系统通常位于特定相位中；然而，当参数超过临界值时，系统则处于破缺相位。在线性 $\mathcal{PT}$-对称系统中，稳定解只存在于特定相位中。

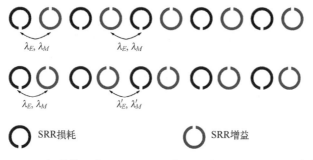

图 14.10　$\mathcal{PT}$ 超材料示意图（上图的所有开环谐振器之间的距离都相等；下图的开环谐振器间距可根据二进制模式进行调制（$\mathcal{PT}$ 二聚体链））

在等效电路模型图中[41,48,56,60,68]，为延长 $\mathcal{PT}$ 二聚体链，第 n 个开环谐振器电容器中电荷 q_n 的动力学受制于

$$\lambda'_M \ddot{q}_{2n} + \ddot{q}_{2n+1} + \lambda_M \ddot{q}_{2n+2} + \lambda'_E q_{2n} + q_{2n+1} + \lambda_E q_{2n+2} + \gamma \dot{q}_{2n+1} + \alpha q^2_{2n+1} + \beta q^3_{2n+1} = \varepsilon_0 \sin(\Omega\tau)$$

(14.7)

$$\lambda_M \ddot{q}_{2n-1} + \ddot{q}_{2n} + \lambda'_M \ddot{q}_{2n+1} + \lambda_E q_{2n-1} + q_{2n} + \lambda'_E q_{2n+1} - \gamma \dot{q}_{2n} + a q^2_{2n} + \beta q^3_{2n} = \varepsilon_0 \sin(\Omega\tau)$$

(14.8)

式中：λ_M、λ'_M 和 λ_E、λ'_E 分别为磁相互作用系数和电相互作用系数；在最近邻元素之间，α 和 β 为非线性系数；γ 为增益/损耗系数（$\gamma > 0$）；ε_0 为外部驱动电压振幅；Ω 和 τ 分别为驱动频率和时间变量，归一化为 $\omega_0 = 1/\sqrt{LC_0}$ 及 ω_0^{-1}，其中 C_0 为线性电容。开环谐振器的总数为偶数 N，因此有 $N/2$ 个 $\mathcal{PT}$ 对称二聚体。接下来，对磁耦合占主导的二聚体链中开环谐振器的相对定向进行了研究，其中的电耦合可忽略不计（$\lambda_E = \lambda'_F = 0$）[39]。

在线性系统中，无外部驱动的情况下，设定式（14.7）和式（14.8）中的 $\alpha = \beta = 0$ 和 $\varepsilon_0 = 0$。将增益/损耗值与 $\pm\gamma$ 保持一定比例即可形成 $\mathcal{PT}$-对称。接着替换成 $q_{2n} = A\exp[\mathrm{i}(2n\kappa - \Omega_\kappa\tau)]$ 和 $q_{2n+1} = B\exp[\mathrm{i}((2n+1)\kappa - \Omega_\kappa\tau)]$，其中 κ 为归一化波矢量，求出相应稳态问题的非平凡解。因此，可得出频率色散为

$$\Omega^2_\kappa = \frac{2 - \gamma^2 \pm \sqrt{\gamma^4 - 2\gamma^2 + (\lambda_M - \lambda'_M)^2 + \mu_\kappa\mu'_k}}{2(1 - (\lambda_M - \lambda'_M)^2 - \mu_\kappa\mu'_\kappa)}$$

(14.9)

式中：$\mu_\kappa = 2\lambda_M\cos\kappa$，$\mu'_x = 2\lambda'_\mu\cos\kappa$。在上述方程式中，任意 κ 拥有实数 Ω_x 的条件为

$$\cos^2\kappa \geqslant \frac{\gamma^2(2 - \gamma^2) - (\lambda_M - \lambda'_M)^2}{4\lambda_M\lambda'_M}$$

(14.10)

从式（14.10）中可看出，在 $\lambda_M = \lambda'_M$ 时，在等间距开环谐振器结构中，所有 κ 实数 Ω_x 部分的条件无法满足增益/损耗系数 γ 的任何正值。此结果意味着大型 $\mathcal{PT}$-对称开环谐振器阵列不可能处于特定相位，因此也不可能存在稳定的稳态解。与之相反，当 $\lambda_M \neq \lambda'_M$ 时，在 $\mathcal{PT}$ 二聚体链中，式（14.10）的条件在 $\gamma \leqslant \gamma_c \simeq |\lambda_M - \lambda'_M|$，（$\gamma^4 \simeq 0$）时则满足所有 κ 的条件。在特定相位（$\gamma < \gamma_c$）中，$\mathcal{PT}$-对称二聚体阵列具有两种频带的间隙频谱（图14.11）。

方程式（14.7）和式（14.8），在满足边界条件 $q_0(\tau) = q_{N+1}(\tau) = 0$ 时，可在数值上与 $q_m(0) = (-1)^{m-1}\mathrm{sech}(m/2)$，$\dot{q}_m(0) = 0$，$\varepsilon_0 = 0$ 进行积分。非线性系数保持在 $\alpha = -0.4$ 和 $\beta = 0.08$ 时，得出的则为二极管典型值[68]，而选定 γ 时，$\mathcal{PT}$ 超材料则可处于特定相位。与文献中的数值相比，选定的耦合系数相对较大。然而，即使在较低的耦合值时，呼吸子一般也会出现。为了避免可在有限时间内

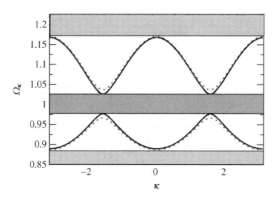

图 14.11　增益损耗平衡的 $\mathcal{PT}$-对称二聚体链的频带图(其中 $\lambda_M = -0.17$, $\lambda'_M = -0.10$,
$\gamma = 0.05$(黑色实线曲线); $\gamma = 0$(红色虚线曲线)。绿色(深)标示为禁止频带
区域。注意,增益/损耗系数 γ 对色散曲线有轻微影响)

在特定位点导致能量发散的不稳定性,将 $\mathcal{PT}$-对称二聚体链嵌入一条有耗二聚体链。在实际过程中,考虑使用一条更长的二聚体链,其开环谐振器总数为 $N + 2N_l$;然后将扩展链每一终端上特定 N_l 开环谐振器的损耗用等量增益进行替换。其有助于在积分方式长瞬态相位中消耗掉多余能量,留下稳定(至少持久存在超 10^8 个时间单位)的离散呼吸子[36,37]。图 14.12 所示为 n-τ 平面中的典型能量密度 E_n。大量总能量 $E_{tot} = \sum_n E_n$ 聚集于同一条二聚体链中两个相邻开环谐振器中。因此,$\mathcal{PT}$ 超材料中的基本呼吸子激发实际上需要双位点离散呼吸子,而非上述章节所提及的单位点离散呼吸子。能量密度同样具有规律性振荡,正如 $\mathcal{PT}$ 对 $\mathcal{PT}$-对称系统的预想结果。通过 n 计算得出的相应瞬时电流检测剖面图 i_n(图 14.13),揭示了这些离散呼吸子在单一开环谐振器中既不对称也非反对称。

　　在间隙线性频谱中,在驱动和非线性作用下,大型振幅线性模式将趋于不稳定。如果该模式区域中,色散曲率为正,晶格势为柔性,那么在线性频谱下的间隙中形成离散呼吸子时,大型振幅模式将趋于不稳定[63]。至于图 14.11 中的参数,低频带底部位于 $\Omega_0 = 2\pi/T_0 \simeq 0.887$,其中曲率为正。而且,在数值选定为 α 和 β 时,开环谐振器则处于柔性在位势。然后,通过一个频率调谐的交变驱动器可自发生成离散呼吸子;在驱动器关闭后,呼吸子仅由增益驱动。类似方法已成功应用于具有二元结构的有耗非线性超材料[60-62]。我们可在 n-τ 平面上的能量密度图中直观感受到由频率啁啾驱动器自发生成的增益型离散呼吸子(图 14.14)。我们采用以下过程进行研究。

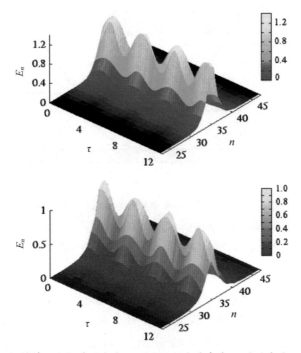

图 14.12 $\mathcal{PT}$ 超材料两个振荡周期内 n-τ 平面上能量密度 E_n 的时空演化(其中 $N=70$,
$N_\ell=10$, $\gamma=0.002$, $\lambda'_M=-0.10\lambda_E=\lambda'_F=0$ 和(上限)$\lambda_M=-0.17$;(下限)$\lambda_M=-0.21$;可清楚
地观察到两个相邻位点上的定域能,一个位点带有增益,另一个带有损耗)

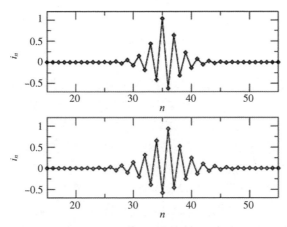

图 14.13 通过 n 计算得出的最大振幅值时增益型电流呼吸子的剖面图 i_n(呼吸子
如图 14.12 所示。这些剖面图在单一开环谐振器中既不对称也非反对称)

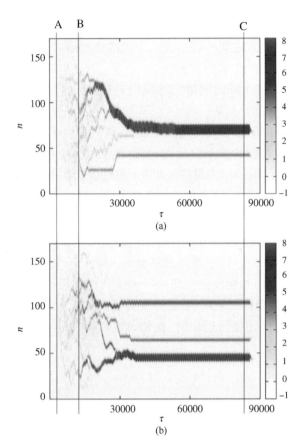

图 14.14　$\mathcal{PT}$ 超材料(二聚体链)中位于 n–τ 平面中的 E_n 能量密度图(其中 $N=170$,

$N_\ell=10$, $\Omega_0=0.887$, $\gamma=0.002$, $\lambda_M=-0.17$, $\lambda_M'=-0.10$($\lambda_E=\lambda_E'=0$)。啁啾过程中的

不同阶段用垂直线分开。在 B 点和 C 点之间,用蓝–绿(深色)水平段表示的呼吸

子仅由增益驱动。其表现出明显的合并趋势,形成广泛的多位点结构)

(a) $\varepsilon_0=0.085$;(b) $\varepsilon_0=0.095$。

(1) 在时间 $\tau=0$ 时,在 $T_0\simeq3500$ 时间单位无外部驱动的情况下,对零初始状态的式(14.7)和式(14.8)进行积分,大型振幅模式将会进一步发展。

(2) 在时间 $T_0\simeq3500$t. u. 时(图 14.14 点 A 处),驱动器以低振幅开启,频率略高于 Ω_0($1.01\Omega_0\simeq0.894$)。然后频率会随时间而变化,在下一个 10 600 时间单位(约 1 500T_0)内引发不稳定性,直至其低于 Ω_0($0.997\Omega_0\simeq0.882$)。在此阶段将产生大量激发态,它们彼此移动并进行强烈的相互作用,最终合并成少量高振幅多呼吸子。

(3) 在时间 $\tau\simeq14\,100$t. u 时(图 14.14B 点处),驱动器关闭,离散呼吸子仅

由增益驱动(增益驱动阶段)。它们持续相互作用,直至达到显著稳态。图 14.14 中 B 点和 C 点之间的高密度水平段准确展现了那些稳态增益驱动型(多)呼吸子通过动力学生成的过程。

(4) 在时间 $\tau \sim 85\ 150$ 时间单位时(图 14.14C 点处),用等量损耗代替增益时,呼吸子随即快速消失不见。

上述过程对外部场的参数变化极其敏感;离散呼吸子的数量及其在晶格中的位置可能会随着参数的微小变化而变化(图 14.14)。在啁啾阶段形成的离散呼吸子在相当长的时间段内将持续相互作用,逐步合并成占据偶数位点的多位点结构。这些离散呼吸子的频率 Ω_b 略低于线性频谱中较低频带的频率。当增益和损耗之间略微出现不平衡时,可能会生成增益驱动型离散呼吸子[37]。此类增益/损耗的不平衡表现为一定时间内总能量的衰减或增长,时间长度取决于上述不平衡的数量。当损耗超过增益时,多呼吸子的能量将逐渐损耗,在低振幅状态下,其端点的激发位点将一一消失。在相反情况下,即增益超过损耗时,多呼吸子的能量则慢慢增加,最终变得更为宽泛。因此,在现实的实验环境中,即增益/损耗平衡保持近似时,在相对短的时间范围内,仍有可能观测到呼吸子的存在。

14.5   结论

在耗散条件下(实践过程中一般都存在),呼吸子激发态一般存在于金属超导量子干涉器 $\mathcal{PT}$ 超材料中。这些耗散呼吸子可通过标准算法生成,此算法需要对系统进行适当初始化;或通过动力学效应生成,该方法在实际实验中更为适用。离散呼吸子的生成有一个先决条件,即低损耗,插入提供增益的电子元件或用超导开环谐振器替代金属开环谐振器即可实现。在传统的金属超材料和 $\mathcal{PT}$ 超材料中,其特殊性能皆由交变磁场驱动显现,通过频率啁啾生成离散呼吸子似乎是一种更适合于实验的简便方法。同时,超导量子干涉器超材料已被证实,弱无序可能触发局域化,从而通过自聚焦形成呼吸子。耗散呼吸子比节能呼吸子(如哈密顿呼吸子)更适用于实际情况,可由本征损耗和输入功率之间的功率平衡形成。在金属超导量子干涉器超材料中,输入功率来源于外加交变磁场,而在上述提及的 $\mathcal{PT}$ 超材料中,其来源于特定的增益机制[36,37]。耗散离散呼吸子与高维相位空间的"运动"吸引子相对应,因而极为强劲,相对较弱的扰动在短时间范围内将会消失。此外,它们具备一些哈密顿离散呼吸子所没有的特性。例如,在耗散呼吸子结构中,超材料的所有元件中都会出现电流振荡。

高、低电流振荡几乎为反相位,因此,可对超材料进行局部磁化调制[48,49]。然而,在具有多个极小值在位势的超导量子干涉器超材料中,可能会生成同相振荡的呼吸子。然而,金属超导量子干涉器超材料中的基本耗散离散呼吸子都为单位点,因 $\mathcal{PT}$ 的对称性,无法存在于 $\mathcal{PT}$ 超材料中。在后者中,基本呼吸子至少占据两个位点,如二聚体,其本身为 $\mathcal{PT}$ 对称。尽管超材料中的离散呼吸子缺乏实验观测,我们在有源和超导超材料制造方面取得的进展可能会生成损耗大大降低的结构。然后,根据上述提出的动态方法,在原则上可实现呼吸子的观测结果。值得注意的是,最近在超导量子干涉器超材料领域有重大发现,我们正在对其本征非线性引起的复杂特性进行探索。在 14.3.2 节中已对实验中观测到的纯动力学现象进行了简要介绍。

　　致谢　非常感谢欧盟第七框架计划(FP7-REGPOT-2012-2013-1)316165号拨款协议和泰利斯公司项目 ANEMOS 和 MACOMSYS 的部分支持,欧盟(欧洲社会基金)和希腊国家基金通过国家战略参考框架研究基金项目"泰利斯"之"教育和终身学习"运营项目的共同资助。通过欧洲社会基金对知识社会进行投资。

参 考 文 献

1. V. M. Shalaev, Nature Photonics **1**, 41(2007)

2. C. M. Soukoulis, S. Linden, M. Wegener, Science **315**, 47(2007)

3. C. M. Soukoulis, M. Wegener, Nature Photonics **5**, 523(2011)

4. N. I. Zheludev, Y. S. Kivshar, Nature Materials **11**, 917(2012)

5. J. B. Pendry, Physics Review Letters **85**, 3966(2000)

6. D. Schurig, J. J. Mock, B. J. Justice, S. A. Cummer, J. B. Pendry, A. F. Starr, D. R. Smith, Science **314**, 977(2006)

7. N. I. Zheludev, Science **328**, 582(2010)

8. N. I. Zheludev, Optics Photonics News **22**, 31(2011)

9. J. G. Caputo, I. Gabitov, A. I. Maimistov, Physical Review B **85**, 205446(2012)

10. S. Linden, C. Enrich, G. Dolling, M. W. Klein, J. Zhou, T. Koschny, C. M. Soukoulis, S. Burger, F. Schmidt, M. Wegener, IEEE Journal of Selected Topics in Quantum Electronics **12**, 1097(2006)

11. D. A. Powell, I. V. Shadrivov, Y. S. Kivshar, M. V. Gorkunov, Applied Physics Letters **91**, 144107(2007)

12. I. V. Shadrivov, A. B. Kozyrev, D. W. van der Weide, Y. S. Kivshar, Applied Physics Letters **93**, 161903(2008)

13. B. Wang, J. Zhou, T. Koschny, C. M. Soukoulis, Optics Express **16**, 16058(2008)

14. S. M. Anlage, Journal of Optics **13**, 024001(2011)

15. A . D. Boardman, V. V. Grimalsky, Y. S. Kivshar, S. V. Koshevaya, M. Lapine, N. M. Litchinitser, V. N. Malnev, M. Noginov, Y. G. Rapoport, V. M. Shalaev, Laser Photonics Review **5**(2), 287(2010)

16. M. C. Ricci, N. Orloff, S. M. Anlage, Applied Physics Letters **87**, 034102(2005)

17. M. C. Ricci, H. Xu, R. Prozorov, A. P. Zhuravel, A. V. Ustinov, S. M. Anlage, IEEE Transactions on Applied Superconductivity **17**, 918(2007)

18. J. Gu, R. Singh, Z. Tian, W. Cao, Q. Xing, M. X. He, J. W. Zhang, J. Han, H. Chen, W. Zhang, Applied Physics Letters) **97**, 071102(2010)

19. V. A. Fedotov, A. Tsiatmas, J. H. Shi, R. Buckingham, P. de Groot, Y. Chen, S. Wang, N. I. Zheludev, Optics Express **18**, 9015(2010)

20. H. T. Chen, H. Yang, R. Singh, J. F. OHara, A. K. Azad, A. Stuart, S. A. Trugman, Q. X. Jia, A. J. Taylor, Physics Review Letters **105**, 247402(2010)

21. B. Josephson, Physics Review A **1**, 251(1962)

22. A. Barone, G. Pattern6, *Physics Applications of the Josephson Effect*(Wiley, New York, 1982)

23. K. K. Likharev, *Dynamics of Josephson Junctions and Circuits*(Gordon and Breach, Philadelphia, 1986)

24. N. Lazarides, G. P. Tsironis, Applied Physics Letters **16**, 163501(2007)

25. N. Lazarides, G. P. Tsironis, M. Eleftheriou, Nonlinear Phenom. Complex System **11**, 250(2008)

26. P. Jung, S. Butz, S. V. Shitov, A. V. Ustinov, Applied Physics Letters **102**, 062601(2013)

27. S. Butz, P. Jung, L. V. Filippenko, V. P. Koshelets, A. V. Ustinov, Opt. Express **29**(19), 22540(2013)

28. S. Butz, P. Jung, L. V. Filippenko, V. P. Koshelets, A. V. Ustinov, Superconductor Science and Technology **26**, 094003(2013)

29. M. Trepanier, D. Zhang, O. Mukhanov, S. M. Anlage, Physics Review X **3**, 041029(2013)

30. L. Esaki, Physics Reports **109**, 603(1958)

31. J. Schindler, A. Li, M. C. Zheng, F. M. Ellis, T. Kottos, Physics Review A **84**, 040101(R)(2011)

32. D. W. Hook, Annalen der physik(Berlin) **524**(6-7), A106(2012)

33. R. El-Ganainy, K. G. Makris, D. N. Christodoulides, Z. H. Musslimani, Optics Letters **32**, 2632(2007)

34. K. G. Makris, R. El-Ganainy, D. N. Christodoulides, Z. H. Musslimani, Physics Review Letters **100**, 103904(2008)

35. C. E. Rüter, K. G. Makris, R. El-Ganainy, D. N. Christodoulides, M. Segev, D. Kip, Nature Physics **6**, 192-195(2010)

36. N. Lazarides, G. P. Tsironis, Physics Review Letters **110**, 053901(2013)

37. G. P. Tsironis, N. Lazarides, Applied Physics A **115**, 449(2014)

38. O . Sydoruk, A. Radkovskaya, O. Zhuromskyy, E. Shamonina, M. Shamonin, C. Stevens, G. Faulkner, D. Edwards, L. Solymar, Physics Review B **73**, 224406(2006)

39. F . Hesmer, E. Tatartschuk, O. Zhuromskyy, A. A. Radkovskaya, M. Shamonin, T. Hao, C. J. Stevens, G. Faulkner, D. J. Edwardds, E. Shamonina, Physica StatusSolidi B **244**, 1170(2007)

40. Sersi′c, M. Frimmer, E. Verhagen, A. F. Koenderink, Physics Review Letters **103**, 213902(2009)

41. N. N. Rosanov, N. V. Vysotina, A. N. Shatsev, I. V. Shadrivov, D. A. Powell, Y. S. Kivshar, Optics Express **19**, 26500(2011)

42. Flach, A. V. Gorbach, Physics Reports **467**, 1(2008)

43. R. S. MacKay, S. Aubry, Nonlinearity **7**, 1623(1994)

44. S. Aubry, Physica D **103**, 201(1997)

45. P. Binder, D. Abraimov, A. V. Ustinov, S. Flach, Y. Zolotaryuk, Physics Review Letters **84**(4), 745(2000)

46. E. Trías, J. J. Mazo, T. P. Orlando, Physics Review Letters **84**, 741(2000)

47. J. L. Marín, F. Falo, P. J. Martínez, L. M. Floría, Physics Review E **63**, 066603(2001)

48. N. Lazarides, M. Eleftheriou, G. P. Tsironis, Physics Review Letters **97**, 157406(2006)

49. M. Eleftheriou, N. Lazarides, G. P. Tsironis, Physics Review E **77**, 036608(2008)

50. N. Lazarides, G. P. Tsironis, Y. S. Kivshar, Physics Review E **77**(6), 065601(R)(2008)

51. M. Eleftheriou, N. Lazarides, G. P. Tsironis, Y. S. Kivshar, Physics Review E **80**, 017601(2009)

52. G. P. Tsironis, N. Lazarides, M. Eleftheriou, Springer Series Optics **150**, 273(2010)

53. G. P. Tsironis, N. Lazarides, M. Eleftheriou, PIERS Online **5**, 26(2009)

54. N. Lazarides, G. P. Tsironis, Proceedings of SPIE **8423**, 84231K(2012)

55. P. Jung, S. Butz, M. Marthaler, M. V. Fistul, J. Leppäkangas, V. P. Koshelets, A. V. Ustinov, Nature Communications **5**, 3730(2014)

56. I. V. Shadrivov, A. A. Zharov, N. A. Zharova, Y. S. Kivshar, Photonics and Nanostructures: Fundamentals and Applications **4**, 69(2006)

57. A. A. Zharov, I. V. Shadrivov, Y. S. Kivshar, Physical Review Letters **91**, 037401(2003)

58. M. Lapine, M. Gorkunov, K. H. Ringhofer, Physics Review E **67**, 065601(2003)

59. P. J. Martínez, M. Meister, L. M. Floria, F. Falo, Chaos **13**, 610(2003)

60. M. I. Molina, N. Lazarides, G. P. Tsironis, Physics Review E **80**, 046605(2009)

61. N. Lazarides, M. I. Molina, G. P. Tsironis, Acta Physica Polonica A **116**(4), 5(2009)

62. N. Lazarides, G. P. Tsironis, Physics Review A **374**, 2179(2010)

63. M. Sato, B. E. Hubbard, A. J. Sievers, B. Ilic, D. A. Czaplewski, H. G. Graighead, Physical Review Letters **90**, 044102(2003)

64. J. R. Kirtley, C. C. Tsuei, Ariando, H. J. H. Smilde, H. Hilgenkamp, Physics Review B **72**, 214521(2005)

65. E. Shamonina, V. A. Kalinin, K. H. Ringhofer, L. Solymar, Journal of Applied Physics **92**, 6252(2002)

66. S. Poletto, F. Chiarello, M. G. Castellano, J. Lisenfeld, A. Lukashenko, P. Carelli, A. V. Ustinov, Physica Scripta **T137**, 014011(2009)

67. N. Lazarides, G. P. Tsironis, Superconductor Science and Technology **26**, 084006(2013)

68. N. Lazarides, V. Paltoglou, G. P. Tsironis, International Journal of Bifurcation and Chaos in Applied Sciences and Engineering **21**, 2147(2011)

第 15 章　带有经典电磁感应透明的场增强

摘要　在可调谐和非线性超材料的设计中,关键挑战在于创造大范围局域电磁场来增强非线性交互作用。实现局部场增强的一个有效方法是应用带有暗谐振器的超材料,即带有不与外部场直接耦合的超原子。此类超材料带有散射响应特性,与电磁感应的特性相似,即它们可将同一频率的大型群延迟与低吸收相结合。经典电磁感应透明超材料在非线性超材料中是一种有趣的存在,因暗元件中不存在辐射损耗,其拥有大型场增强的特性;而对于可调谐性超材料来说,其对环境或控制信号则有共振高灵敏度。我们对电磁感应透明超材料的设计和建模,以及其在非线性/可调谐响应介质中应用的一些前期工作进行了讨论。

15.1　引言

电磁感应透明(EIT)本质上是一种量子力学效应,可在低吸收狭窄透射窗中将不透明介质转为透明状态[1]。该现象一般发生于特定三级原子系统中,如碱金属蒸气、掺杂固态材料或量子点基系统中,在这些系统中,两种辐射跃迁之间的相消干涉会产生一种无电偶极矩的暗缀饰叠加态[2-4]。在最简单的情况下,这些原子系统具备两个基态和一个共同激发态(图 15.1(a)),且两个基态之间无法进行跃迁。激光束(探测器)可将其中一个基态与激发态进行耦合,从而产生典型的洛伦兹吸收频谱。当第二束激光将另一基态与激发态耦合时,可观察到一种特殊现象,即两条激发路径之间的相消干涉导致原子系统在激发态下的概率为零。该材料将与探测光束外部场进行解耦,且在此频率下如同真空状态。最终导致探测器的洛伦兹吸收频谱上出现一道切口(透射窗),如图 15.1(b)所示。在相同频率下,正常色散十分强烈(图 15.1(c)),可导致样本群延迟显著增加。

量子力学电磁感应透明可使光的群速度骤减至 $17m/s$[5],甚至可以进行光存储[6,7]。然而,暗叠加态的相干时间较短,需进行复杂的实验处理,通常需在

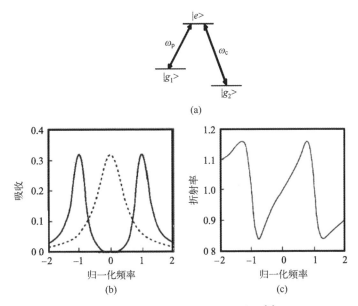

图 15.1　原子系统能量图及其特性[2]

(a) 原子电磁感应透明能量图;(b) 电磁感应透明介质的吸收频谱(展示了洛伦兹背景(实线)中的
透明窗口(虚线));(c) 电磁感应透明介质的折射率(展示了位于吸收最小值相同频率的陡峭色散)。

低温和/或强磁场环境中进行。然而,最近人们认识到,电磁感应透明的性能特
征——低吸收和强色散兼具——也可在纯经典系统中实现,如耦合力学或电谐
振器中[8],无需量子力学叠加态。尽管此类经典电磁感应透明系统的物理学与
原子系统中的量子力学电磁感应透明相去甚远,但其基本理念是相似的:在狭
窄传输带内存在两种共振相消干涉,最终导致其与外部场解耦。在光学微谐振
器[9]或耦合声波谐振器中[10]许多经典模拟实验已被证明。

　　数年前,3 组科学家各自提出构建由耦合电谐振器或等离子体谐振器组成
的超原子,以实现具有电磁感应透明响应的有效超材料[11-13]。① 图 15.2(a) 所
示的超原子即为典型例证,其由两个垂直的开环谐振器构成。从下向上传播的
入射平面电磁波可与左侧开环谐振器进行耦合,其磁共振的磁偶极矩与磁场平
行。此类谐振器通常称为辐射谐振器或亮谐振器。然而,电磁波无法直接与另
一开环谐振器进行耦合,因其磁偶极矩为垂直定向,通常称为暗谐振器。当然,
两个开环谐振器之间存在电容(和电感)交互作用,因而当第一个谐振器的磁偶

----

　　①　一些作者认为此现象为法诺共振的经典模拟而非电磁感应透明。区别在于将辐射谐振器视作
单一共振(实际上是单一电磁共振)还是共振连续系统(耗散损耗或辐射损耗可拓宽电磁共振)。此问题
只关乎术语。

极子模式被激发时,两个谐振器之间可通过准静态交互作用进行能量交换。所得超材料的透光率和吸光率如图 15.2(b)所示。大家可看到电磁感应透明的性能特征,即带有低吸收和强色散的透射窗。应注意,两个开环谐振器之间的距离改变可直接改变电容交互作用。与量子力学模式相反,两个谐振器之间形成交互作用并不需要光泵浦。在过去几年中,全世界众多科学家已在实验中证明了电磁感应透明超材料的性能。[11-23]

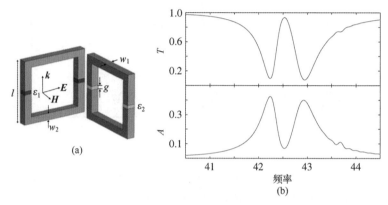

图 15.2   超原子及其光谱[11]

(a) 使用两个耦合的裂环谐振器实现电磁感应透明的经典模拟的超材料;(b) 透射光谱和吸收光谱。

15.2   电磁感应透明超材料的设计

上述讨论的双开环谐振器超原子在物理学释义方面极具启发意义,但其三维几何结构限制了其实际制造。相较于三维结构,运用光刻技术更易制造平面超材料,因而其常为首选。图 15.3(a)所示为平面电磁感应透明超材料示例。超原子包含一个双间隙开环谐振器和一条切断线。入射波向基板垂直传播,电场沿切断线极化,因此它可直接与切断线的电偶极子共振进行耦合。双间隙开环谐振器具有相同频率的磁共振,但因其具有与电场平行的对称平面,入射场无法直接与之耦合。因此,开环谐振器的磁偶极子共振为暗共振。图 15.3(b)所示为吸收频谱图。在频率为 9.75GHz 时,可观察到最小吸收值的透射窗。在图 15.3(c)中,可在超材料有效介电常数中观测到强色散(该超材料中的群延迟为真空中群延迟的 100 倍)。切断线和开环谐振器中的电流意义重大,它们可证实电偶极矩中相消干涉的物理性质。图 15.4(a)吸收峰上的电流分布,偏离暗共振频率。我们观察到电流主要分布于切断线中。

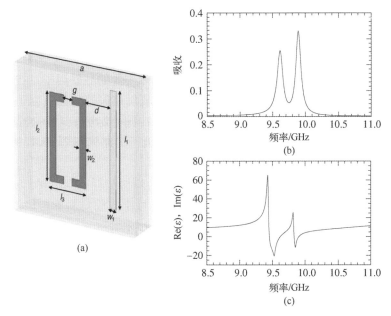

图 15.3　平面电磁感应透明超材料及其特性[14]

(a) 平面电磁感应透明超材料;(b) 低吸收的透射窗吸收频谱;
(c) 强色散电磁感应透明超材料的有效介电常数。

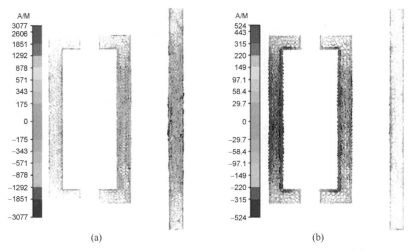

图 15.4　图 15.3(a)所示电磁感应透明超材料中的电流分布[14]

(a) 位于吸收峰时;(b) 在透明频率下。

在电磁感应透明频率下,大型电流分布于开环谐振器内,暗谐振器被强烈
激发,而此时切断线中几乎无电流分布。原因在于切断线内由外部场直接产生

的电流抵消了与开环谐振器交互作用产生的电流。因此,在此时,该材料与外部场解耦,有效介电常数接近于零(类似真空)。由此激发了一种极小的电偶极矩模式,从而产生了较大的传输。

影响经典电磁感应透明的重要因素在于暗谐振器的品质因子。在15.3节中将介绍只有当暗谐振器的品质因子远远大于辐射谐振器的品质因子时,电磁感应透明方可产生。因此,在设计暗谐振器时必须谨慎考虑,尽可能减少能量损耗。一般来说,有两种机理会影响有限品质因子的暗谐振器,即耗散损耗及辐射损耗。

当超原子作为小天线进行电磁波再辐射时,辐射损耗就会出现。对于辐射谐振器来说,这是必然过程,这是由于其辐射场可生成超材料的传输波和反射波。当然,在暗谐振器中并不需要辐射损耗,但是图15.3(a)所示开环谐振器的再辐射进入与入射波正交的模式,此种情况仍可发生。通过减少辐射损耗,可增加暗谐振器的品质因子。此种情况在图15.5(a)所示的超材料中可实现。晶胞包含一个双平面开环谐振器,该谐振器在金属线周围对称排列。与上述相似,切断线为辐射谐振器提供了电偶极矩。图15.5(b)所示传输波表明,此类超材料不仅仅只具备一种暗模式,而是3种。

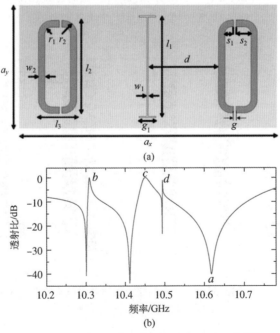

图15.5 开环谐振器再辐射模式及其传输波[24]

(a) 暗谐振器超原子,其不具备减少辐射损耗的偶极矩;(b) 辐射谐振器中电磁感应透明超材料的传输谱。

最大传输频率下的电流分布恰恰可证明这一点。图 15.6(a)展示了频率为 10.62GHz 时的电流分布(图 15.5(b)中的 a 点),仅在切断线中存在较大的电流密度;此为切断线的辐射电偶极子共振。当频率为 10.30GHz 时显现的电磁感应透明特征中(图 15.5(b)中的 b 点),可在开环谐振器中观察到较大的电流,而在与一种暗模式激发相应的切断线中只观察到微电流(图 15.6(b))。电流分布表明,此类暗模式为开环谐振器电偶极子共振杂化的一种。可看到在两种不同开环谐振器中,电流流向相反方向。而在频率为 10.41GHz 时显现的电磁感应透明特征(图 15.5(b)中的 c 点),主要电流绕开环谐振器流通——一条沿顺时针方向,另一条沿逆时针方向(图 15.6(c));此为开环谐振器磁偶极子共振的对称杂化。而在频率为 10.49GHz 时显现的电磁感应透明特征(图 15.5(b)中的 d 点),电流仍然绕开环谐振器流通,但两个开环谐振器中的流向相同(图 15.6(d))。此为开环谐振器磁偶极子共振的非对称杂化。

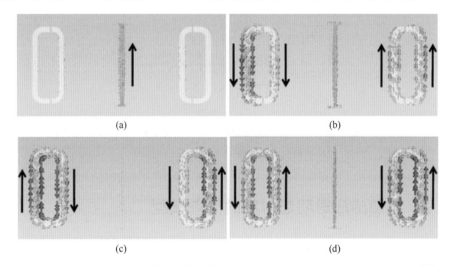

(a)　　　　　　　　(b)

(c)　　　　　　　　(d)

图 15.6　暗谐振器电磁感应透明超材料中的电流分布(该谐振器中无偶极辐射)[24]

(a)~(d) 分别对应图 15.5(b)中用相同标签标记的光谱特征。

在图 15.6(b)和图 15.6(c)所示的共振尤为引人注意,因其完全消除了电(磁)偶极矩,即其为四极模式。

其消除了暗谐振器的所有偶极辐射,增加了其质量因子。换言之,优良的暗谐振器几何设计可显著改善电磁感应透明超材料的性能。值得注意的是,暗"谐振器"无需为一个独特的物理结构,只需为超原子的另一种电磁本征模式。电四极模式还有另一个优点:当切断线准确置放于双谐振器结构的对称平面时,暗谐振器和亮谐振器之间无任何交互作用。因此,可将切断线稍稍偏离对称平面以生成微弱的耦合强度。

在微波频率下,有一种有效方法可解决暗谐振器的耗散损耗,即用超导体进行制作,并采用优质基板[24]。此方法实际已应用于图 15.5(a)所示的超材料中,其切断线由超导铌薄膜制成。当铌充分冷却至临界温度以下时,其电阻率为银在室温(10GHz)下电阻率的十万分之一。通过超导体的使用,亚波长超薄超材料 X 频带中的群延迟已达 300ns(见图 15.7 中的群延迟测量)。对于此类 250μm 厚的超材料来说,该延迟值相当于大约 1000m/s 的群速度或光速减至 25 万分之一,在微波光子学中可作为紧凑型延迟线使用。图 15.5(a)所示超材料的带宽时延乘积为 0.3,接近谐振腔中的带宽时延乘积(大约为 1),但仍小于含原子蒸汽的介质(大约为 10)和一些光子晶体波导(大约为 100),但后者系统远远长于单一波长系统。

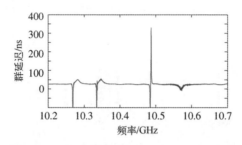

图 15.7　暗谐振器电磁感应透明超材料的实验测量群延迟(该谐振器由
超导铌制成以确保耗散损耗最小化)[24]

15.3　电磁感应透明超材料的简单模型

为加深对电磁感应透明超材料的理解,从而有助于其设计,需要构建一个简单模型,可描述其主要性能。

15.3.1　双振荡器模型

经典电磁感应透明系统的最简单模型即为一对耦合弹簧振子振荡器或两条由并联电容器耦合的 RLC 电路(由电阻(R)、电感(L)、电容(C)组成),即两个具有线性交互作用的耦合谐振子,有

$$\begin{cases} \omega_r^{-2}\ddot{p}(t) + \gamma_r\omega_r^{-1}\dot{p}(t) + p(t) = f(t) - \kappa q(t) \\ \omega_d^{-2}\ddot{q}(t) + \gamma_d\omega_d^{-1}\dot{q}(t) + q(t) = -\kappa p(t) \end{cases} \tag{15.1}$$

辐射谐振器的共振频率 ω_r 及阻尼因素 γ_r 可用激发 $p(t)$ 来表示,并由外部

力 $f(t)$ 进行驱动。暗谐振器的共振频率 ω_d 及阻尼因素 γ_d 可用激发 $q(t)$ 来表示。两个谐振器的线性耦合强度均为 κ。单个振荡器为电磁谐振器或超原子的电磁谐振器。

式(15.1)模型反映了电磁感应透明系统的基本组成成分,其包含两种耦合共振,在外部力驱动下成对称性。在频域求解可得出

$$\begin{cases} p(\omega) = \dfrac{D_d(\omega)f(\omega)}{D_d(\omega)D_r(\omega)-\kappa^2} \\[4mm] q(\omega) = \dfrac{\kappa f(\omega)}{D_d(\omega)D_r(\omega)-\kappa^2} \end{cases} \tag{15.2}$$

式中: $D_r(\omega) = 1-(\omega/\omega_r)^2-i\gamma_r(\omega/\omega_r)$ 和 $D_d = 1-(\omega/\omega_d)^2-i\gamma_d(\omega/\omega_d)$。

图 15.8(c)所示为每一晶胞的耗散功率,由下式得出,即

$$Q = \frac{1}{2}\mathrm{Re}[f \cdot \dot{p}] = \frac{\omega^2}{2}(\gamma_r|p(\omega)|^2+\gamma_d|q(\omega)|^2) \tag{15.3}$$

在 $\omega_r \approx \omega_d$、$\gamma_d \ll \gamma_r$ 的共振频率下,其会显现带有尖锐切口的洛伦兹形状(如暗谐振器的品质因子需大于辐射谐振器的品质因子),并且 $\gamma_d\gamma_r \ll \kappa^2 \ll 1$。在双谐振器模型基础上,我们在磁感应透明共振频率上下进行扩展(式(15.3))可得出一些经验法则。这些经验法则如图 15.9 所示。此处尤其需注意的是,电磁感应透明共振的带宽与耦合强度 κ 息息相关,而与单一洛伦兹共振的品质因子无关。

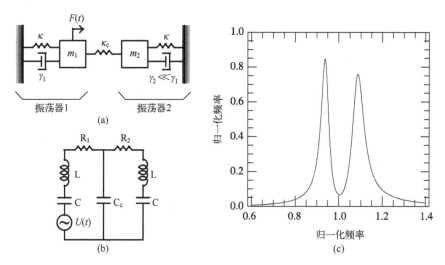

图 15.8　双振荡器模型

(a) 力学模拟;(b) 电路模拟;(c) 两个线性耦合谐振子系统的吸收功率谱。

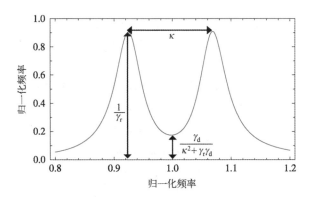

图 15.9   透射窗带宽和电磁感应透明频谱吸收最小值的经验法则

尽管双谐振器模型可对经典电磁感应透明模拟吸收进行定性描述,但其无法模拟具有经典电磁感应透明响应超材料的散射参数,其缺乏传输谱和反射谱的相关信息。此问题尤为棘手,一旦无法解决,群延迟值便无法确定,而群延迟是慢光介质的一个基本参数。

15.3.2   辐射双振荡器模型

为了得出对辐射场微观及宏观响应进行严格描述的模型(如入射波、反射波和透射波),必须将亮谐振器与外部世界的实际耦合考虑在内[25]。迄今为止制造出的大多数电磁感应透明超材料本质上为单层结构,而不是块状材料。因此,其有效响应可用面电导率为 σ_{se} 的电流片来描述。该电流片的散射参数为

$$\begin{cases} R = -\dfrac{\zeta\sigma_{se}}{2+\zeta\sigma_{se}} \\[2mm] T = \dfrac{2}{2+\zeta\sigma_{se}} \end{cases} \tag{15.4}$$

式中:ζ 为外部波的波阻抗。式(15.4)可视作世界模型,其可描述电磁感应透明超材料与外部磁场之间的交互作用。式(15.1)所描述的双谐振器模型也可对电磁感应透明超材料的局部微观性能进行描述。

为了使辐射双振荡器模型更为完整,必须找到系统外部性能(表面场 $E_s = RE_{in} = (1+T)E_{in}$)、面电导率($\sigma_s$)和微观性能之间的联系($p$、$q$ 激发态及驱动力 f)。首先,观察到每个超原子可为超材料提供一个偶极矩 p,且如果每单位表面积有 n_s 个原子,则平均极化电流就等于

$$\langle j_s(t)\rangle = n_s\dot{p}(t) \Rightarrow \langle j_s(\omega)\rangle = -i\omega n_s p(\omega) \tag{15.5}$$

由于暗谐振器没有与外部场相称的偶极矩,所以无法形成表面电流。其

次,需找到世界模型中驱动偶极振荡的表面电场 E_s 和微观模型中的驱动力 f 之间的关系,如我们通过 $f(t)=CE_s$ 所求得的比例常数 C(注意:由于超原子的散射,表面场 E_s 与入射场有所不同)。当线性超原子的平均偶极矩与表面电场成比例时,即可得出其之间的关系,即

$$n_s p(\omega)=\varepsilon_0 \chi_{se}(\omega)E_s(\omega) \tag{15.6}$$

式中:χ_{se} 为表面磁化率。在静态极限下,其为

$$\varepsilon_0 \chi_{se}^{(static)}E_s(0)=n_s p(0)=n_s(1-\kappa^2)^{-1}f(0)\approx n_s f(0) \tag{15.7}$$

其中,在电磁感应透明条件下,需满足 $\kappa^2\ll 1$。运用式(15.5)至式(15.7),可确定面电导率为

$$\sigma_{se}\approx\varepsilon_0\chi_{se}^{(static)}\frac{-\mathrm{i}\omega p(\omega)}{f(\omega)}=\frac{-\mathrm{i}\omega\beta D_d(\omega)}{D_d(\omega)D_r(\omega)-\kappa^2} \tag{15.8}$$

式中:$\beta\equiv\varepsilon_0\chi_{se}^{(static)}$。一旦面电导率确定,即可从式(15.4)中计算出散射参数及其他导出量,尤其是吸收率和群延迟,即

$$\begin{cases}A=1-|T|^2-|R|^2=|T|^2\mathrm{Re}(\zeta\sigma_{se})\\[2mm]\tau_g=\mathrm{Im}\left(\dfrac{\mathrm{d}\ln T}{\mathrm{d}\omega}\right)=-\dfrac{1}{2}\mathrm{Im}\left(T\dfrac{\mathrm{d}\zeta\sigma_{se}}{\mathrm{d}\omega}\right)\end{cases} \tag{15.9}$$

在图 15.10 中,将辐射双振荡器模型的结果与铜氧化铝电磁感应透明超材料的实验数据进行了比较,该超材料运用了 15.2 节所述的四极暗模式。此模型完美展现了实验结果。可按需改变参数,以实现一定的色散和吸收频谱。例如,在图 15.10 中,根据 15.3.1 节得出的经验法则,可看到耦合强度越大,电磁感应透明共振的带宽也越大。

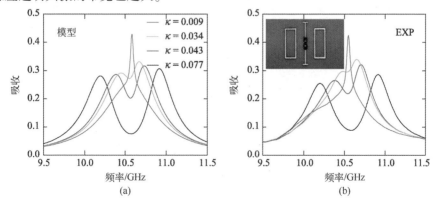

图 15.10　从辐射双振荡器模型得出的吸收光谱与某些耦合强度值
电磁感应透明超材料时间结果之间的比较[25]
(a) 振荡器模型;(b) 实验结果。

15.4 电磁感应吸收

图 15.10 所示的光谱之一有一奇特特征:其在电磁感应透明共振频率下展现的为吸收峰而非吸收坑。因此,将之视作 Akulshin、Barreiro 和 Lezama 最早在原子系统中研究的电磁感应吸收(EIA)的经典模拟[26]。一些小组最近预测并观察到了此类经典模拟[22,25,27]。让我们用辐射双振荡器模型对此现象进行更深层的研究。

在图 15.11(a)中,展示了当减小辐射谐振器的耗散损失因数 γ_r 时,吸收光谱、透射谱以及群延迟谱的演化过程。虽然高透射的频率窗仍然存在,但吸收

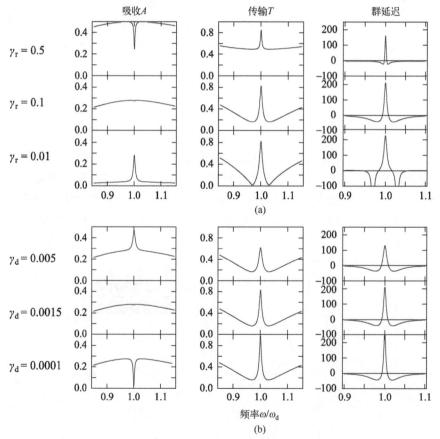

图 15.11 辐射双振荡器模型的研究及电磁感应吸收在亮共振耗散损耗减小时和暗共振耗散损耗增加时的形成[25]

(a) 亮共振耗散损耗减小时;(b) 暗共振耗散损耗增加时。

频谱中的切口逐渐小化,最终完全消失。然而,这并不意味着暗共振已消失,增强的群延迟便可清晰证明这一点。相反,辐射共振的背景吸收虽已降低,但辐射共振仍被辐射阻尼充分加宽,而暗共振的激发几乎没有变化。在某一时刻,辐射谐振器内由相消干涉机制引起的吸收减少正好被暗谐振器内的吸收抵消。当进一步减小辐射谐振器的耗散损耗时,吸收频谱则转变为带有 ω_d 共振频率窄峰的浅弱背景。当暗谐振器的耗散损耗增加时,也可观察到电磁感应透明与电磁感应吸收之间的跃迁(图 15.11(b))。当 γ_d 增加时,辐射共振并无变化,透明窗中心的吸收逐渐增加。最终,暗谐振器内的损耗抵消了辐射谐振器内因相消干涉引起的损耗减小。最后,通过减小耦合强度 κ 也可生成电磁感应吸收。弱耦合可在暗谐振器内生成更窄但激发力更大的透明窗。反过来这又增加了共振频率下的吸收,从而当暗共振中的耗散超过辐射共振中的损耗减少时,便形成了电磁感应吸收。

我们认为,电磁感应吸收的经典模拟可能会在光谱学和传感领域得到特殊应用,因为其拥有一种窄带宽光谱特征。由于暗谐振器缺乏辐射阻尼,且耦合机制导致额外的窄化,峰宽逐步减小。注意,由于裸双谐振器模型缺乏辐射谐振器的辐射增宽,电磁感应吸收效应只能用辐射双振荡器模型来描述。另外,在暗谐振器与亮谐振器的交互作用中引入延迟量感应相移[27],或将暗谐振器与亮谐振器以不同的相位超前与外部波进行耦合也可形成电磁感应吸收。

15.5 用于非线性和可调谐操作的电磁感应透明超材料

15.5.1 微波频率下

我们之前已介绍过,在电磁感应透明频率下,可产生大型场(图 15.4(b))。在暗谐振器附近引入非线性介质,可利用非线性和可调谐超材料得到大型场增强。一种可能性是用超导材料制造暗谐振器。图 15.12(a)所示超原子与 15.2节所介绍的超原子一致,但现在我们有意在开环谐振器中引入了锐角[28]。在低输入功率($P<10$dBm)时,电磁感应透明超材料可如常工作,可观察到具有高透射率和大型群延迟的共振(图 15.12(b))。然而,如果增加入射光束的功率,便可发现电磁感应透明透射窗口逐渐消失,这意味着我们不需要外部信号便可通过光束输入切换透射窗。据在数值模拟和局部场测量中观察所得,电磁感应透明窗口的消失与开环谐振器角落的局部场热点相关(图 15.12(c))。超强电流密度的局部点可达到超导体的临界电流密度。在此状态下,微波电流进入铌薄膜并引起耗散后可产生磁通量。随着临界状态在材料中进一步延伸

（图 15.12（d）的测量电流分布），耗散将引起热逃逸，最终在功率为 22dBm 时导致超导电性消失；反过来，这又会导致谐振器的品质因子下降，从而使电磁感应透明特性消失。

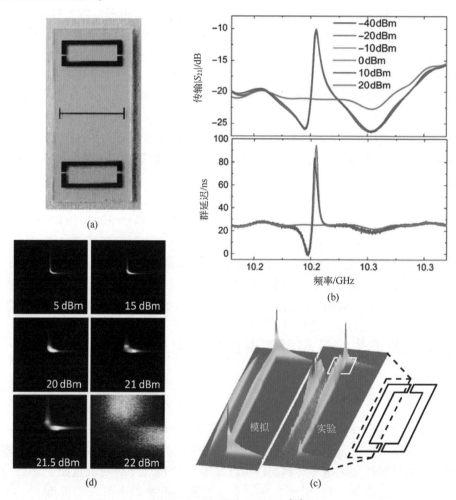

（a）

（b）

（d）

（c）

图 15.12　超材料及其特性[28]

（a）带有非线性响应的电磁感应透明超材料；（b）根据输入功率得出的透射光谱和群延迟光谱；

（c）开环谐振器角落的场热点；（d）热逃逸及超导状态的消失。

15.5.2　太赫兹频率下

随后，Gu Jianqiang 等提出将暗共振阻尼转换为太赫兹域。他们利用铝制双开环谐振器（暗共振）和铝制切断线（亮共振）在无掺杂硅岛上制成了电磁感应透明超材料。由于双开环谐振器中磁四极共振的辐射损耗要小得多(见15.2节),品质因子得以进行充分对比,从而产生了电磁感应透明现象。其 0.74THz 时(图 15.13 顶排)的透射峰印证了这一点。

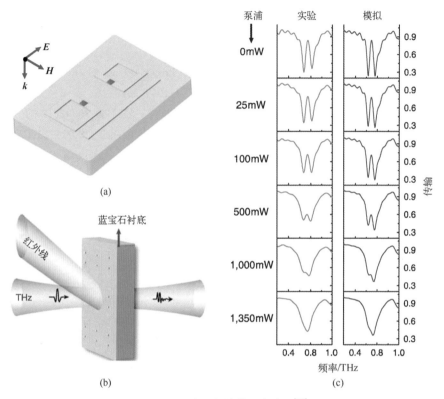

图 15.13 透明超材料及其特性[29]

(a) 具有可调谐响应的电磁感应透明超材料;(b) 作为外部控制信号的泵浦光示意图;
(c) 随着泵浦光功率增加电磁感应透明响应逐渐消失的透射光谱图。

为了降低暗共振的品质因子,使用泵浦光对开环谐振器下的硅岛进行照明。泵浦光激发了硅中的光生载流子,为参与开路环谐振器共振的载流子提供了电阻路径。当泵浦光功率从 0 增加至 1350mW 时,电磁感应透明光谱特征逐渐消失。因此,该结构为一种以泵浦光为外部控制信号的可调谐超材料。由于光的减速,也可通过半导体加热对品质因子进行控制。

所有这些例子本质上都是通过改变暗谐振器的品质因子来形成电磁感应透明超材料中的强烈场增强。

参 考 文 献

1. S. E. Harris, J. E. Field, A. Imamoglu, Nonlinear Optical Processes Using Electromagnetically Induced Transparency, Physics Review Letters **64**, 1107–1110(1990)

2. S. E. Harris, Electromagnetically Induced Transparency, Physics Today **50**, 36–42(1997)

3. P. Mandel, Electromagnetically Induced Transparency, Hyperfine Interact **135**, 223–231(2001)

4. M. Fleischhauer, A. Imamoglu, J. P. Marangos, Electro-magnetically induced transparency: optics in coherent media, Review of Modern Physics **77**, 633–673(2005)

5. L. V. Hau, S. E. Harris, Z. Dutton, C. H. Benroozi, Light speed reduction to 17 metres per second in an ultracold atomic gas, Nature **397**, 594–598(1999)

6. M. Fleischhauer, M. D. Lukin, Dark-state polaritons in electro-magnetically induced transparency, Physics Review Letters **84**, 5094–5097(2000)

7. C. Liu, Z. Dutton, C. H. Behroozi, L. V. Hau, Observation of coherent optical information storage in an atomic medium using halted light pulses, Nature **409**, 490–493(2001)

8. C. L. Garrido-Alzar, M. A. G. Martinez, P. Nussensveig, Classical analog of electromagnetically induced transparency, American Journal of Physics **70**, 37–41(2002)

9. Q. Xu, S. Sandhu, M. L. Povinelli, J. Shakya, S. Fan, M. Lipson, Physics Review Letters **96**, 123901(2006)

10. F. Liu, M. Ke, A. Zhang, W. Wen, J. Shi, Z. Liu, P. Sheng, Acoustic analog of electromagnetically induced transparency in periodic arrays of square rods, Physics Review E **82**, 026601(2010)

11. P. Tassin, L. Zhang, T. Koschny, E. N. Economou, C. M. Soukoulis, Low-loss metamaterials based on classical electromagnetically induced transparency, Physics Review Letters **102**, 053901(2009)

12. S. Zhang, D. A. Genov, Y. Wang, M. Liu, X. Zhang, Plasmon-induced transparency in metamaterials, Physics Review Letters **101**, 047401(2008)

13. N. Papasimakis, V. A. Fedotov, N. I. Zheludev, S. L. Prosvirnin, Metamaterial analog of electromagnetically induced transparency, Physics Review Letters **101**, 253903(2008)

14. P. Tassin, L. Zhang, T. Koschny, E. N. Economou, C. M. Soukoulis, Planar designs for electromagnetically induced transparency in metamaterials, Optics Express **17**, 5595–5606(2009)

15. N. Liu, L. Langguth, T. Weiss, J. Kastel, M. Fleischhauer, T. Pfau, H. Giessen, Plasmonic

analogue of electromagnetically induced transparency at the drude damping limit, Nature Materials **8**, 758−762(2009)

16. N. Liu, T. Weiss, M. Mesch, L. Langguth, U. Eigenthaler, M. Hirscher, C. Sonnichsen, H. Giessen, Planar metamaterial analogue of electromagnetically induced transparency for plasmonic sensing, Nano Letters **10**, 1103−1107(2010)

17. R. Singh, C. Rockstuhl, F. Lederer, W. Zhang, Coupling between a dark and a bright eigenmode in a terahertz metamaterial, Physics Review B **79**, 085111(2009)

18. L. Zhang, P. Tassin, T. Koschny, C. Kurter, S. M. Anlage, C. M. Soukoulis, Large group delay in a microwave metamaterial analog of electromagnetically induced transparency, Applied Physics Letters **97**, 241904(2010)

19. K. L. Tsakmakidis, M. S. Wartak, J. J. H. Cook, J. M. Hamm, O. Hess, Negative−permeability electromagnetically induced transparent and magnetically active metamaterials, Physics Review B **81**, 195128(2010)

20. J. Zhang, S. Xiao, C. Jeppesen, A. Kristensen, N. A. Mortensen, Electromagnetically induced transparency in metamaterials at near−infrared frequency, Optics Express **18**, 17187−17192 (2010)

21. K. Ooi, T. Okada, K. Tanaka, Mimicking electromagnetically induced transparency by spoof surface plasmons, Physics Review B **84**, 115405(2011)

22. L. Verslegers, Z. Yu, Z. Ruan, P. B. Catrysse, S. Fan, From electromagnetically induced transparency to superscattering with a single structure: a coupled−mode theory for doubly resonant structures, Physics Review Letters **108**, 083902(2012)

23. N. Papasimakis, Y. H. Fu, V. A. Fedotov, S. L. Prosvirnin, D. P. Tsai, N. I. Zheludev, Metamaterial with polarization and direction insensitive resonant transmission response mimicking electromagnetically induced transparency, Applied Physics Letters **94**, 211902(2009)

24. C. Kurter, P. Tassin, L. Zhang, T. Koschny, A. P. Zhuravel, A. V. Ustinov, S. M. Anlage, C. M. Soukoulis, Classical analogue of electromagnetically induced transparency with a metalsuperconductor hybrid metamaterial, Physics Review Letters **107**, 073601(2011)

25. P. Tassin, L. Zhang, R. Zhao, A. Jain, T. Koschny, C. M. Soukoulis, Physics Review Letters **109**, 187401(2012)

26. A. M. Akulshin, S. Barreiro, A. Lezama, Electromagnetically induced absorption and transparency due to resonant two−field excitation of quasidegenerate levels in Rb vapor, Physics Review A **57**, 2996−3002(1998)

27. R. Taubert, M. Hentschel, J. Kastel, H. Giessen, Classical analog of electromagnetically induced absorption in plasmonics, Nano Letters **12**, 1367−1371(2012)

28. C. Kurter, P. Tassin, A. P. Zhuravel, L. Zhang, T. Koschny, A. V. Ustinov, C. M. Soukoulis,

S. M. Anlage, Switching nonlinearity in a superconductor – enhanced metamaterial, Applied Physics Letters **100**, 121906 (2012)

29. J. Gu, R. Singh, X. Liu, X. Zhang, Y. Ma, S. Zhang, S. A. Maier, Z. Tian, A. K. Azad, H. –T. Chen, A. J. Taylor, J. Han, W. Zhang, Active control of electromagnetically induced transparency analogue in terahertz metamaterials, Nature Communications **3**, 1151 (2012)

30. Q. Bai, C. Liu, J. Chen, C. Cheng, M. Kang, H. –T. Wang, Tunable slow light in semiconductor metamaterial in a broad terahertz regime, Journal of Applied Physics **107**, 093104 (2010)